住房城乡建设部土建类学科专业"十三五"规划教材
高等学校工程管理和工程造价学科专业指导委员会规划推荐教材

工程施工组织

沈阳建筑大学　齐宝库　主编
北京交通大学　刘伊生　主审

中国建筑工业出版社

图书在版编目（CIP）数据

工程施工组织 / 齐宝库主编 . —北京：中国建筑工业出版社，2019.7（2021.8 重印）
住房城乡建设部土建类学科专业"十三五"规划教材 . 高等学校工程管理和工程造价学科专业指导委员会规划推荐教材
ISBN 978-7-112-23868-2

Ⅰ.①工… Ⅱ.①齐… Ⅲ.①建筑工程 – 施工组织 – 高等学校 – 教材 Ⅳ.① TU721

中国版本图书馆CIP数据核字（2019）第121038号

本教材首先阐述了流水施工、工程网络计划技术、施工方案技术经济分析与优化等基本原理，其次以工程施工组织全过程为主线，阐述了施工组织总设计和单位工程施工组织设计的编制、工程施工组织设计的实施和工程收尾等系统知识，最后介绍了BIM技术在工程施工组织中的应用思路和方法。本书力求保持简明扼要、通俗易懂的编著风格，注重理论性、实用性相结合的编著思路，并力图达到既保持知识体系的连贯性又便于相关专业学生学习的目的。

本教材既可作为高等学校工程管理、工程造价等相关学科专业的教学用书，也可作为工程施工组织管理等相关领域工程技术和管理人员的工作参考书。

为更好地支持相应课程的教学，我们向采用本书作为教材的教师提供教学课件，有需要者可与出版社联系，邮箱：cabpkejian@126.com。

责任编辑：王 跃 张 晶
责任校对：姜小莲

住房城乡建设部土建类学科专业"十三五"规划教材
高等学校工程管理和工程造价学科专业指导委员会规划推荐教材

工程施工组织

沈阳建筑大学 齐宝库 主编
北京交通大学 刘伊生 主审

*

中国建筑工业出版社出版、发行（北京海淀三里河路9号）
各地新华书店、建筑书店经销
北京雅盈中佳图文设计公司制版
北京京华铭诚工贸有限公司印刷

*

开本：787×1092毫米 1/16 印张：19 字数：402千字
2019年9月第一版 2021年8月第二次印刷
定价：46.00元（赠教师课件）
ISBN 978-7-112-23868-2
（34173）

版权所有 翻印必究
如有印装质量问题，可寄本社退换
（邮政编码100037）

序　言

　　高等学校工程管理和工程造价学科专业指导委员会（以下简称专指委），是受教育部委托，由住房城乡建设部组建和管理的专家组织，其主要工作职责是在教育部、住房城乡建设部、高等学校土建学科教学指导委员会的领导下，负责高等学校工程管理和工程造价类学科专业的建设与发展、人才培养、教育教学、课程与教材建设等方面的研究、指导、咨询和服务工作。在住房城乡建设部的领导下，专指委根据不同时期建设领域人才培养的目标要求，组织和富有成效地实施了工程管理和工程造价类学科专业的教材建设工作。经过多年的努力，建设完成了一批既满足高等院校工程管理和工程造价专业教育教学标准和人才培养目标要求，又有效反映相关专业领域理论研究和实践发展最新成果的优秀教材。

　　根据住房城乡建设部人事司《关于申报高等教育、职业教育土建类学科专业"十三五"规划教材的通知》（建人专函[2016]3号），专指委于2016年1月起在全国高等学校范围内进行了工程管理和工程造价专业普通高等教育"十三五"规划教材的选题申报工作，并按照高等学校土建学科教学指导委员会制定的《土建类专业"十三五"规划教材评审标准及办法》以及"科学、合理、公开、公正"的原则，组织专业相关专家对申报选题教材进行了严谨细致地审查、评选和推荐。这些教材选题涵盖了工程管理和工程造价专业主要的专业基础课和核心课程。2016年12月，住房城乡建设部发布《关于印发高等教育 职业教育土建类学科专业"十三五"规划教材选题的通知》（建人函[2016]293号），审批通过了25种（含48册）教材入选住房城乡建设部土建类学科专业"十三五"规划教材。

　　这批入选规划教材的主要特点是创新性、实践性和应用性强，内容新颖，密切结合建设领域发展实际，符合当代大学生学习习惯。教材的内容、结构和编排满足高等学校工程管理和工程造价专业相关课程的教学要求。我们希望这批教材的出版，有助于进一步提高国内高等学校工程管理和工程造价本科专业的教育教学质量和人才培养成效，促进工程管理和工程造价本科专业的教育教学改革与创新。

高等学校工程管理和工程造价学科专业指导委员会

前 言

随着人类社会经济的发展和物质文化生活水平的提高,人们对建设工程产品(建筑物、构筑物)的功能和品质需求越来越高,新的工程施工技术与管理模式、方法、手段等不断涌现,工程施工组织越来越复杂,因此,工程建设领域对具有合理知识结构、较高业务素质和较强组织能力的高级管理人才需求越来越大,本教材正是为满足培养这类人才而撰写的。

作者们首先认真研读高等学校工程管理和工程造价学科专业指导委员会制定的工程管理、工程造价本科指导性专业规范,结合多年对该学科专业领域的理论研究与教学和工程实践经验,拟定了本教材编写大纲。大纲经过指导委员会审查后,作者们又充分吸纳委员们的意见,对大纲进行调整修改并再次送审,正式通过后开始组织撰写。

本教材特色体现在如下几方面:

(1)强调知识体系的系统性。本教材首先阐述了流水施工、工程网络计划技术、施工方案技术经济分析与优化等基本原理,其次以工程施工组织全过程为主线,阐述了施工组织总设计、单位工程施工组织设计的编制、工程施工组织设计的实施和工程收尾等系统知识,最后介绍了BIM技术在工程施工组织中的应用思路和方法。

(2)突出施工组织的实践性。工程施工组织是许多高校开设的实践性很强的专业课程。本教材既注重了对工程施工组织基本理论知识的阐述,同时又注重了对工程施工组织设计编制与实施的模式、方法、手段等实践知识的介绍。

(3)力求编写模式的创新性。将施工方案技术经济分析与优化、BIM技术引入工程施工组织教材,这在国内尚属首次。本教材大量撰写了工程施工组织例题、习题和以实际工程为背景的案例,力求做到理论联系实际、深入浅出、图文并茂和通俗易懂。

(4)兼顾教材使用的广泛性。本教材既可作为高等学校工程管理、工程造价等相关学科专业的教学用书,也可作为工程施工组织管理等相关领域工程技术和管理人员的工作参考书。

本教材由齐宝库任主编,李丽红、李惠玲任副主编。参加本教材编写的有:齐宝库(编写绪论,合编第2、3、4、7、9章)、赵亮(编写第1章)、姚瑞(合编第2章)、战松(合编第3章)、李丽红(合编第4章)、黄昌铁(编写第5章)、李惠玲(合编第6章)、白庶（合编第7章）、刘光忱（编写第8章）、张铎（合编第6、9章）。李一婷、刘泽鑫、商成城、朱渴望、肖彤、刘彤等参与了习题编写和插图整理等工作。本教材由主编统稿、定稿。

本教材由刘伊生教授主审。

本教材的撰写和出版得到高等学校工程管理和工程造价学科专业指导委员会的指导，得到沈阳建筑大学、中国建筑工业出版社等单位的支持，并参考了许多专家、学者的研究成果，在此一并致谢。由于作者水平及经验所限，书中缺点和不足在所难免，敬请各位读者批评指正。

齐宝库

2019年5月于沈阳

目 录

序 言
前 言

绪 论 ··· 001

1 工程施工组织概论 ·· 005
  1.1 工程项目及其生产组织 ··006
  1.2 工程施工组织设计概述 ··009
  复习思考题 ··014

2 流水施工原理 ·· 015
  2.1 流水施工的基本概念 ···016
  2.2 流水施工的主要参数 ···019
  2.3 流水施工组织方式 ··026
  复习思考题 ··037
  习 题 ···038

3 工程网络计划技术 ·· 041
  3.1 概述 ··042
  3.2 网络图的绘制 ··046
  3.3 网络计划时间参数计算 ··053
  3.4 双代号时标网络计划 ···069
  3.5 搭接网络计划 ··073
  复习思考题 ··079
  习 题 ···079

4 施工方案技术经济分析与优化 …… 083
　　4.1　概述 …… 084
　　4.2　施工方案技术经济分析与计算方法 …… 087
　　4.3　工程施工网络计划优化 …… 097
　　复习思考题 …… 110
　　习　题 …… 110

5 施工组织总设计 …… 113
　　5.1　概述 …… 114
　　5.2　工程概况与技术经济指标 …… 116
　　5.3　施工部署与施工方案 …… 117
　　5.4　施工总进度计划、施工准备及资源供应计划 …… 119
　　5.5　施工总平面图设计 …… 124
　　5.6　施工现场业务组织 …… 128
　　5.7　施工组织总设计案例 …… 144
　　复习思考题 …… 163

6 单位工程施工组织设计 …… 165
　　6.1　概述 …… 166
　　6.2　工程概况与自然条件 …… 168
　　6.3　施工方案 …… 171
　　6.4　施工进度计划 …… 184
　　6.5　单位工程施工平面图 …… 193
　　6.6　单位工程施工组织设计实例 …… 199
　　复习思考题 …… 209
　　习　题 …… 210

7 工程施工组织设计的实施 …… 213
　　7.1　工程施工准备 …… 214
　　7.2　工程施工综合管理 …… 220
　　7.3　工程施工组织协调 …… 246
　　复习思考题 …… 251
　　习　题 …… 251

8 工程施工收尾 ··· 253
8.1 工程竣工验收 ··· 254
8.2 工程交付 ·· 265
8.3 工程施工总结与综合评价 ·· 269
复习思考题 ·· 272

9 BIM 技术在工程施工组织中的应用 ··· 273
9.1 BIM 技术概述 ·· 274
9.2 BIM 在工程施工组织设计中的应用 ··· 279
9.3 BIM 在施工组织动态管理中的应用 ··· 286
复习思考题 ·· 290

参考文献·· 292

绪　论

1. 工程项目与建设行业

工程项目，是指为获得满足某种物资生产或人类生活需要的建设工程产品的生产经营活动的总称（也称为建设工程项目或建设项目）。

根据使用功能不同，建设工程产品可以分为建筑物和构筑物两大类。建筑物是指人类可以在其内部空间从事各类活动的建设工程产品（即房屋），如：厂房、住宅、宾馆、剧院、体育馆、图书馆、教学楼、办公楼等；构筑物是指除建筑物之外的所有其他建设工程产品，如：铁路、公路、桥梁、涵洞、水塔、堤坝、机场和给水排水、供热、通风、燃气、动力设施等。一项建设工程产品需要经历可行性研究、决策立项、勘察、设计、施工、竣工验收与交付等建设过程（整个建设过程称为工程项目建设程序），才能正式投入使用。建设工程产品在正式投入使用前称为工程项目。

建设行业由从事工程项目生产经营活动的企业构成。包括：工程勘察与设计、工程施工、工程材料（构件、制品、设备）生产与供应等直接从事工程项目生产活动的企业和工程造价、招标代理、工程监理、项目管理、投资咨询等从事工程项目技术、经济、管理咨询服务活动的企业。与工程项目生产经营相关的企事业单位还有工程项目业主、房地产开发、科研院所等单位。

工程施工企业是从事工程项目现场施工安装的单位。在工程项目建设全过程中，工程施工的工作量最大、投入最多、时间最长，因此，工程施工企业的数量和规模均远远超过其他企事业单位。工程施工企业分为：施工总承包、专业承包、劳务分包三个序列。

近些年来，国家大力提倡在建设行业推行工程总承包。工程总承包企业受业主委托，按照合同约定对工程项目的勘察、设计、采购、施工、试运行（竣工验收）等实行全过程或若干阶段的承包。目前，我国常用的工程总承包模式主要有：设计—建造（Design and Build，缩写为 DB）和设计—采购—施工（Engineering，Procurement and Construction，缩写为 EPC）等模式。

2. 工程施工及其技术与组织

工程施工，是根据工程设计文件与相关专业规范、规程、标准等要求，采取一定的技术和组织方法及手段，将人类对建筑物或构筑物的需求变为现实的过程，是工程项目建设程序中的关键阶段，一旦出现较大失误，不仅其损失巨大，而且具有不可挽回性。

人类通过长期的工程实践积累了丰富的经验，对工程项目施工作业总结出大量科学、先进的技术方法和手段，特别是近 30 年来，伴随着社会经济的迅猛发展和物质文化生活水平的不断提升，人类对建筑物或构筑物的功能和品质要求越来越高，众多"新材料、新结构、新工艺、新设备"不断涌现。在选择工程施工技术方法和手段时，既要考虑确保工程产品品质和施工与使用过程的安全可靠性、经济合理性，还要考虑满足"低碳、绿色、环保、节能"的要求。

工程施工组织，包括施工组织机构和施工组织行为两个方面。前者是指施工企业为组织管理工程项目现场施工作业而组建的项目经理部；后者是指项目经理部对工程施工全过程的部署与安排及其实施等组织行为。

施工项目经理部，是由施工项目经理在施工企业的支持下组建的项目管理组织机构，负责施工项目从开工到竣工的全过程管理工作。施工项目经理是施工企业法定代表人在工程项目上的委托代理人，直接领导工程项目施工组织管理工作。

工程施工组织设计，《建设工程项目管理规范》GB/T 50326 将其称为施工项目管理规划，是对工程施工全过程的部署与安排的具体体现，其编制内容、质量及其贯彻实施对工程施工效果影响很大。因此，在编制工程施工组织设计时，应综合考虑工程施工组织管理目标与要求及实际施工条件，加强工程施工组织设计的实施力度，使工程施工综合效益达到最优。

3. 本课程的研究对象与内容

一项大型工程项目，从其施工准备、综合施工到工程收尾的全过程来看，需要对施工总体展开程序和各专业工程先后作业顺序进行总体部署和安排；从施工作业内容来看，可以将其分解为众多专业工程和工种工程作业。每项作业的完成都需要投入大量不同专业工种的劳动力、不同种类的工程材料及构配件（成品或半成品）、不同种类的施工机械设备设施。为了保障现场施工的顺利进行，需要搭建各类现场加工场棚和办公、仓储、生活用临时用房，还需要设置临时道路、供水、供电、供热及安全文明施工等临时设施。

对于同一工程项目施工全过程的组织安排和每一项专业工程、工种工程作业来看，往往可以采用许多不同施工技术和组织方案。由于具体工程项目的特点不同、施工企业的技术条件不同以及现场作业环境条件不同，采用不同施工技术和组织方案与方法的技术经济效果和综合效益可能会有所不同，甚至相差较大。

本课程以施工组织设计的编制与实施为核心，系统研究工程施工组织基本原理和工程施工展开程序与作业顺序、施工方案的拟定与比选优化、施工进度与资源供应计划的编制、现场临时设施的布置、施工技术组织保障措施的制订、施工组织设计的实施、工程收尾等专业理论知识与现代管理技术方法。

本课程教学内容分为：工程施工组织概论、流水施工原理、工程网络计划技术、施工方案技术经济分析与优化、施工组织总设计、单位工程施工组织设计、工程施工组织设计的实施、工程施工收尾、BIM 技术在工程施工组织中的应用共 9 章。

4. 本课程的特点与学习方法

本课程的特点集中体现在如下几方面：

（1）本课程的综合性。本课程内容十分广泛，涉及工程图学、房屋建筑学、工程力学、工程地质、工程结构、工程测量、工程材料、工程机械、施工技术、计算机应用技术、工程定额、工程计量与计价、工程经济学、运筹学、管理学、建设法学等许多前期课程所阐述的技术、经济、管理和法律法规知识以及现代建设项目精细化、信息化管理、方法手段等技能，需要综合运用所学知识和技能分析解决本课程研究的问题。

（2）本课程的实践性。研究工程施工组织的理论、方法和手段，解决施工组织设计编制与实施过程中将遇到的实际问题，是本课程的核心内容。对于任何一项工程项目来讲，其自身的特点、工程水文地质、现场作业环境、所在地区相关产业情况和业主单位可能提供的条件、承包单位的技术条件与管理水平等总是有所不同。这就导致具体工程项目施工组织设计编制与实施过程中需要解决的实际问题也总是有所不同，可采取的施工技术与组织方案和方法也是多种多样的。这就需要通过工程实践，注意积累和总结经验，不断提高施工组织设计的编制与实施水平。

（3）本课程的政策性。工程项目施工组织活动必须以国家的建设方针和各项技术政策为指导，遵循国家和行业主管部门颁布的相关法律法规、规章制度的规定，执行行业主管部门制定的工程定额与技术规范、规程和标准，保证工程质量、安全、投资和工期控制目标的实现。在选择施工方案时应尽可能优先采用国家和行业大力提倡的新材料、新设备、新工艺、新技术，消除和减少施工作业对资源和能源的过度消耗及对环境的不利影响。

基于本课程的上述特点，在学习本课程之前，要学好前期课程，较好地熟悉和掌握相关基础知识。在学习本课程时，要注重理论联系实际，结合课程实习和专业实践，到工程项目施工现场去参观，结合典型工程施工组织案例深入研究学习，培养学生运用所学的施工组织原理和方法分析解决工程实践问题的能力。注意通过各种方式了解国家的建设方针和各项技术政策，以及相关工程定额和技术规范、规程和标准，跟踪学科和行业发展前沿，善于学习和运用最新施工技术和组织管理方法和手段，促进建设行业的科技进步，在追求工程施工企业利益的同时，不断提高社会综合效益。

1 工程施工组织概论

【本章要点】

工程项目的概念及其生产特点；工程项目分类；工程项目施工程序；工程施工组织设计的概念、分类、主要内容及编制依据。

【学习目标】

了解工程项目的概念及其生产特点，工程项目分类；熟悉工程项目施工程序，工程施工组织设计的概念及编制依据；掌握工程施工组织设计的分类、主要内容。

1.1 工程项目及其生产组织

1.1.1 工程项目概念及其生产特点

1. 工程项目的概念

工程项目是指通过投资活动获得满足某种产品生产或人民生活需要的建筑物（或构筑物）的一次性事业。一个完整的工程项目可以是一个建设项目、单项工程或单位工程。

2. 工程项目的生产特点

工程项目通常具有如下一些特点。

（1）一次性

工程项目的一次性（也称单件性），是指每个工程项目完成后，不会再有与其完全相同的工程项目出现。该特征意味着一旦工程项目管理工作出现较大失误，其损失具有不可挽回性。因此，为避免工作失误，人们就要研究和把握工程项目的内在规律，依靠科学管理保证工程项目的一次成功。

（2）目标性和约束性

任何工程项目都具有特定目标，同时，这一特定目标的实现总是具有一定约束条件的。当然，工程项目目标和约束条件也可能在工程项目实施过程中发生变化，一旦这些变化发生，工程项目的管理工作就要随之做出相应的调整。

（3）寿命周期性

工程项目的一次性决定了工程项目的寿命周期性。在工程项目寿命周期的不同阶段，所需投入要素的种类和数量都会有所不同，因而管理的形式、内容和方法也会有所不同。

（4）系统性

项目包括人力、物资、技术、时间、空间、信息、管理等各种要素。这些要素为实现项目的目标而相互制约、相互作用，构成一个相对完整的系统。

（5）多界面性

工程项目与外部环境的各种约束之间，工程项目内部的各种要素之间，工程项目全寿命周期的各个不同阶段之间，存在着众多的界面（结合部），这些界面往往是工程项目管理工作的重点和难点。

1.1.2 工程项目分类

工程项目的分类方法有如下几种。

1. 按建设性质不同划分

（1）新建项目，是指从无到有，新开始建设的项目。对原有项目扩建，其新增加的固定资产价值超过原有固定资产价值3倍以上的项目也属于新建项目。

（2）扩建项目，指企、事业单位为扩大原有产品生产能力和效益，或增加新产品的生产能力和效益而进行的固定资产的增建项目。

（3）改建项目，指企、事业单位为提高生产效率，改变产品质量或改变产品方向，对原有设备、工艺流程进行技术改造的项目，或为提高综合生产能力，增加一些附属和辅助生产车间或非生产性工程的项目。

（4）恢复项目，指企、事业单位的固定资产因自然灾害、战争或人为灾害等原因，已全部或部分毁损无法正常使用，而后又投资恢复建设的项目。不论是按原来规模恢复建设，还是在恢复的同时进行扩建，都属于恢复项目。

（5）迁建项目，指原有企、事业单位，由于各种原因迁到另地建设的项目。搬迁到另地建设的项目，不论其建设规模是否维持原来规模，都属于迁建项目。

2. 按投资用途不同划分

（1）生产性建设项目，指直接用于物质生产或满足物质生产需要的建设项目，包括工业、农业、建筑业、林业、气象、运输、邮电、商业或物资供应、地质勘探等建设项目。

（2）非生产性建设项目，指用于满足人民物质文化生活需要的建设项目，包括住宅、文教卫生、科学实验、公用事业、行政办公等建设项目。

3. 按资金来源和渠道不同划分

（1）国家投资项目，指国家预算直接安排的建设项目。

（2）银行信用筹资项目，指通过银行信用方式提供建设投资的项目。

（3）自筹资金项目，指各地区、部门、单位按照财政制度提留、管理和自行分配用于建设投资的项目。

（4）引进外资项目，指利用国外资金建设的项目。

（5）利用资金市场项目，指利用国家债券筹资和社会集资（包括股票、国内债券、国内合资经营、国内补偿贸易等）的项目。

4. 按工程内容大小不同划分

通常一个大中型工程项目可以分解为若干层次。例如，对于房屋建设项目按照国家标准可以分解为单位工程、分部工程、分项工程等层次；而对于诸如水利水电、港口交通、工业生产等城市基础设施和工业建设项目则可分解为单项工程、单位工程、分部工程、分项工程等层次。

（1）建设项目

建设项目是项目中最重要的一类。它是指按一个总体设计组织建设的固定资产投资项目，即基本建设项目。一般来说，一个建设项目建成后就形成了一个独立的企、事业单位。例如，兴建一座工厂、一所学校等就是一个建设项目。

（2）单项工程

在城市基础设施和工业建设项目中，对于具有独立生产和使用功能、独立设计文件的一个完整的系统可称为一个单项工程。

（3）单位工程

在房屋建设项目中，一个独立的、单一的建筑物（构筑物）均可称为一个单位工程。例如，一座车间、一幢办公楼、一栋住宅楼等。对于建设规模较大的单位工程，可将其能形成独立使用功能的部分划分为一个子单位工程。室外工程根据专业类别和工程规模，划分为室外建筑环境和室外安装两个单位工程，并又分成附属建筑、室外环境、给水排水与采暖和电气子单位工程。

对于不需要划分单项工程的建设项目，单位工程是建设项目的组成部分。对于需要划分单项工程的建设项目，单位工程是单项工程的组成部分。

（4）分部工程

分部工程是单位工程的组成部分，是指按照工程部位、设备种类和型号或主要工种工程不同所作的分类。例如，一般房屋建筑单位工程可划分为地基与基础、主体结构、屋面、装饰装修工程和给水排水及采暖、建筑电气、通风与空调、电梯、智能建筑等分部工程。当分部工程较大、较复杂时，可按材料种类、施工特点、施工程序、专业系统及类别等划分为若干子分部工程。

（5）分项工程

分项工程是分部工程的组成部分。一般按照选用的施工方法、使用材料、结构构件规格不同等因素划分。例如，基槽开挖、现浇钢筋混凝土梁、外墙釉面砖等。分项工程可由一个或若干个检验批组成，检验批可根据施工及质量控制和专业验收需要按楼层、施工段、变形缝等进行划分。

此外，按建设总规模和投资的多少，建设项目可分为大、中、小型项目。按建设阶段不同，建设项目又可分为筹建项目、在建项目、收尾项目、投产项目等。

1.1.3 工程项目施工程序

工程项目施工程序是指工程项目整个施工阶段必须遵守的先后顺序。一般是指从接受施工任务到竣工验收所包括的主要施工阶段的先后顺序。通常可分为：施工规划、施工准备、组织施工、竣工验收四个阶段。

（1）施工规划

施工企业与建设单位签订施工合同后，施工总承包单位在调查分析资料的基础上，拟订施工规划、编制施工组织总设计、部署施工力量、安排施工总进度、确定主要工程施工方案、规划整个施工现场、统筹安排，做好全面施工规划，经批准后，便组织施工先遣人员进入现场，与建设单位密切配合，做好施工规划中确定的各项全局性施工准备工作，为建筑项目全面正式开工创造条件。

（2）施工准备

施工准备工作是建筑施工顺利进行的根本保证。施工准备工作主要有：技术准备、物资准备、劳动组织准备、施工现场准备和施工场外准备。当一个施工项目进行了图样会审编制和批准了单位工程施工组织设计，施工图预算和施工预算，组织好了材料，半成品和构配件的生产和加工运输，组织了施工机具进场，搭设了临时建筑物，建立了现场管理机构，调遣施工队伍，拆迁了原有建筑物，搞好了"三通一平"，进行了场区测量和建筑物定位放线等准备工作后，施工单位即可向主管部门提出开工报告。

（3）组织施工

组织施工是工程建设过程中最重要的阶段，必须在开工报告批准后才能开始。这一阶段是把设计者的意图，建设单位的期望变成现实的建筑产品的生产过程，必须严格按照设计图样的要求，采用施工组织设计规定的方法和措施，完成全部的分部分项工程施工任务。这一阶段决定了施工工期、建筑产品的质量和成本以及施工企业的经济效益。因此，在施工中要跟踪检查，进行进度、质量、成本和安全的全面控制，保证达到预期的目标。

施工过程中，往往有多单位、多专业共同协作，要加强现场指挥、调度，进行多方面的平衡和协调工作。在有限的场地上投入大量的材料、构配件、机具和人力，应进行全面的统筹安排，组织均衡连续的施工。

（4）竣工验收

竣工验收是对工程项目的全面的考核。工程项目施工完成了设计文件所规定的内容就可以组织竣工验收。

1.2 工程施工组织设计概述

1.2.1 工程施工组织设计的概念、任务与作用

施工组织设计是规划和指导施工项目从施工准备到竣工验收全过程的一个综合性的技术经济文件。《建设工程项目管理规范》GB/T 50326—2017将这种文件称为施工项目管理规划。施工项目管理规划又分为施工项目管理规划大纲和施工项目管理实施规划。前者是由参加项目投标的承包企业管理层在投标之前编制，旨在作为投标依据，其内容要满足招标文件要求及签订合同要求；后者是在项目中标之后、开工之前，由项目经理主持编制，旨在作为指导施工全过程各项工作的依据。为了将施工项目管理规划与施工组织设计二者统一起来，我国建设行业也将施工项目管理规划大纲称为标前施工组织设计，将施工项目管理实施规划称为标后施工组织设计。

施工组织设计既要体现工程项目的设计和使用要求，又要符合工程施工的客观规律，对施工全过程起战略部署和战术安排的双重作用。

施工组织设计是施工准备工作的重要组成部分，是编制施工预算和施工计划的主要依据，是做好施工准备工作、合理组织施工和加强项目管理的重要措施。

施工组织设计的基本任务是在充分研究工程的客观情况和施工特点的基础上，结合施工企业的技术力量、装配水平，从人力、材料、机械、施工方法和资金等五个基本要素进行统筹规划、合理安排；充分利用有限的空间和时间，采用先进的施工技术，选择合理的施工方案，确定科学的施工进度，建立正常的生产秩序，用最少的资源和财力取得质量高、工期短、成本低、效益好、用户满意的工程产品。

施工组织设计的作用主要体现在：①实现项目设计的要求，衡量设计方案施工的可能性和经济合理性；②保证各施工阶段的准备工作及时进行；③使施工按科学的程序进行，建立正常的生产秩序；④协调各施工单位、各工种、各种资源之间的协调关系；⑤明确施工重点，掌握施工关键和控制方法，并提出保证质量、安全和文明施工的技术组织措施；⑥为组织物质资源供应提供必要的依据。

1.2.2 施工组织设计的分类

施工组织设计按编制目的和编制对象不同可分为以下几类。

（1）施工组织总设计

施工组织总设计是以多个建设项目或一个建筑群为对象编制的，用以指导全场施工全过程的各项施工活动的技术、经济和组织的综合性文件。施工组织总设计一般是在初步设计或技术设计被批准后，由建设总承包单位组织编制。

（2）单位工程施工组织设计

单位工程施工组织设计是以一个单位工程（一个建筑物、构筑物或一个交工系统）为对象编制的，用以直接指导施工全过程的各项施工活动的技术、经济和组织的综合性文件。单位工程施工组织设计一般在施工图设计完成后，在拟建工程开工前，由单位工程施工项目技术负责人组织编制。

（3）分部分项工程施工组织设计

分部分项工程施工组织设计是以单位工程中复杂的分部分项工程或处于冬雨期和特殊条件下施工的分部分项工程为对象编制的，用以具体指导其施工作业的技术、经济和组织的综合性文件。分部分项工程施工组织设计的编制工作一般与单位工程施工组织设计同时进行，由单位工程施工项目技术负责人或分部分项工程的分包单位技术负责人组织编制。

施工组织总设计、单位工程施工组织设计、分部分项工程施工组织设计之间有如下关系：施工组织总设计是指导全场性施工活动和控制各个单位工程施工全过程的综合性文件；单位工程施工组织设计是以施工组织总设计和企业施工计划为依据编制的，把施工组织总设计的有关内容在单位工程上具体化；分部分项工程施工组织设计是以施工组织总设计、单位工程施工组织设计和企业施工计划为依据编制的，把单位工程施工组织设计的有关内容在分部分项工程上具体化，是专业工程的作业设计。

1.2.3 施工组织设计的内容

施工组织设计的内容要根据工程对象和工程特点,并结合现有和可能的施工条件,从实际出发来确定。不同的施工组织设计在内容和深度方面不尽相同。不论是哪一类施工组织设计一般都要包括如下几方面主要内容。

(1) 工程概况

工程概况中应概要地说明本施工项目性质、规模、建设地点、结构特点、建筑面积、施工期限;本地区气象、地形、地质和水文情况;施工力量、施工条件、劳动力、材料、机械设备等供应条件。

(2) 施工方案

施工方案选择是依据工程概况,结合人力、材料、机械设备等条件,全面部署施工任务;安排总的施工顺序,确定主要工种工程的施工方法;对施工项目根据可能采用的几种方案,进行定性、定量的分析,通过技术经济评价,选择最佳施工方案。

(3) 施工进度计划

施工进度计划反映了最佳施工方案在时间上的具体安排;采用某种计划的方法,使工期、成本、资源等方面,通过计算和调整达到既定的施工项目目标;施工进度计划可采用线条图或网络图的形式编制。在施工进度计划的基础上,可编制出劳动力和各种资源需要量计划和施工准备工作计划。

(4) 施工(总)平面图

施工(总)平面图是施工方案及进度计划在空间上的全面安排。它是把投入的各种资源(如材料、构件、机械、运输道路、水电管网等)和生产、生活活动场地合理地部署在施工现场,使整个工程现场体现出有组织、有计划的文明施工。

(5) 主要技术经济指标

主要技术经济指标是对确定的施工方案、施工进度及各种资源安排的技术经济效果进行全面的评价,用以衡量施工组织管理的水平。施工组织设计常用的技术经济指标有:①工期指标;②质量指标;③劳动生产率指标;④机械化施工程度指标;⑤降低成本指标;⑥节约"三材"(钢材、木材、水泥)指标;⑦安全和文明施工指标等。

1.2.4 施工组织设计的编制依据

施工组织设计的编制依据多而繁杂,主要包括如下几方面:

(1) 与工程建设有关的法律、法规和政策;

(2) 国家现行工程技术标准、规范和技术经济指标;

(3) 工程所在地区行政主管部门的批准文件;

(4) 工程合同和招标投标文件;

(5) 工程设计文件及相关资料;

(6)工程施工现场条件、工程地质及水文、气象等自然条件;

(7)施工企业的生产能力、机具设备情况、技术水平等;

(8)施工企业及工程所在地可提供的资源情况。

1.2.5 施工组织设计的原始资料调查分析

编制施工组织设计所需的原始资料通常包括各种自然条件资料和技术经济条件资料。通过调查、收集和分析研究原始资料,为解决施工组织设计中的实际问题提供科学的实事求是的依据,以便能够获得最佳的施工组织设计方案。

1. 自然条件资料

(1)地形资料

通过地形勘察获得建设区域及建设地点的地形情况,以便充分利用有利条件,合理使用施工场地。地形资料包括:

1)建设区域地形图。在图上应标明邻近居民区、工业企业、自来水厂和邻近车站、码头、铁路、公路、上下水道、电力电信网、河流湖泊位置以及邻近砂石场、建筑材料基地等。建设区域地形图的比例尺一般不小于1:5000,等高线高差为5~10m。

2)建设工地及相邻地区地形图。本图的比例尺一般为1:2000或1:1000,等高线高差为0.5~1.0m。图上应标明主要水准点和场地方格网,以便测定各个房屋和构筑物的轴线、标高和计算土方量。此外,还应当标出现有的一切房屋、地上地下管道、线路和构筑物、绿化地带、河流周界线及水面标高、最高洪水位警戒线等。

(2)工程地质资料

通过工程地质勘察,获得建设地区的地质构造、人为的地表破坏现象(如土坑、古墓等)和土壤特征、承载力等资料,作为设计和施工的依据。地质资料的主要内容有:①勘察区域钻孔布置图;②工程地质剖面图,表明土层特征及其厚度;③土壤的物理力学性质,如天然含水率、天然孔隙比等;④土壤压缩试验和关于承载能力的结论等报告文件;⑤有古墓地区还应包括古墓钻探报告等。根据这些资料,可以拟定特殊地基(如黄土、古墓、流砂等)的施工方法和技术措施,复核设计中规定的地基与当地地质情况是否相符,并决定土方开挖的坡度。

(3)水文地质资料

通过水文地质勘察,获得地下水、地面水文资料及其对水质的分析资料。

1)地下水文资料。包括:①地下水位高度及变化范围;②地下水的流向、流速和流量;③地下水的水质分析;④地下水对建筑物下部的冲刷情况等。根据这些资料可以确定土方工程、施工排水、打桩工程的施工方法。

2)地面水文资料。包括:①历年逐月最高、最低及平均水位,山洪情况;②河流历年的平均流量、逐月的最大及最小流量,湖泊的贮水量等;③历年逐月最高、最低及平均水温,冰冻期间及最大最小和平均冻结深度等;④选择水样,进行水质分析,以确定水的透明度、颜色、气味、酸碱度以及所含杂质程度等。这些资料可作为考虑设置升水、蓄水、净水和送水设备时的条件。此外，还可作为判断利用水路运输可能性的依据。

（4）气象资料

1）气温资料。包括年平均、最高、最低温度及其起止日期和持续天数。根据这些资料制定冬期施工、防暑降温等措施，估计混凝土和砂浆强度增长时间。

2）降雨、降雪资料。包括雨期起止日期，年平均降雨、降雪量和日最大降雨、降雪量。根据这些资料可以制订冬雨期施工措施，预先拟定临时排水设施，以免在暴雨后淹没施工场地。

3）风的资料。包括常年风向、风速、风力等。风的资料通常绘成风向玫瑰图。根据风的资料确定临时设施的位置，生活区与生产区房屋相互间的位置和高空作业、吊装工程技术措施。

2. 技术经济条件资料

（1）地方建筑工业企业情况

通过对这部分资料的调查，了解当地有无采料场，建筑材料、配件和构件的生产企业；这些单位的分布情况；主要产品名称、规格、生产能力、供应能力、价格等。同时，还应当了解这些产品运往项目工地的方式方法、交货价格和运输费用。

（2）地方资源情况

地方资源是可以直接或间接供工程使用的原料或材料。应查明当地有无石灰石、石膏石、黏土等供生产粘结材料和保温材料的资源情况；有无建立采石、采砂场等所需的块石、卵石、河砂、山砂等；这些资源在数量和质量方面能否满足工程施工的要求，并要研究、分析进行开采、运输和使用的可能性及经济合理性。

（3）交通运输条件

为了正确组织交通运输，必须详细调查建设地区的铁路、公路、航运情况，以利于组织运输业务，选择经济、合理的运输方式。

（4）建设基地情况

调查建设地区附近有无建筑机械化基地及机械化装备，有无中心修配站及仓库，分析可供建筑工地利用的程度。

（5）劳动力和生活设施情况

调查当地可招工人的数量和素质。工程承包单位在未施工前要对工人宿舍、食堂、文化室、浴室等建筑物的数量、地点、结构特征、面积、交通和设备条件作充分的调查研究。

（6）供水、供电条件

调查当地有无发电站和变压站；查明能否从地区电力网上取得电力，可供工地利用的程度，接线地点及使用的条件；了解供水情况，现有给水排水管道的管径、埋置深度、管底标高、水头压力；还要了解利用邻近电信设施的可能性等。

本章小结

本章系统阐述了如下几方面内容：工程项目的概念及其生产特点；工程项目分类；工程项目施工程序；工程施工组织设计的概念、分类、主要内容及编制依据。

复习思考题

1. 工程项目的生产特点有哪些？
2. 工程项目如何分类？
3. 简述工程项目施工程序。
4. 施工项目组织管理的主要工作内容有哪些？
5. 何谓施工组织设计？其基本任务是什么？
6. 施工组织设计如何分类？其主要内容有哪些？
7. 施工组织设计的编制依据有哪些？

2 流水施工原理

【本章要点】

流水施工的基本概念与特点；流水施工的分级和表达方式；流水施工参数的分类；流水施工主要参数的概念与计算、确定方法；流水施工不同方式的组织过程；流水施工进度计划的编制。

【学习目标】

了解建筑工程施工组织方式，流水施工的分级和表达方式；熟悉流水施工的基本概念与特点，流水施工参数的分类及各类参数的含义，流水施工不同方式的组织过程；掌握流水施工主要参数的计算与确定方法，流水施工进度计划的编制方法。

2.1 流水施工的基本概念

在所有的生产领域中，流水作业法是组织产品生产的理想方法。流水施工也是项目施工最有效的科学组织方法。但是由于建筑产品及其生产的特点不同，流水施工的概念、特点和效果与其他产品的流水作业也有所不同。

2.1.1 建筑工程施工组织方式

在组织同类项目或将一个项目分成若干个施工区段进行施工时，可以采用不同的施工组织方式，如依次施工、平行施工、流水施工等组织方式。

1. 依次施工

依次施工组织方式是将拟建工程项目的整个建造过程分解成若干个施工过程，按照一定的施工顺序，前一个施工过程完成后，后一个施工过程开始施工；或前一个工程完成后，后一个工程才开始施工。它是一种最基本、最原始的施工组织方式。

【例2-1】拟兴建四幢相同的建筑物，其编号分别为Ⅰ、Ⅱ、Ⅲ、Ⅳ。它们的基础工程量都相等。而且均由挖土方、做垫层、砌基础和回填土等四个施工过程组成，每个施工过程在每个建筑物中的施工天数均为5天。其中，挖土方时，工作队由8人组成；做垫层时，工作队由6人组成；砌基础时，工作队由14人组成；回填土时，工作队由5人组成。按照依次施工组织方式，其施工进度计划如表2-1中"依次施工"栏所示。

由表2-1可以看出，依次施工组织方式具有以下特点：

（1）由于没有充分地利用工作面，所以工期长；
（2）工作队不能实现专业化施工，不利于提高工程质量和劳动生产率；
（3）专业工作队及其生产工人不能连续作业；
（4）单位时间内投入的资源数量比较少，有利于资源供应的组织工作；
（5）施工现场的组织、管理比较简单。

2. 平行施工

在拟建工程项目任务十分紧迫、工作面允许以及资源能够保证供应的条件下，可以组织几个相同的工作队，在同一时间、不同的空间上进行施工，这样的施工组织方式称为平行施工组织方式。在例2-1中，如果采用平行施工组织方式，其施工进度计划如表2-1中"平行施工"栏所示。

由表2-1可以看出，平行施工组织方式具有以下特点：

（1）充分利用了工作面，争取了时间、缩短了工期；
（2）工作队不能实现专业化生产，不利于提高工程质量和劳动生产率；
（3）专业工作队及其生产工人不能连续作业；

流水施工进度表 表 2-1

工程编号	分项工程名称	工作队人数	施工天数	施工进度（天）																								
				80															20					35				
				5	10	15	20	25	30	35	40	45	50	55	60	65	70	75	80	5	10	15	20	5	10	15	20	25	30	35
I	挖土方	8	5																										
	做垫层	6	5																										
	砌基础	14	5																										
	回填土	5	5																										
II	挖土方	8	5																										
	做垫层	6	5																										
	砌基础	14	5																										
	回填土	5	5																										
III	挖土方	8	5																										
	做垫层	6	5																										
	砌基础	14	5																										
	回填土	5	5																										
IV	挖土方	8	5																										
	做垫层	6	5																										
	砌基础	14	5																										
	回填土	5	5																										
劳动力动态图																												
施工组织方式				依次施工															平行施工				流水施工					

（4）单位时间内投入施工的资源数量大，现场临时设施也相应增加；

（5）施工现场组织、管理复杂。

3. 流水施工

流水施工组织方式是将拟建工程项目的整个建造过程分解成若干个施工过程，也就是划分成若干个工作性质相同的分部、分项工程或工序；同时将拟建工程项目在平面上划分成若干个劳动量大致相等的施工段；在竖向上划分成若干个施工层，按照施工过程分别建立相应的专业工作队；各专业工作队按照一定的施工顺序投入施工，完成第一个施工段上的施工任务后，在专业工作队的人数、使用机具和材料不变的情况下，依次地、连续地投到第二、三……一直到最后一个施工段的施工，在规定的时间内，完成同样的施工任务；不同的专业工作队在工作时间上最大限度地、合理地搭接起来；当第一个施工层各个施工段上的相应施工任务全部完成后，专业工作队依次地、连续地投入到第二、三……施工层，保证拟建工程项目的施工全过程在时间上、空间上，有节奏地连续、均衡地进行生产，直到完成全部施工任务。

在例 2-1 中，如果采用流水施工组织方式，其施工进度计划如表 2-1 中"流水施工"栏所示。

由表 2-1 可以看出，与依次施工、平行施工相比较，流水施工具有以下特点：

（1）科学地利用了工作面，争取了时间，工期比较短；

（2）工作队及其生产工人实现了专业化施工，可使工人的操作技术熟练，更好地保证工程质量，提高劳动生产率；

（3）专业工作队及其生产工人能够连续作业；

（4）单位时间投入施工的资源较为均衡，有利于资源供应的组织工作；

（5）为工程项目的科学管理创造了有利条件。

2.1.2 流水施工的分级和表达方式

1. 流水施工的分级

根据流水施工组织的范围不同，流水施工通常可划分为以下几种：

（1）分项工程流水施工

分项工程流水施工，也称为细部流水施工，是在一个专业工种内组织起来的流水施工。

（2）分部工程流水施工

分部工程流水施工，也称为综合流水施工，是在一个分部工程内部，各分项工程之间组织起来的流水施工。

（3）单位工程流水施工

单位工程流水施工，也称为综合流水施工，是在一个单位工程内部，各分部工程之间组织起来的流水施工。

（4）群体工程流水施工

群体工程流水施工，也称为大流水施工，是在若干单位工程之间组织起来的流水施工。

上述四种流水施工之间的关系如图 2-1 所示。

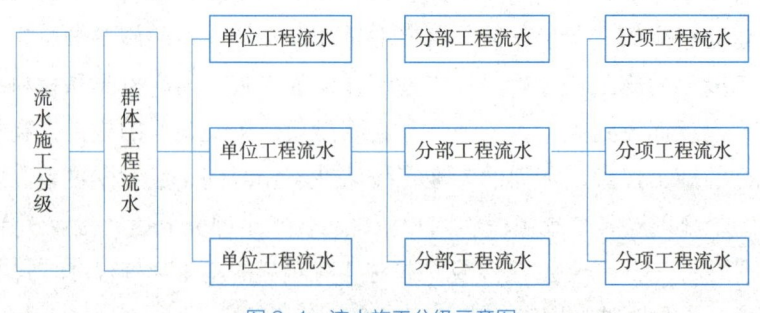

图 2-1 流水施工分级示意图

2. 流水施工的表达方式

流水施工的表达方式，主要有横道图和网络图两种，如图 2-2 所示。

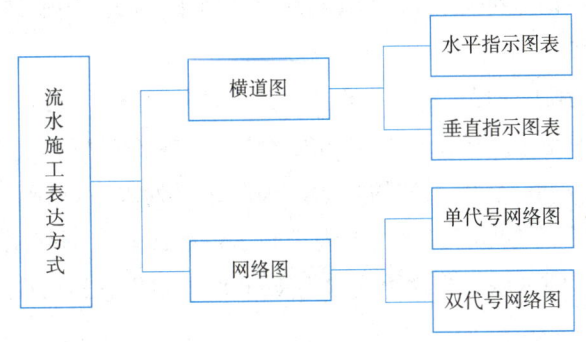

图 2-2　流水施工表达方式示意图

2.2　流水施工的主要参数

在组织拟建工程项目流水施工时，用以表达流水施工在工艺流程、空间布置和时间安排等方面开展状态的参数，称为流水参数。它主要包括工艺参数、空间参数和时间参数三类。

2.2.1　工艺参数

1. 工艺参数的概念

在组织流水施工时，用以表达流水施工在施工工艺上开展顺序及其特征的参数称工艺参数。具体地说，工艺参数是指在组织流水施工时，将拟建工程项目的整个建造过程分解为施工过程的种类、性质和数目的总称。

2. 工艺参数的类型

工艺参数通常包括施工过程和流水强度。

（1）施工过程

在工程项目施工中，施工过程所包括的范围可大可小，既可以是分部工程、分项工程，又可以是单位工程、单项工程。它是流水施工的基本参数之一。根据工艺性质不同，它分为制备类施工过程、运输类施工过程和砌筑安装类施工过程等三种。施工过程数一般用 n 来表示。

1）制备类施工过程。它是指为了提高建筑产品的装配化、工厂化、机械化和生产能力而形成的施工过程。如混凝土、砂浆、构配件、制品和门窗等的制备过程。它一般不占有施工对象的空间，不影响项目总工期，因此一般在项目施工进度表上不表示；只有当其占有施工对象的空间要影响项目总工期时，在项目施工进度表上才列入，如在拟建车间、实验室等场地内预制或组装的大型构件等。

2）运输类施工过程。它是指将建筑材料、构配件、（半）成品、制品和设备等运到项目工地仓库或现场操作使用地点形成的施工过程。它一般不占有施工对象空间，不影响项目总工期，通常也不列入项目施工进度计划中；只有当其占有项目施工的空间要影响项目总工期时，才列入项目施工进度计划中，如结构安装工程中，采取随运随吊方案的运输过程。

3）砌筑安装类施工过程。它是指在施工对象的空间上，直接进行加工，最终形成建筑产品的过程。如地下主体工程、结构安装工程、屋面工程和装饰工程等施工过程。它占有施工对象的空间、影响工期的长短，因此必须列入项目施工的进度表上，而且是项目施工进度表的主要内容。砌筑安装类施工过程按其在项目生产中的作用、工艺性质和复杂程度等不同可以划分为不同的施工过程。如图2-3所示。

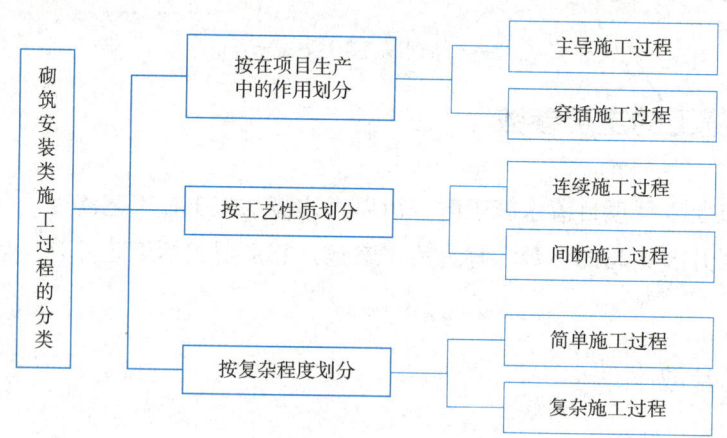

图2-3 砌筑安装类施工过程分类示意图

（2）流水强度

某施工过程在单位时间内所完成的工程量，称为该施工过程的流水强度。可分为机械操作流水强度和人工操作流水强度。

1）机械操作流水强度

$$V_i = \sum_{j=1}^{x} R_{ij} S_{ij} \quad (2-1)$$

式中　V_i——某施工过程 i 的机械操作流水强度；
　　　R_{ij}——投入施工过程 i 的 j 种施工机械台数；
　　　S_{ij}——投入施工过程 i 的 j 种施工机械产量定额；
　　　x——投入施工过程 i 的施工机械类数。

2）人工操作流水强度

$$V_i = R_i \cdot S_i \quad (2-2)$$

式中　V_i——某施工过程 i 的人工操作流水强度；
　　　R_i——投入施工过程 i 的专业工作队工人数；
　　　S_i——投入施工过程 i 的专业工作队平均产量定额。

2.2.2 空间参数

1. 空间参数的概念

在组织流水施工时,用以表达流水施工在空间布置上所处状态的参数,称为空间参数。

2. 空间参数的类型

空间参数主要有:工作面、施工段和施工层三种类型。

(1)工作面

某专业工种的工人在从事建筑产品生产加工过程中,必须具备一定的活动空间,这个活动空间称为工作面。它的大小,是根据相应工种单位时间内的产量定额、建筑安装操作规程和安全规程等的要求确定的。工作面确定得合理与否,直接影响专业工种工人的劳动生产率。因此,必须认真加以对待,合理确定。

主要工种专业的工作面参考数据见表2-2。

主要工种工作面参考数据　　表2-2

工作项目	每个技工的工作面		说明
砖基础	7.6	m/人	以 $1\frac{1}{2}$ 砖计 2砖乘以0.8 3砖乘以0.55
砌砖墙	8.5	m/人	以1砖计 $1\frac{1}{2}$ 砖乘以0.71 2砖乘以0.57
毛石墙基	3	m/人	以60cm计
毛石墙	3.3	m/人	以40cm计
混凝土柱、墙基础	8	m²/人	机拌、机捣
混凝土设备基础	7	m²/人	机拌、机捣
现浇钢筋混凝土柱	2.45	m²/人	机拌、机捣
现浇钢筋混凝土梁	3.20	m²/人	机拌、机捣
现浇钢筋混凝土墙	5	m²/人	机拌、机捣
现浇钢筋混凝土楼板	5.3	m²/人	机拌、机捣
预制钢筋混凝土柱	3.6	m²/人	机拌、机捣
预制钢筋混凝土梁	3.6	m²/人	机拌、机捣
预制钢筋混凝土屋架	2.7	m²/人	机拌、机捣
预制钢筋混凝土平板、空心板	1.91	m²/人	机拌、机捣
预制钢筋混凝土大型屋面板	2.62	m²/人	机拌、机捣
混凝土地坪及面层	40	m²/人	机拌、机捣
外墙抹灰	16	m²/人	—
内墙抹灰	18.5	m²/人	—
卷材屋面	18.5	m²/人	—
防水水泥砂浆屋面	16	m²/人	—
门窗安装	11	m²/人	—

（2）施工段

为了有效地组织流水施工，通常把拟建工程项目在平面上划分成若干个劳动量大致相等的施工段落，这些施工段落称为施工段。施工段的数目，通常用 m 表示。它是流水施工的基本参数之一。

1）划分施工段的目的和原则。划分施工段是组织流水施工的基础，建筑产品体形庞大的固有特征，又为组织流水施工提供了空间条件。可以把一个体形庞大的"单件产品"划分成具有若干个施工段、施工层的"批量产品"，使其满足流水施工的基本要求；在保证工程质量的前提下，为专业工作队确定合理的空间活动范围，使其按流水施工的原理，集中人力和物力，依次地、连续地完成各施工段的任务，为后续专业工作队尽早地提供工作面，达到缩短工期的目的。施工段的划分，在不同的分部工程中，可以采用相同或不同的划分办法。同一分部工程中最好采用统一的段数，但也不排除特殊情况，如在单层工业厂房的预制工程中，柱和屋架的施工段划分就不一定相同。

施工段数要适当，段数过多，势必要减少工人数而延长工期；段数过少，又会造成资源供应过分集中，不利于组织流水施工。因此，为了使施工段划分得更科学、更合理，通常应遵循以下原则：

①专业工作队在各个施工段上的劳动量要大致相等。

②对多层或高层建筑物，施工段的数目要满足合理流水施工组织的要求，即 $m \geq n$。

③为了充分发挥工人、主导施工机械的生产效率，每个施工段要有足够的工作面，使其所容纳的劳动力人数和机械台数，能满足合理劳动组织的要求。

④为了保证拟建工程项目结构整体的完整性，施工段的分界线应尽可能与结构的自然界线（如沉降缝、伸缩缝等）相一致；如果必须将分界线设在墙体中间时，应将其设在对结构整体性影响较小的门窗洞口等部位，以减少留槎，便于修复。

⑤对于多层的拟建工程项目，既要划分施工段，又要划分施工层，以保证相应的专业工作队在施工段与施工层之间，组织有节奏、连续、均衡的流水施工。

2）施工段数（m）与施工过程数（n）之间的关系。当 $m=n$ 时，各专业工作队可以连续施工，施工段上始终有专业工作队工作，直至全部工作完成。施工段上无停歇时间，是比较理想的流水施工组织方案。

当 $m > n$ 时，各专业工作队仍是连续施工，但在施工段上有停歇，可以组织流水施工。

当 $m < n$ 时，对多层建筑物组织流水施工是不适用的，因专业工作队不能连续施工，有窝工现象。

从上述三种情况我们可以看出，要保证专业工作队能够连续作业，施工段数（m）与施工过程数（n）之间的关系必须满足 $m \geq n$ 的要求。

应该指出，当无层间关系或无施工层（如某些单层建筑物、基础工程等）时，则施工段数不受 $m \geq n$ 的限制，可按前述划分施工段的原则进行确定。

(3)施工层

在组织流水施工时,为了满足专业工作队对操作高度和施工工艺的要求,将拟建工程项目在竖向上划分为若干个操作层,这些操作层称为施工层。施工层一般用 r 来表示。施工层的划分,要根据工程项目的具体情况,如建筑物的高度、楼层等来确定。

2.2.3 时间参数

1. 时间参数的概念

在组织流水施工时,用以表达流水施工在时间排序上的参数,称为时间参数。

2. 时间参数的类型

时间参数通常包括流水节拍、流水步距、平行搭接时间、技术间歇时间和组织间歇时间等五种类型。

(1)流水节拍

在组织流水施工时,每个专业工作队在各个施工段上完成相应的施工任务所需的工作延续时间,称为流水节拍,通常用 t_i 来表示。它是流水施工的基本参数之一。

流水节拍的大小,可以反映出流水施工速度的快慢、节奏感的强弱和单位时间内资源消耗量的多少。影响流水节拍数值大小的因素主要有:工程项目施工时所采取的施工方案,各施工段投入的劳动力人数或施工机械台数,工作班次,以及该施工段工程量的多少。为避免专业工作队转移时浪费工时,流水节拍在数值上最好是一个(或半个)台班的整数倍。其数值的确定,可按以下方法进行:

1)定额计算法。根据各施工段的工程量、能够投入的资源量(工人数、机械台数和材料量等),按下式进行计算:

$$t_i = \frac{Q_i}{S_i \cdot R_i \cdot N_i} = \frac{P_i}{R_i \cdot N_i} \tag{2-3}$$

或

$$t_i = \frac{Q_i \cdot H_i}{R_i \cdot N_i} = \frac{P_i}{P_i \cdot N_i} \tag{2-4}$$

式中 t_i——某专业工作队在第 i 施工段的流水节拍;

Q_i——某专业工作队在第 i 施工段要完成的工程量;

S_i——某专业工作队的计划产量定额;

H_i——某专业工作队的计划时间定额;

P_i——某专业工作队在第 i 施工段需要的劳动量或机械台班数量;

$$P_i = \frac{Q_i}{S_i} \text{ (或 } P = Q_i \cdot H_i \text{)} \tag{2-5}$$

R_i——某专业工作队投入的工作人数或机械台数；

N_i——某专业工作队的工作班次。

2）经验估算法。它是依据以往的施工经验估算流水节拍的方法。一般为了提高其准确程度，往往先后估算出该流水节拍的最长、最短和正常（即最可能）三种时间，然后据此求出期望时间作为某专业工作队在某施工段上的流水节拍。所以，本法也称为三种时间估算法。其计算公式如下：

$$t_i = \frac{a_i + 4c_i + b_i}{6} \quad (2\text{-}6)$$

式中 t_i——某施工过程 i 在某施工段上的流水节拍；

a_i——某施工过程 i 在某施工段上的最短估算时间；

b_i——某施工过程 i 在某施工段上的最长估算时间；

c_i——某施工过程 i 在某施工段上的正常估算时间。

这种方法多用于采用新工艺、新方法和新材料等没有定额可循的工程。

3）工期计算法。对在规定时间必须完成的施工项目，往往采用按工期倒排进度法。具体步骤如下：

①根据工期倒排进度，确定某施工过程的工作延续时间；

②确定某施工过程在某施工段上的流水节拍。若同一施工过程流水节拍不等，则用估算法。

若流水节拍相等，则用下式计算：

$$t_i = \frac{T_i}{m} \quad (2\text{-}7)$$

式中 t_i——流水节拍；

T_i——某施工过程 i 的工作持续时间；

m——某施工过程划分的施工段数。

当施工段数确定后，流水节拍大，则工期相应就长。因此，从理论上讲，总是希望流水节拍越小越好。但实际上由于受工作面的限制，每一施工过程在各施工段上都有最小的流水节拍，其数值可按下式计算：

$$t_{\min} = \frac{A_{\min} \cdot \mu}{s} \quad (2\text{-}8)$$

式中 $t_{\min}$——某施工过程在某施工段上的最小流水节拍；

$A_{\min}$——每个工人或每台机械所需最小工作面；

μ——单位工作面上的工程量；

s——产量定额。

通过公式算出的最小流水节拍数值，应取整数（或半个工日）的整倍数；根据工期计算的流水节拍，应大于最小流水节拍。

（2）流水步距

在组织流水施工时，相邻两个专业工作队在保证施工顺序、满足连续施工、最大限度地搭接和保证工程质量要求的条件下，相继投入施工的最小时间间隔，称为流水步距。流水步距用 $K_{j,j+1}$ 来表示，它是流水施工的基本参数之一。

如表 2-3 所示的某基础工程，挖土与垫层相继投入第一施工段开始施工的时间间隔为 2 天，即流水步距 $K=2$（本表 $K_{j,j+1}=K$），其他相邻两个施工过程的流水步距均为 2 天。

流水步距与工期的关系　　　　　　　　　　表 2-3

施工过程名称	施工进度（天）									
	1	2	3	4	5	6	7	8	9	11
挖土方		①		②						
做垫层			K		①		②			
砌基础					K		①		②	
回填土							K	①		②

$\sum_{k}=(n-I)K$　　　　　　$T_1=\sum mt_1$

工期 $T=\sum K+T_1$

从表 2-3 可知，当施工段确定后，流水步距的大小直接影响着工期的长短。如果施工段不变，流水步距越大，则工期越长，反之工期就越短。

表 2-4 和表 2-5 表示流水步距与流水节拍的关系。表 2-4 表示 A、B 两个施工过程分两段施工，流水节拍均为 2 天的情况，此时 $K=2$；表 2-5 表示在工作面允许的条件下，各增加一倍的工人，使流水节拍缩小，流水步距的变化情况。

流水步距与流水节拍的关系（a）　表 2-4

施工过程编号	施工进度（天）					
	1	2	3	4	5	6
A	①			②		
B		K		①		②

流水步距与流水节拍的关系（b）　表 2-5

施工过程编号	施工进度（天）		
	1	2	3
A	①	②	
B	K	①	②

从表 2-4 和表 2-5 可知：当施工段不变时，流水步距随流水节拍的增大而增大，随流水节拍的缩小而缩小。如果人数不变，增加施工段，使每段人数达到饱和，而该段施工持续时间总和不变，则流水节拍和流水步距都相应地会缩小，但工期拖长了，如表 2-6 所示。

流水步距、节拍和施工段的关系　　表 2-6

施工过程编号	施工进度（天）				
	1	2	3	4	5
A	①	②	③	④	
B		①	②	③	④

从上述几种情况的分析，我们可以得出确定流水步距应遵循如下几项原则：

1）流水步距要满足相邻两个专业工作队在施工顺序上的相互制约关系；

2）流水步距要保证各专业工作队连续作业；

3）流水步距要保证相邻两个专业工作队在开始作业的时间上最大限度地、合理地搭接；

4）流水步距的确定要保证工程质量，满足安全生产。

（3）平行搭接时间

在组织流水施工时，有时为了缩短工期，在工作面允许的条件下，如果前一个专业工作队完成部分施工任务后，能够提前为后一个专业工作队提供工作面，则后者提前进入前一个施工段，两者在同一施工段上平行搭接施工。这个搭接的时间称为平行搭接时间，通常用 $C_{j,j+1}$ 来表示。

（4）技术间歇时间

在组织流水施工时，除要考虑相邻专业工作队之间的流水步距外，有时根据建筑材料或现浇构件等的工艺性质，还要考虑合理的工艺等待时间，这个等待时间称为技术间歇时间，常用 $Z_{j,j+1}$ 来表示。

（5）组织间歇时间

在组织流水施工中由于施工组织的原因，造成的间歇时间称为组织间歇时间。如墙体砌筑前的墙体位置弹线，施工人员、机械设备转移，回填土前地下管道检查验收等，组织间歇时间用 $G_{j,j+1}$ 来表示。

2.3　流水施工组织方式

流水施工根据各施工过程时间参数的不同特点，可以分为：等节奏专业流水、异节奏专业流水和无节奏专业流水等几种基本方式。

2.3.1　等节奏专业流水

等节奏专业流水是指在组织流水施工时，如果所有的施工过程在各个施工段上的流水节拍彼此相等，这种流水施工组织方式称为等节奏专业流水，也称固定节拍流水或全等节拍流水或同步距流水。它是一种最理想的流水施工组织方式。

1. 基本特点

（1）流水节拍彼此相等。

如果有 n 个施工过程，流水节拍为 t_i，则

$$t_1 = t_2 = \cdots = t_i = \cdots = t_{n-1} = t_n = t \text{（常数）} \qquad (2\text{-}9)$$

（2）流水步距彼此相等，而且等于流水节拍，即

$$K_{1,2} = K_{2,3} = \cdots = K_{n-1,n} = \cdots = K = t \text{（常数）} \qquad (2\text{-}10)$$

（3）每个专业工作队都能够连续施工，施工段没有空闲。

（4）专业工作队数（n_1）等于施工过程数（n）。

2. 组织步骤

（1）确定施工顺序，分解施工过程。

（2）确定施工起点流向，划分施工段。

划分施工段时，其数目 m 的确定如下：

1）无层间关系或无施工层时，可取 $m=n$。

2）有层间关系或施工层时，施工段数目分下面两种情况确定：

①无技术和组织间歇时，取 $m=n$。

②有技术和组织间歇时，为了保证专业工作队能够连续施工，应取 $m > n$。此时，每层施工段空闲数为 $m-n$，一个空闲施工段的时间为 t，则每层的空闲时间为

$$(m-n) \cdot t = (m-n) \cdot K \qquad (2\text{-}11)$$

设一个楼层内各施工过程间的技术、组织间歇时间之和为 $\sum Z_1$，楼层间技术、组织间歇时间为 Z_2，如果每层的 $\sum Z_1$ 均相等，Z_2 也相等，而且为了保证连续施工，施工段上除 $\sum Z_1$ 和 Z_2 外无空闲，则

$$(m-n) \cdot K = \sum Z_1 + Z_2 \qquad (2\text{-}12)$$

所以，每层的施工段数 m 可按下式确定：

$$m = n + \frac{\sum Z_1}{K} + \frac{Z_2}{K} \qquad (2\text{-}13)$$

如果每层的 $\sum Z_1$ 不完全相等，Z_2 也不完全相等，应取各层中最大的 $\sum Z_1$ 和 Z_2，并按下式确定施工段数：

$$m = n + \frac{\max \sum Z_1}{K} + \frac{\max Z_2}{K}$$

（3）根据等节拍专业流水要求，确定流水节拍 t 的数值。

（4）确定流水步距 $K=t$。

（5）计算流水施工的工期。

1）不分施工层时，工期的计算公式为

$$T=(m+n-1)\cdot K+\sum Z_{j\cdot j+1}+\sum G_{j\cdot j+1}-\sum C_{j\cdot j+1} \qquad (2-14)$$

式中　T——流水施工总工期；

　　　m——施工段数；

　　　n——施工过程数；

　　　K——流水步距；

　　　j——施工过程编号，$1 \leq j \leq n$；

$Z_{j\cdot j+1}$——j 与 $j+1$ 两个施工过程间的技术间歇时间；

$G_{j\cdot j+1}$——j 与 $j+1$ 两个施工过程间的组织间歇时间；

$C_{j\cdot j+1}$——j 与 $j+1$ 两个施工过程间的平行搭接时间。

2）分施工层时，工期的计算公式为

$$T=(m\cdot r+n-1)\cdot K+\sum Z^1_{j\cdot j+1}+\sum G^1_{j\cdot j+1}-\sum C_{j\cdot j+1} \qquad (2-15)$$

式中　　　r——施工层数；

$\sum Z^1_{j\cdot j+1}$——第一个施工层内各施工过程之间的技术间歇时间之和；

$\sum G^1_{j\cdot j+1}$——第一个施工层内各施工过程之间的组织间歇时间之和；

其他符号的含义同前。

在公式中，没有二层及二层以上的 $\sum Z_1$ 和 Z_2，是因为它们均已包括在式中的 $m\cdot r\cdot t$ 项内，如表 2-7 所示。

分层并有技术、组织间歇时间的等节拍专业流水进度表　　　　表 2-7

施工层	施工过程编号	施工进度（天）															
		1	2	3	4	5	6	7	8	9	10	11	12	13	14	15	16
1	Ⅰ	①	②	③	④	⑤	⑥										
	Ⅱ		①	②	③	④	⑤	⑥									
	Ⅲ			①	②	③	④	⑤	⑥								
	Ⅳ				Z_1 ①	②	③	④	⑤	⑥							
2	Ⅰ						Z_2 ①	②	③	④	⑤	⑥					
	Ⅱ							①	②	③	④	⑤	⑥				
	Ⅲ								①	②	③	④	⑤	⑥			
	Ⅳ								Z_1 ①	②	③	④	⑤	⑥			

$(n-1)K+Z_1$　　　　　　$m\cdot r\cdot t$

（6）绘制流水施工指示图表。

3. 应用举例

【例2-2】 某分部工程由四个分项工程所组成，流水节拍均为2天，无技术、组织间歇时间。试确定流水步距，计算工期并绘制流水施工进度表。

解： 由已知条件 $t_i=t=2$ 天，本分部工程宜组织等节奏专业流水。

（1）确定流水步距

由等节拍专业流水特点知：

$$K=t=2 \text{ 天}$$

（2）确定施工段数

根据题意：$m=n=4$

（3）计算工期

$$T=(m+n-1) \cdot K+\sum Z_{j \cdot j+1}+\sum G_{j \cdot j+1}-\sum C_{j \cdot j+1}$$

$$T=(4+4-1) \times 2+0+0-0=14 \text{ 天}$$

（4）绘制流水施工进度表（表2-8）。

等节拍专业流水施工进度计划　　　　表2-8

分项过程编号	施工进度（天）						
	2	4	6	8	10	12	14
A	①	②	③	④			
B	K	①	②	③	④		
C		K	①	②	③	④	
D			K	①	②	③	④

$$T=(4+4-1) \times 2=14$$

【例2-3】 某项目由Ⅰ、Ⅱ、Ⅲ、Ⅳ四个施工过程所组成。划分两个施工层组织流水施工。施工过程Ⅱ完成后需养护1天，下一个施工过程才能施工，层间技术间歇为1天，流水节拍均为1天。为了保证工作队连续作业，试确定施工段数，计算工期，绘制流水施工进度表。

解： 由已知条件 $t_i=t=1$ 天，本项目宜组织等节奏专业流水。

（1）确定流水步距

由等节奏专业流水特点知：

$$K=t=1 \text{ 天}$$

（2）确定施工段数

因该项目分两层施工，其施工段数确定公式为

$$m = n + \frac{\sum Z_1}{K} + \frac{Z_2}{K} = 4 + \frac{1}{1} + \frac{1}{1} = 6$$

（3）计算工期

由公式　　　　$T = (m \cdot r + n - 1) \cdot K + \sum Z_1 - \sum C_{j \cdot j+1}$

得：　　　　　$T = (6 \times 2 + 4 - 1) \times 1 + 1 - 0 = 16$ 天

（4）绘制流水施工进度表（表2-9）

分层并有技术、组织间歇时间的等节奏专业流水进度表　　表2-9

施工层	施工过程编号	施工进度（天）															
		1	2	3	4	5	6	7	8	9	10	11	12	13	14	15	16
1	Ⅰ	①	②	③	④	⑤	⑥										
	Ⅱ		①	②	③	④	⑤	⑥									
	Ⅲ			①	②	③	④	⑤	⑥								
	Ⅳ					①	②	③	④	⑤	⑥						
2	Ⅰ							①	②	③	④	⑤	⑥				
	Ⅱ								①	②	③	④	⑤	⑥			
	Ⅲ									①	②	③	④	⑤	⑥		
	Ⅳ											①	②	③	④	⑤	⑥

2.3.2 异节奏专业流水

异节奏专业流水是指组织流水施工时，同一施工过程在各施工段上的流水节拍彼此相等，不同施工过程在各施工段上的流水节拍彼此不等，但均为某一常数的整数倍的流水施工组织方式。有时，为了加快流水施工速度，在资源供应满足的前提下，对流水节拍长的施工过程，组织几个同工种的专业工作队来完成同一施工过程在不同施工段上的作业任务，从而就形成了一个工期最短的、类似于等节奏专业流水的等步距的异节奏专业流水施工方案。这里主要讨论等步距的异节奏专业流水。

1. 基本特点

（1）同一施工过程在各施工段上的流水节拍彼此相等，不同的施工过程在同一施

工段上的流水节拍彼此不等,但均为某一常数的整数倍;

(2)流水步距彼此相等,且等于流水节拍的最大公约数;

(3)各专业工作队能够保证连续施工,施工段没有空闲;

(4)专业工作队数大于施工过程数,即 $n_1 > n$。

2. 组织步骤

(1)确定施工顺序,分解施工过程。

(2)确定施工起点、流向,划分施工段。

划分施工段时,其数目 m 的确定方式如下:

1)不分施工层时,可按划分施工段原则确定施工段数目。

2)分施工层时,每层的施工段数可按下式确定:

$$m = n_1 + \frac{\max \sum Z_1}{K_b} + \frac{\max \sum Z_2}{K_b} \quad (2\text{-}16)$$

式中 n_1——专业工作队总数;

  K_b——等步距异节奏专业流水的流水步距;

其他符号含义同前。

(3)按异节奏专业流水确定流水节拍。

(4)确定流水步距,按下式计算:

$$K_b = \text{最大公约数}\{t_1, t_2, \cdots t_n\} \quad (2\text{-}17)$$

(5)确定专业工作队数:

$$b_j = \frac{t_j}{K_b} \quad (2\text{-}18)$$

$$n_1 = \sum_{j=1}^{n} b_j \quad (2\text{-}19)$$

式中 t_j——施工过程 j 在各施工段上的流水节拍;

  b_j——施工过程 j 所要组织的专业工作队数;

  j——施工过程编号,$1 \leq j \leq n$。

(6)计算总工期:

$$T = (m \cdot r + n_1 - 1) \cdot K_b + \sum Z_1 - \sum C_{j \cdot j+1} \quad (2\text{-}20)$$

式中 r——施工层数。不分层时,$r=1$;分层时,$r=$ 实际施工层数。

其他符号含义同前。

(7)绘制施工进度表。

3. 应用举例

【例 2-4】某项目由Ⅰ、Ⅱ、Ⅲ等三个施工过程组成,流水节拍分别为 2、6、4 天,试组织等步距的异节拍专业流水施工。

解：(1) 确定流水步距

$$K_b = \text{最大公约数}\{2, 4, 6\} = 2 \text{ 天}$$

(2) 确定专业工作队数

$$b_1 = \frac{t_1}{K_b} = \frac{2}{2} = 1 \text{ 队}$$
$$b_2 = \frac{t_2}{K_b} = \frac{6}{2} = 3 \text{ 队}$$
$$b_3 = \frac{t_3}{K_b} = \frac{4}{2} = 2 \text{ 队}$$
$$n_1 = \sum_{j=1}^{3} b_j = 1 + 3 + 2 = 6 \text{ 队}$$

(3) 确定施工段数

为了使各专业工作队连续施工，取

$$m = n_1 = 6 \text{ 段}$$

(4) 计算工期

$$T = (m \cdot r + n_1 - 1) \cdot K_b + \sum Z_1 - \sum C_{j \cdot j+1}$$
$$= (6 \times 1 + 6 - 1) \times 2 + 0 - 0$$
$$= 22 \text{ 天}$$

(5) 编制流水施工进度图（表2-10）

等步距异节拍专业流水施工进度表　　表2-10

施工过程编号	工作队	施工进度（天）										
		2	4	6	8	10	12	14	16	18	20	22
Ⅰ	Ⅰ$_a$	①	②	③	④	⑤	⑥					
Ⅱ	Ⅱ$_b$			①			④					
	Ⅱ$_c$				②			⑤				
	Ⅱ$_a$					③			⑥			
Ⅲ	Ⅲ$_a$						①		③		⑤	
	Ⅲ$_b$							②		④		⑥

$(n-1)K$　　　　$m \cdot t = mk$

$T = 22$

【例 2-5】 某两层现浇钢筋混凝土工程,施工过程分为安装模板、绑扎钢筋和浇筑混凝土。已知每段每层各施工过程流水节拍分别为:$t_{模}$=2 天,$t_{扎}$=2 天,$t_{混}$= 1 天。当安装模板专业工作队转移到第二结构层的第一施工段时,需待第一层第一段的混凝土养护 1 天后才能进行。在保证各专业工作队连续施工的条件下,求该工程每层最少的施工段数,并给出流水施工进度图表。

解:根据题意,本工程宜采用等步距异节奏专业流水。

(1)确定流水步距

$$K_b = 最大公约数\{2,2,1\} = 1 \text{天}$$

(2)确定专业工作队数

$$b_{模} = \frac{t_{模}}{K_b} = \frac{2}{1} = 2 \text{队}$$

$$b_{扎} = \frac{t_{扎}}{K_b} = \frac{2}{1} = 2 \text{队}$$

$$b_{混} = \frac{t_{混}}{K_b} = \frac{1}{1} = 1 \text{队}$$

$$n_1 = \sum_{j=1}^{3} b_j = 2+2+1 = 5 \text{队}$$

(3)确定每层的施工段数

为保证专业工作队连续施工,其施工段数可按下式确定

$$m = n_1 + \frac{Z_2}{K_b} = 5 + \frac{1}{1} = 6 \text{段}$$

(4)计算工期

$$T = (m \cdot r + n_1 - 1) \cdot K_b + \sum Z_1 - \sum C_{j,j+1}$$
$$= (6 \times 2 + 5 - 1) \times 1 + 0 - 0 = 16 \text{天}$$

(5)编制流水施工进度表(表 2-11)

有两个施工层的流水施工进度表   表 2-11

施工过程编号	工作队	施工进度(天)															
		1	2	3	4	5	6	7	8	9	10	11	12	13	14	15	16
I	I_a		①		③		⑤				①		③		⑤		
	I_b			②		④		⑥				②		④		⑥	
II	II_a				①		③		⑤		①		③		⑤		
	II_b						②		④		⑥		②		④		⑥
III	III_a					①	②	③	④		①	②	③	④	⑤	⑥	

$(n-1) \cdot K_b$ $m \cdot r \cdot K_b$

施工层

2.3.3 无节奏专业流水

在实际施工中,通常每个施工过程在各个施工段上的工程量彼此不等,各专业工作的生产效率相差较大,导致大多数的流水节拍也彼此不相等,不可能组织等节奏专业流水或异节奏专业流水。在这种情况下,往往利用流水施工的基本概念,在保证施工工艺,满足施工顺序要求的前提下,按照一定的计算方法,确定相邻专业工作队之间的流水步距,使其在开工时间上最大限度地、合理地搭接起来,形成每个专业工作队都能够连续作业的流水施工方式,称为无节奏专业流水,也称分别流水,它是流水施工的普遍形式。

1. 基本特点

(1) 每个施工过程在各个施工段上的流水节拍不尽相等;

(2) 在多数情况下,流水步距彼此不相等,而且流水步距与流水节拍二者之间存在着某种函数关系;

(3) 各专业工作队都能够连续施工,个别施工段可能有空闲;

(4) 专业工作队数等于施工过程数,即 $n_1=m$。

2. 组织步骤

(1) 确定施工顺序,分解施工过程。

(2) 确定施工起点、流向,划分施工段。

(3) 确定各施工过程在各个施工段上的流水节拍。

(4) 确定相邻两个专业工作队的流水步距。

计算流水步距可用"累加数列错位相减取大差法"。由于它是苏联专家潘特考夫斯基提出的,所以又称潘氏方法,现举例如下:

【例 2-6】某工程的流水节拍如表 2-12 所示。

某工程施工的流水节拍　　　　表 2-12

施工过程	流水节拍(d)			
	第一施工段	第二施工段	第三施工段	第四施工段
甲	3	3	4	4
乙	5	4	3	3
丙	2	5	4	4

计算流水步距的步骤是:

第一步,累加各施工过程的流水节拍,形成累加数据系列;

第二步,相邻两施工过程的累加数据系列错位相减;

第三步,取差数之大者作为该两个施工过程的流水步距。

根据以上三个步骤对本例进行计算。

首先求甲、乙两个施工过程的流水步距：

```
    3    6   10   14
-)       5    9   12   15
─────────────────────────
    3    1    1    2  -15
```

可见，其最大差值为3，故甲、乙两个施工过程的流水步距取3天。

同理，可求乙、丙两个施工过程的流水步距：

```
    5    9   12   15
-)       2    7   11   15
─────────────────────────
    5    7    5    4   -5
```

故乙、丙两个施工过程的流水步距取7天。

（5）计算流水施工的计划工期：

$$T = \sum_{j=1}^{n-1} K_{j \cdot j+1} + \sum_{j=1}^{m} t_i^{zh} + \sum Z - \sum G - \sum C_{j \cdot j+1} \tag{2-21}$$

式中　T——流水施工计划工期；

　　　$K_{j \cdot j+1}$——j 与 $j+1$ 两个专业工作队之间的流水步距；

　　　t_i^{Zh}——最后一个施工过程在第 i 个施工段上的流水节拍；

　　　$\sum Z$——技术间歇时间总和，$\sum Z = \sum Z_{j \cdot j+1} + \sum Z_{k \cdot k+1}$；

　　　$\sum Z_{j \cdot j+1}$——相邻两个专业工作队 j 与 $j+1$ 之间的技术间歇时间之和（$1 \leqslant j \leqslant n-1$）；

　　　$\sum Z_{k \cdot k+1}$——相邻两个施工层间的技术间歇时间之和（$1 \leqslant k \leqslant r-1$）；

　　　$\sum G$——组织间歇时间之和，$\sum G = \sum G_{j \cdot j+1} + \sum G_{k \cdot k+1}$；

　　　$\sum G_{j \cdot j+1}$——相邻两个专业工作队 j 与 $j+1$ 之间的组织间歇时间之和（$1 \leqslant j \leqslant n-1$）；

　　　$\sum G_{k \cdot k+1}$——相邻两个施工层间的组织间歇时间之和（$1 \leqslant k \leqslant r-1$）；

　　　$\sum G_{j \cdot j+1}$——相邻两个专业工作队 j 与 $j+1$ 之间的平行搭接时间之和（$1 \leqslant j \leqslant n-1$）。

（6）绘制流水施工进度表。

3. 应用举例

【例2-7】某项目经理部拟承建一工程，该工程包括Ⅰ、Ⅱ、Ⅲ、Ⅳ、Ⅴ等五个施工过程。施工时在平面上划分成四个施工段，每个施工过程在各个施工段上的流水节拍如表2-13所示。规定施工过程Ⅱ完成后，其相应施工段至少要养护2天；施工过程Ⅳ完成后，其相应施工段要留有1天的准备时间。为了尽早完成，允许施工过程Ⅰ与Ⅱ之间搭接施工1天，试编制流水施工方案。

施工过程流水节拍参数表　　　　　　　　　　　表 2-13

施工过程 流水节拍(天) 施工段	Ⅰ	Ⅱ	Ⅲ	Ⅳ	Ⅴ
①	3	1	2	4	3
②	2	3	1	2	4
③	2	5	3	3	2
④	4	3	5	3	1

解：根据题设条件，该工程应能组织无节奏专业流水。

（1）流水节拍累加数列

　　Ⅰ：3　5　7　11
　　Ⅱ：1　4　9　12
　　Ⅲ：2　3　6　11
　　Ⅳ：4　6　9　12
　　Ⅴ：3　7　9　10

（2）确定流水步距

① $K_{Ⅰ·Ⅱ}$

$$
\begin{array}{rrrrr}
 & 3 & 5 & 7 & 11 \\
-) & & 1 & 4 & 9 & 12 \\
\hline
 & 3 & 4 & 3 & 2 & -12
\end{array}
$$

所以 $K_{Ⅰ·Ⅱ}$=max{3, 4, 3, 2, -12}=4 天

② $K_{Ⅱ·Ⅲ}$

$$
\begin{array}{rrrrr}
 & 1 & 4 & 9 & 12 \\
-) & & 2 & 3 & 6 & 11 \\
\hline
 & 1 & 2 & 6 & 6 & -11
\end{array}
$$

所以 $K_{Ⅱ·Ⅲ}$=max{1, 2, 6, 6, -11}=6 天

③ $K_{Ⅲ·Ⅳ}$

$$
\begin{array}{rrrrr}
 & 2 & 3 & 6 & 11 \\
-) & & 4 & 6 & 9 & 12 \\
\hline
 & 2 & -1 & 0 & 2 & -12
\end{array}
$$

所以 $K_{Ⅲ·Ⅳ}$=max{2, -1, 0, 2, -12}=2 天

④ $K_{Ⅳ·Ⅴ}$

```
  4  6  9  12
-)   3  7   9  10
  ─────────────
  4  3  2   3  -10
```

所以 $K_{IV·V}$ =max{4，3，2，3，-10}=4 天

（3）计算计划工期

$$T = \sum_{j=1}^{n-1}K_{j,j+1}+\sum_{i=1}^{m}t_i^{zh}+\sum Z-\sum G-\sum C_{j,j+1}$$
$$= (4+6+2+4)+(3+4+2+1)+2+1-1$$
$$= 28 \text{ 天}$$

（4）绘制流水施工进度计划表（表2-14）

流水施工进度计划表　　　　　表2-14

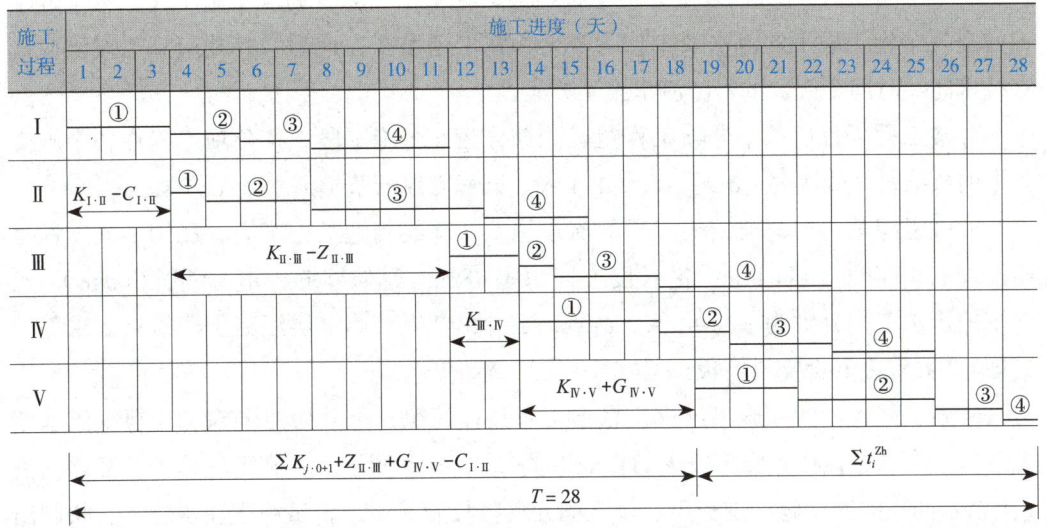

本章小结

本章系统阐述了如下几方面内容：建筑工程施工组织方式和流水施工的基本概念与特点；流水施工的分级和表达方式；流水施工参数的分类及各类参数的含义与计算、确定方法；流水施工不同方式的组织过程；流水施工进度计划的编制方法。

复习思考题

1. 简述流水施工的概念与特点。
2. 简述流水施工主要参数的种类。
3. 何谓施工段？划分施工段有哪些原则？
4. 何谓流水节拍？其数值如何确定？
5. 何谓流水步距？其数值的确定应遵循哪些原则？

6. 流水施工的基本方式有哪些？分别具有哪些基本特点？

7. 如何组织等节拍专业流水、异节拍专业流水、无节奏专业流水？

习 题

1. 某工程包括四项施工过程，各施工过程按最合理的流水施工组织确定的流水节拍为：

（1）$t_1=t_2=t_3=t_4=2$ 天，并有 $Z_{2,3}=1$ 天，$C_{3,4}=1$ 天；

（2）$t_1=4$ 天，$t_2=2$ 天，$t_3=4$ 天，$t_4=2$ 天，并有 $Z_{2,3}=2$ 天。

试分别组织流水施工，绘制出施工进度表。

2. 某工程由 A、B、C 三个分项工程组成，在平面上划分为 6 个施工段。每个分项工程在各个施工段上的流水节拍均为 4 天。试编制工期最短的流水施工方案。

3. 某工程由 A、B、C 三个分项工程组成，在平面上划分为 4 个施工段。每个分项工程在各个施工段上的流水节拍均为 3 天。施工过程 B 完成后，其相应施工段至少应有技术间歇时间 2 天。试编制流水施工方案。

4. 某工程项目由三个分项工程组成，划分为 6 个施工段。各分项工程在各个施工段上的持续时间依次为：6 天、2 天和 4 天。试编制成倍节拍流水施工方案。

5. 试组织某两层框架结构工程的流水施工，并绘制施工进度表。已知：该工程平面尺寸为 17.40m × 144.14m，沿长度方向每隔 48m 留设伸缩缝一道（缝宽 70mm），已确定的流水节拍分别为：$t_模=4$ 天，$t_筋=2$ 天，$t_砼=2$ 天。第一层混凝土浇筑后要求养护 2 天，才允许在其上支设模板。

6. 某工程包括四项施工过程，根据工程具体情况，可分为四个施工段组织流水施工，每一施工过程在各施工段上的作业时间如表 2-15 所示。若施工过程 Ⅰ、Ⅱ 之间需 1 天技术间歇时间，施工过程 Ⅲ、Ⅳ 之间允许搭接施工 2 天，试组织流水施工，绘制出施工进度表。

流水施工参数表（时间单位：天） 表 2-15

施工过程\施工段	①	②	③	④
Ⅰ	3	4	3	5
Ⅱ	2	2	4	2
Ⅲ	3	4	2	4
Ⅳ	4	2	2	3

7. 某分部工程包括四项分项工程，拟划分 4 个施工段组织流水施工，每个分项工程在各个施工段上的作业时间如表 2-16 所示。根据工艺要求施工过程 Ⅲ、Ⅳ 之间至少

间歇1周时间。试按无节奏流水施工组织形式，确定流水步距，计算工期，编制施工横道进度计划表；为了缩短工期，试将施工过程Ⅱ、Ⅲ按等步距异节奏施工方式组织施工，重新编制该分部工程施工横道进度计划表。

分项工程施工时间安排表（时间单位：周）　　　　表2-16

分项工程	施工段			
	一	二	三	四
Ⅰ	3	2	2	2
Ⅱ	6	6	6	6
Ⅲ	4	4	4	4
Ⅳ	3	2	4	4

3

工程网络计划技术

【本章要点】

网络图与工程网络计划的概念与分类；网络图的绘制与时间参数计算；关键线路的概念与确定；双代号时标网络计划的绘制与分析；搭接网络计划的绘制及其时间参数的计算。

【学习目标】

了解工程网络计划技术的产生和发展，网络图与工程网络计划技术分类；熟悉工程中各项工作之间的逻辑关系的概念与表达方式，网络图的绘制规则与节点的编号规则；掌握双代号网络图、单代号网络图和时标网络计划、搭接网络计划的绘制方法，网络计划时间参数计算与分析方法，关键线路的概念与确定方法。

3.1 概述

3.1.1 工程网络计划技术的产生和发展

19世纪中叶,美国人甘特(Gantt)发明了用横道图(也称甘特图)的形式编排进度计划的方法。这种方法具有简单、直观、容易掌握等优点,很快在建筑工程界推广,直到目前仍广泛采用。但它在表现内容上存在许多缺点和不足,例如,不能严格地反映计划任务中各项工作之间的相互依赖、相互制约的关系;不能反映出整个计划任务中的关键所在,分不清主次;不适宜采用电子计算机计算手段等。尤其对于规模庞大、工作关系复杂的工程项目,横道图计划法很难"尽如人意"。于是,从20世纪50年代中期开始,人们着手研究新的计划方法。

1956年,美国杜邦公司在国家通用电子计算机研究中心的协助下,研究出一种新的计划方法——CPM法,经试用取得了很好的效果。1958年,美国海军部武器局在编制"北极星导弹"研制计划时,又创造了另一种新的计划方法——PERT法。由于使用了这种计划方法,使该项研制项目进展十分顺利,最后提前3年完成,并节约了大量资金。CPM法和PERT法都是采用由箭线、节点组成的网络图形表达进度计划的方法,因此称为网络计划法。

网络计划法产生以后,由于效果极为显著,故而引起了世界性的轰动,各国广泛应用。许多国家制定有推行和应用网络计划技术的政策法规。在CPM法和PERT法之后,又出现了许多其他网络计划方法(表3-1)。

网络计划技术类型及发明时间   表3-1

逻辑关系 \ 持续时间	肯定型	非肯定型
肯定型	关键线路法(CPM)(1956年) 搭接网络法(1960年) 流水网络法(1980年)	计划评审技术(PERT)(1958年)
非肯定型	决策树形网络法(1960年) 决策关键线路法(DCPM)(1960年)	图示评审技术(GERT)(1966年) 随机网络技术(QERT)(1979年) 风险型随机网络(VERT)(1981年)

20世纪60年代中期,首先由华罗庚教授将网络计划法引入我国。由于网络计划法具有统筹兼顾、合理安排的思想,所以华教授称其为统筹法。在华教授的倡导下,网络计划技术在各行业,尤其是建筑业得到广泛推广和应用。一些大工程应用网络计划技术取得了良好的效果。20世纪80年代初,国家及全国各地建筑行业相继成立了研究和推广工程网络计划技术的组织机构。

我国先后于1991年、1992年颁发了《工程网络计划技术规程》JGJ/T 1001—

1991和《网络计划技术》GB/T 13400.1~3—1992，1999年又对《工程网络计划技术规程》进行了修订（编号改为JGJ/T 121—1999）。2015年3月13日住房城乡建设部发布了关于行业标准《工程网络计划技术规程》新的公告。此公告说明，自2015年11月1日起实施《工程网络计划技术规程》行业标准，编号为JGJ/T 121—2015。该规程的颁发与实施，使我国进入该领域的世界先进行列。

3.1.2 工程网络计划技术的基础——网络图

工程网络计划技术是采用网络图的形式编制工程进度计划，并在计划实施过程中加以控制，以保证实现预定目标的科学的计划管理技术。

网络图是由箭线和节点组成有向有序的网状图形，根据图中箭线和节点所代表的含义不同，可将其分为双代号网络图和单代号网络图。

在双代号网络图中，箭线代表工作（工序、活动或施工过程）。通常将工作名称写在箭线的上边（或左侧），将工作的持续时间写在箭线的下边（或右侧），如图3-1所示。节点代表工作之间的衔接。在网络图中每个节点都有一个编号。在某一根代表工作的箭线的两端各有一个节点，箭尾节点为工作的开始节点（i），箭头节点为工作的结束节点（j），可以用开始节点（i）和结束节点（j）的编号（i-j）作为工作的代号。

在单代号网络图中，节点代表工作（工序、活动或施工过程）。箭线代表工作之间的衔接关系。工作节点可用圆圈或矩形框表示，如图3-2所示。每项工作可以用所在节点的编号（i）作为工作的代号。

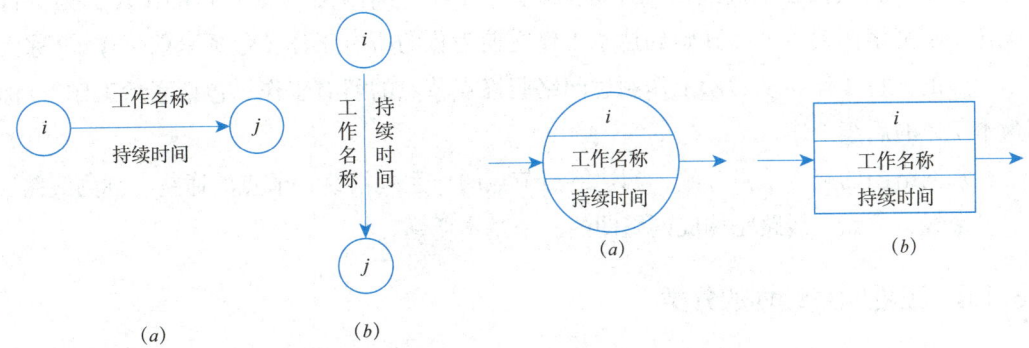

图3-1 双代号网络图中工作的表示方法　　图3-2 单代号网络图中工作的表示方法

图3-3和图3-4分别为采用双代号网络图和单代号网络图绘制的同一工程局部网络进度计划。

在网络计划中，各项工作之间的先后顺序关系称为逻辑关系。逻辑关系又分为工艺逻辑关系（简称工艺关系）和组织逻辑关系（简称组织关系）。

工艺关系是由生产工艺客观上所决定的各项工作之间的先后顺序关系。如图3-3

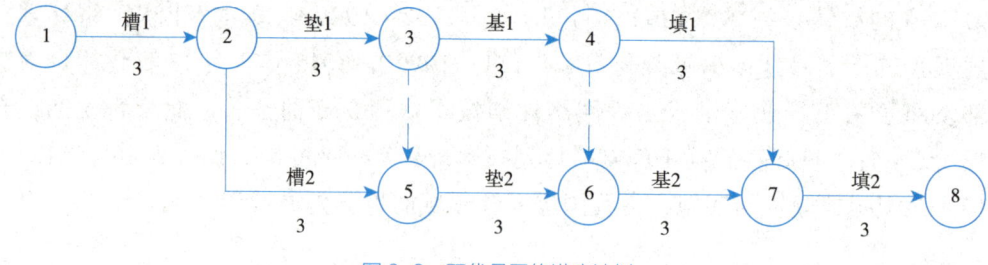

图 3-3 双代号网络进度计划

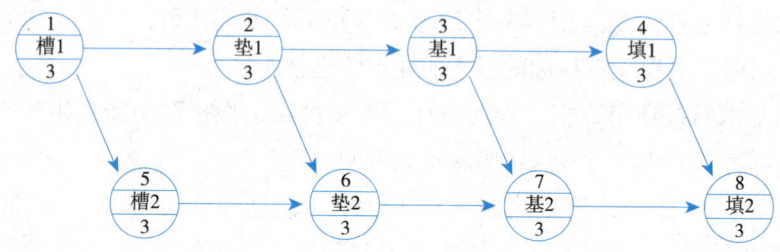

图 3-4 单代号网络进度计划

和图 3-4 中的槽 1→垫 1→基 1→填 1，表示在第一个施工段上这四项工作由工艺客观上决定的先后顺序关系。这种关系是不能随意改变的。

组织关系是在生产组织安排中，考虑劳动力、机具、材料或工期的影响，在各项工作之间主观上安排的先后顺序关系。如图 3-3 和图 3-4 中的槽 1→槽 2，基 1→基 2 等。这种关系是人为安排的，是可以改变的。

在网络图中，相对于某一项工作（称其为本工作）来讲，紧挨在其前边的工作称为紧前工作，紧挨在其后边的工作称为紧后工作；与本工作同时进行的工作称为平行工作；从网络图起点节点开始到达本工作之前为止的所有工作（包括紧前工作），称为本工作的先行工作，从紧后工作到达网络图终点节点的所有工作（包括紧后工作），称为本工作的后续工作。

从网络图的起点节点开始，到达终点节点的一系列箭线、节点的通路，称为线路。

箭线、节点、线路是构成网络图的三个基本要素。

3.1.3 工程网络计划的分类

工程网络计划可按如下几种方法分类。

1. 按网络计划的编制对象划分

（1）总体网络计划

总体网络计划是以整个建设项目为对象编制的网络计划，如一座新建工厂、一个建筑群的施工网络计划。

（2）单位工程网络计划

单位工程网络计划是以一个单位工程为对象编制的网络计划，如一幢办公楼、教学楼、住宅楼的施工网络计划。

（3）局部网络计划

局部网络计划是以单位工程中的某一分部工程或某一建设阶段为对象编制的网络计划，如按基础、主体、装饰等不同施工阶段编制或按不同专业编制的网络计划。

2. 按网络计划的性质和作用划分

（1）控制性网络计划

控制性网络计划的工作划分较粗，其主要作用是控制工程建设总体进度，作为决策层领导和上级管理机构指导工作、检查和控制工程进度的依据。

（2）实施性网络计划

实施性网络计划的工作划分较细，其主要作用是具体指导现场施工作业，应以控制性网络计划为依据编制。

3. 按网络计划的时间表达方式划分

（1）无时标网络计划

这种网络计划中的各项工作的持续时间通常以数字的形式标注在工作箭线（或工作节点）的下边（也称标时网络计划），箭线的长短与持续时间无关。

（2）时标网络计划

这种网络计划是以横坐标为时间坐标，箭线的长度受时标的限制，箭线在时间坐标上的投影长度可直接反映工作的持续时间。

4. 按工作的逻辑关系和持续时间能否肯定划分

（1）肯定型网络计划

逻辑关系肯定型网络计划是指在网络计划中的各项工作肯定要按图示的顺序发生的计划；持续时间肯定型网络计划是指在网络计划中的各项工作的持续时间可以根据一定的方法预先明确地计算出来，在计划执行过程中，如果客观条件没有发生较大变化，各项工作是能够按预先计算出的持续时间完成的。

（2）非肯定型网络计划

逻辑关系非肯定型网络计划是指在网络计划中的各项工作不一定按图示的顺序发生的计划；持续时间非肯定型网络计划是指在网络计划中的各项工作的持续时间预先无法明确地计算出来，只能采取某种方法估算（估计）出一个数值，在计划执行过程中，即使实际的客观条件与预先考虑的完全一致，工作的实际完成时间也可能与预先估算（估计）的持续时间不一样。

此外，按网络计划平面的个数划分，可分为单平面网络计划和多平面网络计划；按网络计划的图形表达和符号所代表的含义可划分为双代号网络计划、单代号网络计划、流水网络计划、时标网络计划等。

3.2 网络图的绘制

3.2.1 双代号网络图的绘制

1. 双代号网络图的绘制规则

（1）正确表达各项工作之间的逻辑关系：

在绘制网络图时，首先要清楚各项工作之间的逻辑关系。用网络形式正确表达出某一项工作必须在哪些工作完成后才能进行，这项工作完成后可以进行哪些工作，哪些工作应与该工作同时进行。绘出的图形必须保证任何一项工作的紧前工作、紧后工作不多、不少、不错。表 3-2 所示为网络图中常见的逻辑关系表达方法，其中：第（3）栏为双代号网络表达方法，第（4）栏为单代号网络表达方法。

网络图中常见的逻辑关系表达方法　　　　　表 3-2

序号(1)	逻辑关系(2)	双代号表达方法(3)	单代号表达方法(4)
1	A 完成后进行 B B 完成后进行 C		
2	A 完成后同时进行 B 和 C		
3	A 和 B 都完成后进行 C		
4	A 和 B 都完成后同时进行 C 和 D		
5	A 完成后进行 C A 和 B 完成后进行 D		
6	H 的紧前工作为 A 和 B M 的紧前工作为 B 和 C		
7	M 的紧后工作为 A、B 和 C N 的紧后工作为 B、C 和 D		

在绘制双代号网络图时,为了正确地表达各项工作之间的逻辑关系,可能需要应用虚工作。虚工作是既无工作内容,也不需要时间和资源,仅仅是为使各项工作之间的逻辑关系得到正确表达而虚设的工作。虚工作一般用虚箭线或实箭线下边标出持续时间为0表示(图3-5)。在表3-2中第5、6、7组逻辑关系的双代号网络表达中就应用了虚工作。虚工作在双代号网络图中既可以将应该连接的工作连接起来,又能够将不应该连接的工作断开。

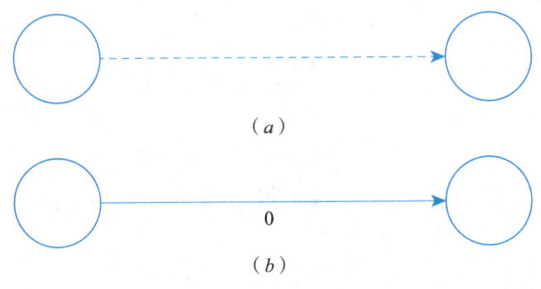

图3-5 虚工作的表示方法

如表3-2中第5组逻辑关系的双代号表达中的虚工作,既连接了工作A和工作D,又断开了工作B和工作C。

为了说明虚工作的作用,再举一个例子:设某项钢筋混凝土工程包括支模板、绑扎钢筋和浇筑混凝土三项施工过程,根据施工方案决定采取分三个施工段流水作业,试绘制双代号网络进度计划。

首先考虑在每一个施工段上,支模板、绑扎钢筋和浇筑混凝土都应按工艺关系依次作业,逻辑关系表达如图3-6所示。

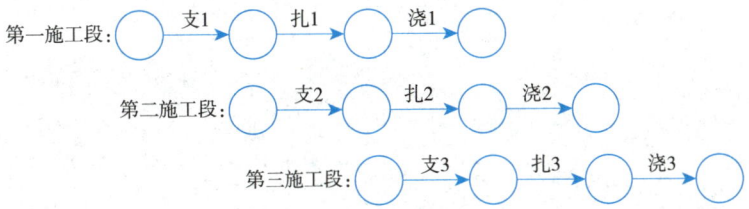

图3-6 某钢筋混凝土工程各施工段工艺逻辑关系的双代号网络表达

再考虑通过增加虚工作的方法。将支模板、绑扎钢筋、浇筑混凝土这三项施工过程在不同施工段上的组织关系连接起来,图3-6将变成如图3-7所示的双代号网络图。

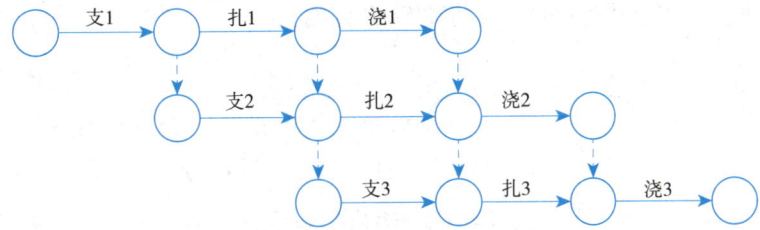

图3-7 某钢筋混凝土工程双代号施工网络图(逻辑关系表达有错误)

在图 3-7 中各项工作的工艺关系、组织关系都已连接起来。但是由于扎 1 与扎 2 之间的虚工作的出现，使得支 3 也变成了扎 1 的紧后工作了；扎 3 与浇 1 的关系也是如此。事实上，支 3 与扎 1 和扎 3 与浇 1 之间既不存在工艺关系，也不存在组织关系。因此，图 3-7 是错误的网络图。应该在支 2 和扎 2 的后边再分别增加一个横向虚工作，将支 3 与扎 1 和扎 3 与浇 1 的连接断开，再将多余的竖向虚工作去掉，形成正确的网络图，如图 3-8 所示。

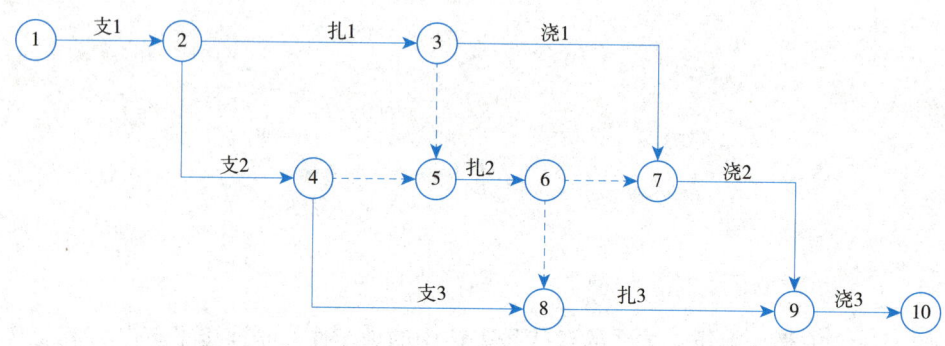

图 3-8 某钢筋混凝土工程双代号施工网络图

（2）网络图中不允许出现循环回路：

如图 3-9 所示的网络图中，从节点②出发经过节点③和节点⑤又回到节点②，形成了一个循环回路，这在双代号网络图中是不允许的。

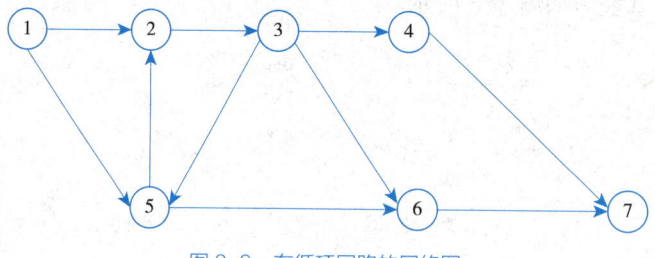

图 3-9 有循环回路的网络图

（3）在网络图中不允许出现带有双向箭头或无箭头的连线：

如图 3-10 所示，图 3-10（a）所示为带有双向箭头的连线；图 3-10（b）所示为无箭头的连线。这在双代号网络图中也是不允许的。

图 3-10 箭线的错误画法
（a）带有双向箭头的连线；（b）无箭头的连线

(4)在网络图中不允许出现没有箭尾节点和没有箭头节点的箭线:

如图 3-11 所示,图 3-11(a)为没有箭尾节点的箭线;图 3-11(b)为没有箭头节点的箭线。这样的箭线是没有意义的。

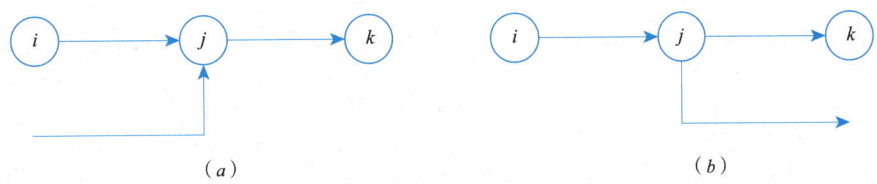

图 3-11　没有箭尾节点和没有箭头节点的箭线
(a)无箭尾节点的箭线;(b)无箭头节点的箭线

(5)在一张网络图中,一般只允许出现一个起点节点和一个终点节点(计划任务中有部分工作要分期进行的网络计划除外)。

如图 3-12 所示,存在多个起点节点和多个终点节点,这是不允许的。

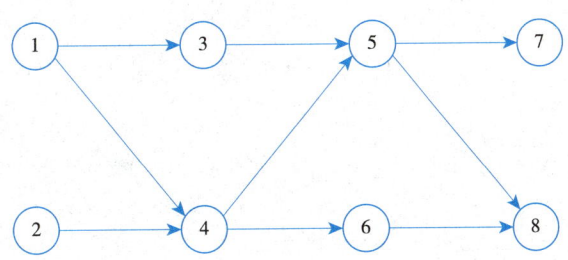

图 3-12　有多个起点节点和多个终点节点的网络图

(6)当网络图的起点节点有多条外向箭线或终点节点有多条内向箭线时,为使图形简洁,可用母线法绘制。

如图 3-13 所示,竖向的母线段宜绘制得粗些。这种方法仅限于无紧前工作的工作和无紧后工作的工作,其他工作是不允许这样绘制的。

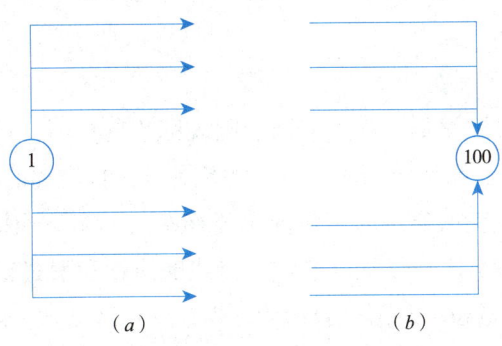

图 3-13　母线画法

（7）在网络图中，不允许出现同样代号的多项工作。

如图 3-14（a）所示，A 和 B 两项工作有同样的代号，这是不允许的。如果它们所有的紧前工作和所有的紧后工作都一样的话，可采用增加一项虚工作的方法来处理，如图 3-14（b）所示。这也是虚工作的又一个作用。

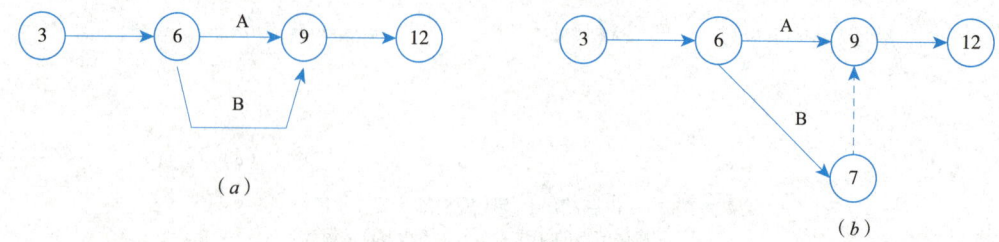

图 3-14　同样代号工作的处理方法

（8）在网络图中，应尽量避免箭线交叉。当交叉不可避免时，可采用暗桥法、断线法等方法表示，如图 3-15 所示。

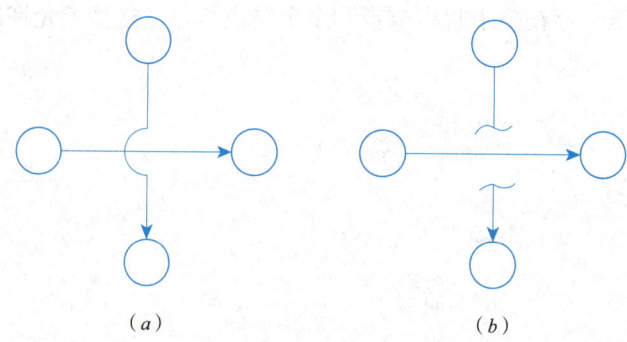

图 3-15　交叉箭线的处理方法
（a）暗桥法；（b）断线法

2. 网络图节点编号规则

绘制出完整的网络图之后，要对所有节点进行编号。节点编号原则上来说，只要不重复、不漏编，每根箭线的箭头节点编号大于箭尾节点的编号即可。但一般的编号方法是，网络图的第一个节点编号为 1，其他节点编号按自然数从小到大依次连续编排，最后一个节点的编号就是网络图节点的个数。有时也采取不连续编号的方法以留出备用节点号。

3. 双代号网络图绘制示例

绘制网络图的一般过程是，首先根据绘制规则绘制草图，再进行调整，最后绘制成形，并进行节点编号。绘制草图时，主要注意各项工作之间的逻辑关系的正确表达，要正确应用虚工作，使应该连接的工作一定要连接，不应该连接的工作一定要断开；初步绘出的网络图往往都比较凌乱，节点、箭线的位置和形式很难合理，这就需要进行整理，使节点、箭线的位置和形式合理化，保证网络图条理清晰、美观。

【例 3-1】已知各项工作的逻辑关系如表 3-3 所示，试绘制双代号网络图。

例 3-1 工作逻辑关系表　　　　　　　　表 3-3

工作	A	B	C	D	E	F	G	I
紧前工作	—	—	A，B	C	C	E	E	D，G

解：（1）根据双代号网络图绘制规则绘制草图，如图 3-16 所示。

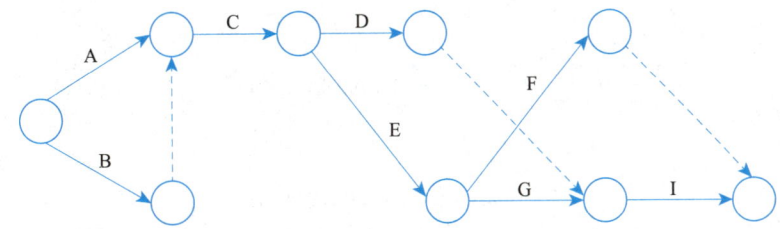

图 3-16　双代号网络图（草图）

（2）整理成条理清晰、布置合理，避免箭线交叉，无多余虚线和多余节点的网络图，如图 3-17 所示。

（3）节点编号，如图 3-17 所示。

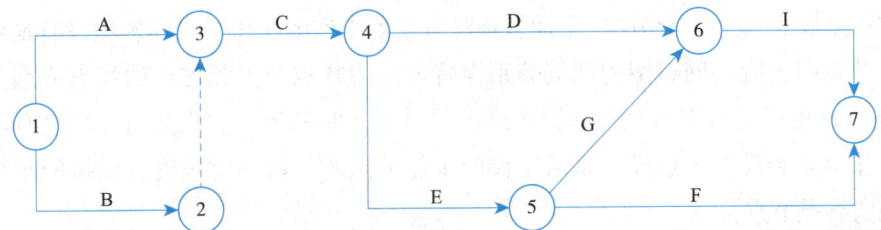

图 3-17　双代号网络图

【**例 3-2**】已知各项工作的逻辑关系如表 3-4 所示，试绘制双代号网络图。

例 3-2 工作逻辑关系表　　　　　　　　表 3-4

工作	A	B	C	D	E	F	G	H	I	J	K
紧前工作	—	—	B，E	A，C，H	—	B，E	E	F，G	F，G	A，C，I，H	F，G

解：（1）绘制草图，如图 3-18 所示。

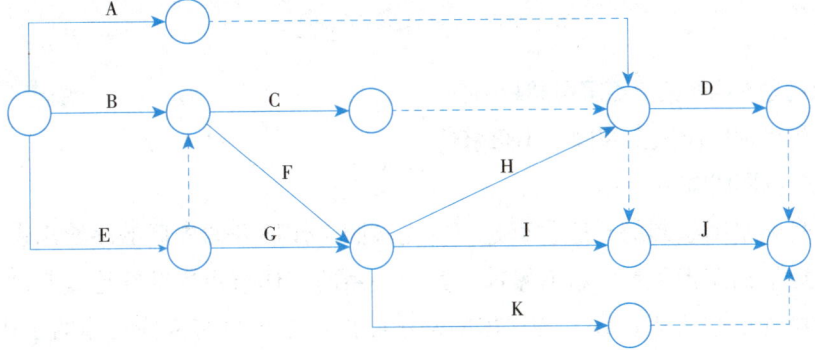

图 3-18　双代号网络图（草图）

（2）网络图整理并进行节点编号，如图 3-19 所示。

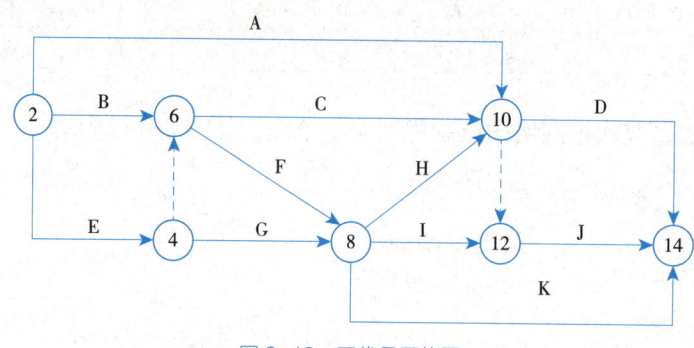

图 3-19　双代号网络图

3.2.2　单代号网络图的绘制

1. 单代号网络图的绘制规则

单代号网络图的绘制规则与双代号网络图基本相同。单代号网络图的逻辑关系的表达方法见表 3-2。当网络图中出现多项没有紧前工作的工作节点和多项没有紧后工作的工作节点时，应在网络图的两端分别设置虚拟的起点节点和虚拟的终点节点，如图 3-20 所示。虚拟的起点节点和虚拟的终点节点所需时间为零。当只有一项没有紧前工作的工作节点和只有一项没有紧后工作的工作节点时，就不宜再设置虚拟的起点节点和虚拟的终点节点。

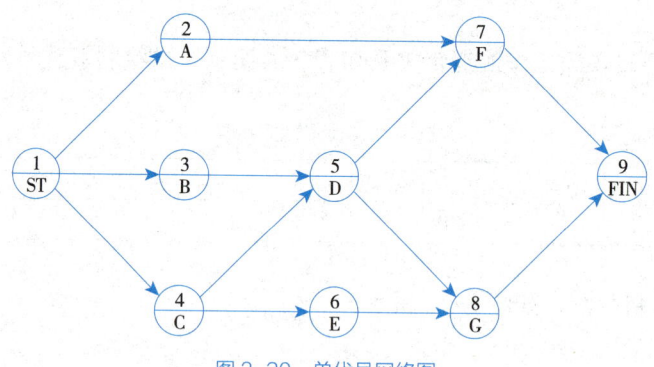

图 3-20　单代号网络图

2. 单代号网络图的节点编号规则

与双代号网络图完全相同，不再赘述。

3. 单代号网络图绘制示例

单代号网络图绘制的一般过程是，首先按照工作展开的先后顺序绘出表示工作的节点，然后根据逻辑关系，将有紧前、紧后关系的工作节点用箭线连接起来。在单代号网络图中无需引入虚箭线。若绘出的网络图出现多项没有紧前工作的工作节点时，设置一项虚拟的起点节点（ST）；若出现多项没有紧后工作的工作节点时，设置一项虚拟的终点节点（FIN）。

【例 3-3】已知各项工作的逻辑关系如表 3-3 所示，试绘制单代号网络图。

解：根据表 3-3 所示的各项工作的逻辑关系绘制的单代号网络图，如图 3-21 所示。

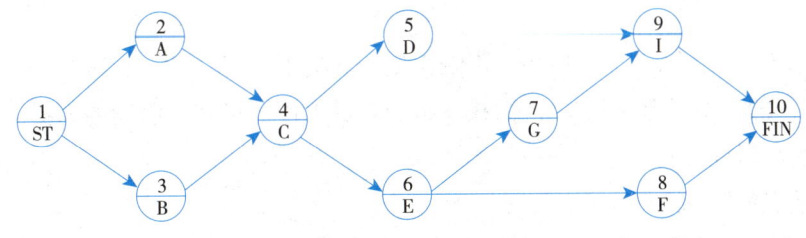

图 3-21　单代号网络图

【例 3-4】已知各项工作的逻辑关系如表 3-5 所示，试绘制单代号网络图。

例 3-4 工作逻辑关系表　　　　　　　　表 3-5

工作	A	B	C	D	E	F	G	H	I	J
紧前工作	—	A	A	A	B，C	B	C，D	E，F	C，D，F	G

解：根据表 3-5 所示的各项工作的逻辑关系绘制的单代号网络图如图 3-22 所示。

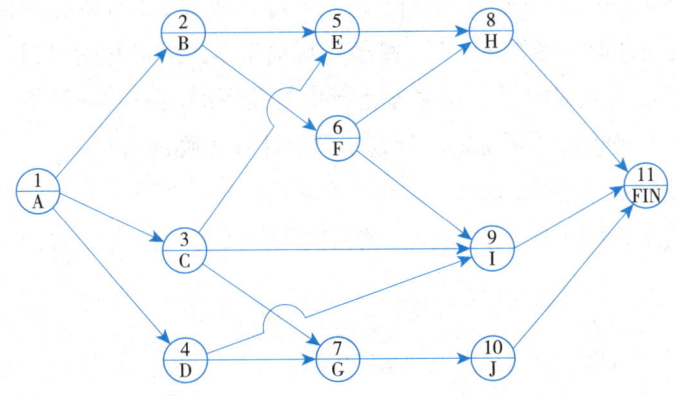

图 3-22　单代号网络图

3.3　网络计划时间参数计算

3.3.1　双代号网络计划时间参数计算

1. 双代号网络计划时间参数及其含义

双代号网络计划的时间参数分为如下三类。

（1）工作的时间参数

1）工作的持续时间（$D_{i\text{-}j}$），指完成该工作所需的工作时间。

2）工作的最早开始时间（$ES_{i\text{-}j}$），指该工作最早可能开始工作的时间。

3）工作的最早完成时间（$EF_{i\text{-}j}$），指该工作最早可能完成的时间。

4）工作的最迟开始时间（LS_{i-j}），指在不影响工期的前提下，该工作最迟必须开始工作的时间。

5）工作的最迟完成时间（LF_{i-j}），指在不影响工期的前提下，该工作最迟必须完成的时间。

6）工作的总时差（TF_{i-j}），指在不影响工期的前提下，该工作所具有的最大机动时间。

7）工作的自由时差（FF_{i-j}），指在不影响紧后工作最早开始时间的前提下，该工作所具有的机动时间。

（2）节点的时间参数

1）节点的最早时间（ET_i），指节点（也称为事件）的最早可能发生时间。

2）节点的最迟时间（LT_i），指在不影响工期的前提下，节点的最迟发生时间。

（3）网络计划的工期

1）计算工期（T_c），指通过计算求得的网络计划的工期。

2）计划工期（T_p），指完成网络计划的计划（打算）工期。

3）要求工期（T_r），指合同规定或业主要求、企业上级要求的工期。

2. 按工作计算法计算时间参数

（1）工作时间参数与工期的计算公式

在网络计划中各项工作的持续时间（D_{i-j}）可以通过2.2节讲述的方法确定。这里讲述的网络计划工作时间参数的计算，是指对每项工作的最早开始时间、最早完成时间、最迟开始时间、最迟完成时间、总时差、自由时差等时间参数的计算；对网络计划工期的计算（确定）是指对计算工期、计划工期的计算（确定）。

1）工作的最早开始时间（ES_{i-j}）。对于无紧前工作的工作，通常令其最早开始时间等于零，有紧前工作的工作，其最早开始时间等于所有紧前工作的最早完成时间的最大值，即

当 $i=1$ 时，
$$ES_{i-j}=0 \qquad (3-1)$$

当 $i \neq 1$ 时，
$$ES_{i-j}=\max\{EF_{h-i}\} \qquad (3-2)$$

式中，$i=1$ 表示该工作的开始节点为网络计划的起点节点；工作 $h-i$ 表示所有本工作 $i-j$ 的紧前工作（下同）。

2）工作的最早完成时间（EF_{i-j}）。工作的最早完成时间等于本工作的最早开始时间与持续时间之和，即

$$EF_{i-j}=ES_{i-j}+D_{i-j} \qquad (3-3)$$

3）网络计划的工期。

①计算工期（T_c）。网络计划的计算工期等于所有无紧后工作的工作的最早完成时间的最大值，即

$$T_c=\max\{EF_{i-n}\} \quad (3-4)$$

式中，n 表示网络计划的终点节点（下同）。

②计划工期（T_p）。网络计划的计划工期要分两种情况确定，即

当工期无要求时， 可令 $T_p=T_c$ （3-5）

当工期有要求时， 令 $T_p \leq T_r$ （3-6）

4）工作的最迟开始时间（LS_{i-j}）。工作的最迟开始时间等于本工作的最迟完成时间减去本工作的持续时间，即

$$LS_{i-j}=LF_{i-j}-D_{i-j} \quad (3-7)$$

5）工作的最迟完成时间（LF_{i-j}）。工作的最迟完成时间也需要分两种情况计算。对于无紧后工作的工作，其最迟完成时间等于计划工期；而有紧后工作的工作，其最迟完成时间等于所有紧后工作最迟开始时间的最小值，即

当 $j=n$ 时， $LF_{i-j}=T_p$ （3-8）

当 $j \neq n$ 时， $LF_{i-j}=\min\{LS_{j-k}\}$ （3-9）

公式中下角标 j-k 是表示本工作 i-j 的所有紧后工作（下同）。

6）工作的总时差（TF_{i-j}）。工作的总时差等于本工作的最迟开始时间与最早开始时间之差；或本工作的最迟完成时间与最早完成时间之差，即

$$TF_{i-j}=LS_{i-j}-ES_{i-j} \quad (3-10)$$

或

$$TF_{i-j}=LF_{i-j}-EF_{i-j} \quad (3-11)$$

7）工作的自由时差（FF_{i-j}）。工作的自由时差也要分两种情况计算。对于无紧后工作的工作，其自由时差等于计划工期减去本工作的最早完成时间；而对于有紧后工作的工作，其自由时差等于所有紧后工作的最早开始时间的最小值减去本工作的最早完成时间，即

当 $j=n$ 时， $FF_{i-j}=T_p-EF_{i-j}$ （3-12）

当 $j \neq n$ 时， $FF_{i-j}=\min\{ES_{j-k}\}-EF_{i-j}$ （3-13）

（2）用六时标注法计算时间参数

网络计划时间参数计算的方法有分析计算法、图上计算法、表上计算法、电算法等。本书仅介绍图上计算法。

【例 3-5】下面结合图 3-23 所示的网络计划，介绍采用图上计算的六时标注法计

算双代号网络计划的时间参数。此法是利用前面介绍的时间参数计算公式，计算每项工作的最早开始时间、最早完成时间、最迟开始时间、最迟完成时间、总时差、自由时差等六个时间参数和网络计划的计算工期、计划工期。并且每计算出一个时间参数，就随即将其标注在图上。六时标注法的图上标注方法如图3-24所示。

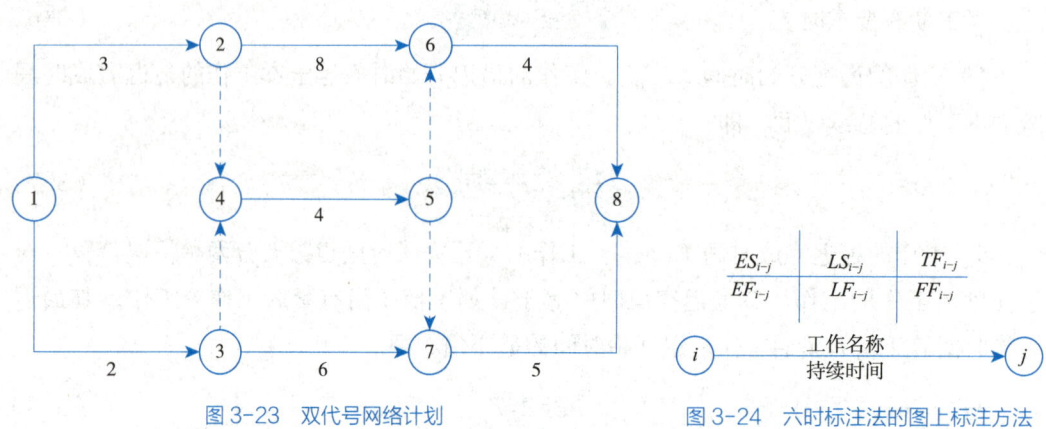

图3-23　双代号网络计划　　　　图3-24　六时标注法的图上标注方法

1）工作的最早开始时间和最早完成时间的计算。这两个时间参数的计算是从网络计划的起点节点开始，自左向右顺箭头方向依次计算，计算过程如下：

$ES_{1-2}=0$

$EF_{1-2}=ES_{1-2}+D_{1-2}=0+3=3$

$ES_{1-3}=0$

$EF_{1-3}=ES_{1-3}+D_{1-3}=0+2=2$

$ES_{2-6}=\max\{EF_{1-2}\}=\max\{3\}=3$

$EF_{2-6}=ES_{2-6}+D_{2-6}=3+8=11$

$ES_{4-5}=\max\{EF_{1-2}, EF_{1-3}\}=\max\{3, 2\}=3$

$EF_{4-5}=ES_{4-5}+D_{4-5}=3+4=7$

$ES_{3-7}=\max\{EF_{1-3}\}=\max\{2\}=2$

$EF_{3-7}=ES_{3-7}+D_{3-7}=2+6=8$

$ES_{6-8}=\max\{EF_{2-6}, EF_{4-5}\}=\max\{11, 7\}=11$

$EF_{6-8}=ES_{6-8}+D_{6-8}=11+4=15$

$ES_{7-8}=\max\{EF_{4-5}, EF_{3-7}\}=\max\{7, 8\}=8$

$EF_{7-8}=ES_{7-8}+D_{7-8}=8+5=13$

将上述计算结果标注在每项工作上边的ES_{i-j}、EF_{i-j}的位置上。

2）网络计划工期的计算。

$T_c=\max\{EF_{6-8}, EF_{7-8}\}=\max\{15, 13\}=15$

本题无工期要求，令 $T_p=T_c=15$

将计算和确定的工期标注在网络计划结束节点右侧的方框内。

3) 工作的最迟开始时间和最迟完成时间的计算。这两个时间参数的计算是从网络计划的终点节点开始，自右向左逆箭头方向依次计算，计算过程如下：

$LF_{7-8}=T_p=15$

$LS_{7-8}=LF_{7-8}-D_{7-8}=15-5=10$

$LF_{6-8}=T_p=15$

$LS_{6-8}=LF_{6-8}-D_{6-8}=15-4=11$

$LF_{3-7}=\min\{LS_{7-8}\}=\min\{10\}=10$

$LS_{3-7}=LF_{3-7}-D_{3-7}=10-6=4$

$LF_{2-6}=\min\{LS_{6-8}\}=\min\{11\}=11$

$LS_{2-6}=LF_{2-6}-D_{2-6}=11-8=3$

$LF_{4-5}=\min\{LS_{6-8}, LS_{7-8}\}=\min\{11, 10\}=10$

$LS_{4-5}=LF_{4-5}-D_{4-5}=10-4=6$

$LF_{1-3}=\min\{LS_{3-7}, LS_{4-5}\}=\min\{4, 6\}=4$

$LS_{1-3}=LF_{1-3}-D_{1-3}=4-2=2$

$LF_{1-2}=\min\{LS_{2-6}, LS_{4-5}\}=\min\{3, 6\}=3$

$LS_{1-2}=LF_{1-2}-D_{1-2}=3-3=0$

将上述计算结果标注在每项工作上边的 $LS_{i\text{-}j}$、$LF_{i\text{-}j}$ 的位置上。

4) 工作的总时差的计算。工作的总时差可以从网络计划的任一部位开始，但一般采用从网络计划的起点节点开始自左向右依次计算：

$TF_{1-2}=LS_{1-2}-ES_{1-2}=0-0=0$

$TF_{1-3}=LS_{1-3}-ES_{1-3}=2-0=2$

$TF_{2-6}=LS_{2-6}-ES_{2-6}=3-3=0$

$TF_{4-5}=LS_{4-5}-ES_{4-5}=6-3=3$

$TF_{3-7}=LS_{3-7}-ES_{3-7}=4-2=2$

$TF_{6-8}=LS_{6-8}-ES_{6-8}=11-11=0$

$TF_{7-8}=LS_{7-8}-ES_{7-8}=10-8=2$

将工作的总时差的计算结果标注在每项工作上边的 $TF_{i\text{-}j}$ 的位置上。

5) 工作的自由时差的计算。工作的自由时差应从网络计划的终点节点开始自右向左依次计算：

$FF_{7-8}=T_p-EF_{7-8}=15-13=2$

$FF_{6-8}=T_p-EF_{6-8}=15-15=0$

$FF_{3-7}=\min\{ES_{7-8}\}-EF_{3-7}=\min\{8\}-8=8-8=0$

$FF_{4-5}=\min\{ES_{7-8}, ES_{6-8}\}-EF_{4-5}=\min\{8, 11\}-7=8-7=1$

$FF_{2-6}=\min\{ES_{6-8}\}-EF_{2-6}=\min\{11\}-11=11-11=0$

$FF_{1-3}=\min\{ES_{3-7},\ ES_{4-5}\}-EF_{1-3}=\min\{2,\ 3\}-2=2-2=0$

$FF_{1-2}=\min\{ES_{2-6},\ ES_{4-5}\}-EF_{1-2}=\min\{3,\ 3\}-3=3-3=0$

将工作的自由时差的计算结果标注在每项工作上边的 FF_{i-j} 的位置上。

至此，时间参数计算工作结束，结果见图 3-25 所示。

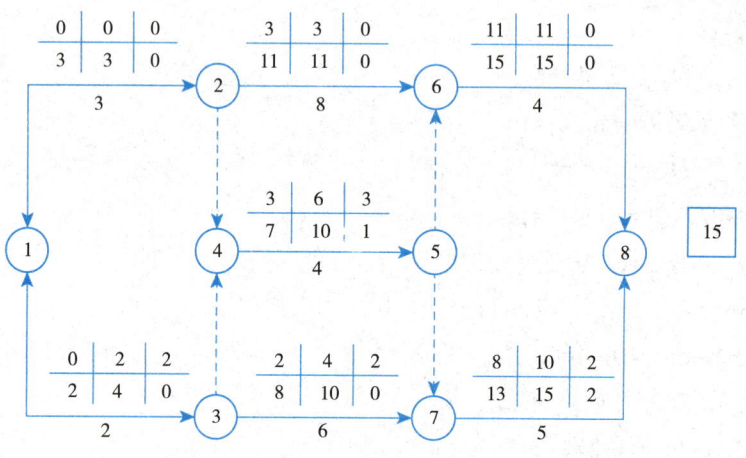

图 3-25　双代号网络计划时间参数计算的六时标注法

（3）用四时标注法计算时间参数

1）四时标注法的时间参数计算公式。

四时标注法的时间参数计算公式与前述时间参数计算公式基本相同，只是将前述公式中出现的最早完成时间（EF_{i-j}）和最迟完成时间（LF_{i-j}）分别以（$ES_{i-j}+D_{i-j}$）和（$LS_{i-j}+D_{i-j}$）代替之。下面按四时标注法的需要，将计算公式整理如下。

①工作的最早开始时间（ES_{i-j}）

当 $i=1$ 时，$\quad\quad\quad\quad ES_{i-j}=0$ （3-14）

当 $i\neq 1$ 时，$\quad\quad\quad ES_{i-j}=\max\{ES_{h-i}+D_{h-i}\}$ （3-15）

式中，i 为网络计划的起点节点编号；（$_{h-i}$）表示工作（$_{i-j}$）的所有紧前工作。

②网络计划的工期

$$T_c=\max\{ES_{i-n}+D_{i-n}\} \quad (3-16)$$

式中，n 表示网络计划的终点节点。

当工期无要求时，$\quad\quad\quad$令 $T_p=T_c$ （3-17）

当工期有要求时，$\quad\quad\quad$令 $T_p\leqslant T_r$ （3-18）

③工作的最迟开始时间（LS_{i-j}）

当 $j=n$ 时,　　　　　　　$LS_{i-j}=T_p-D_{i-j}$　　　　　　　　　　（3-19）

当 $j \neq n$ 时,　　　　　　$LS_{i-j}=\min\{LS_{j-k}\}-D_{i-j}$　　　　　　（3-20）

④工作的总时差（TF_{i-j}）

$$TF_{i-j}=LS_{i-j}-ES_{i-j} \quad (3-21)$$

⑤工作的自由时差（FF_{i-j}）

当 $j=n$ 时,　　　　　　$FF_{i-j}=T_p-(ES_{i-j}+D_{i-j})$　　　　　　（3-22）

当 $j \neq n$ 时,　　　　　$FF_{i-j}=\min\{ES_{j-k}\}-(ES_{i-j}+D_{i-j})$　　　　（3-23）

2）时间参数计算示例

【例 3-6】下面仍结合图 3-23 所示的网络计划，介绍采用图上计算的四时标注法计算双代号网络计划的时间参数。该方法在图上的表示方法如图 3-26 所示。

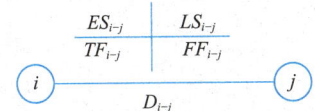

图 3-26　四时标注法的图上表示方法

四时标注法的计算顺序与六时标注法完全相同。

①工作的最早开始时间的计算

$ES_{1-2}=0$

$ES_{1-3}=0$

$ES_{2-6}=\max\{ES_{1-2}+D_{1-2}\}=\max\{0+3\}=3$

$ES_{3-7}=\max\{ES_{1-3}+D_{1-3}\}=\max\{0+2\}=2$

$ES_{4-5}=\max\{ES_{1-2}+D_{1-2},\ ES_{1-3}+D_{1-3}\}=\max\{0+3,\ 0+2\}=3$

$ES_{6-8}=\max\{ES_{2-6}+D_{2-6},\ ES_{4-5}+D_{4-5}\}=\max\{3+8,\ 3+4\}=11$

$ES_{7-8}=\max\{ES_{4-5}+D_{4-5},\ ES_{3-7}+D_{3-7}\}=\max\{3+4,\ 2+6\}=8$

②网络计划的工期的计算

$$T_c=\max\{ES_{6-8}+D_{6-8},\ ES_{7-8}+D_{7-8}\}=\max\{11+4,\ 8+5\}=15$$

本题无工期要求，令 $T_p=T_c=15$

③工作的最迟开始时间的计算

$LS_{7-8}=T_p-D_{7-8}=15-5=10$

$LS_{6-8}=T_p-D_{6-8}=15-4=11$

$LS_{3-7}=\min\{LS_{7-8}\}-D_{3-7}=\min\{10\}-6=10-6=4$

$LS_{4-5}=\min\{LS_{7-8}, LS_{6-8}\}-D_{4-5}=\min\{10, 11\}-4=10-4=6$

$LS_{2-6}=\min\{LS_{6-8}\}-D_{2-6}=\min\{11\}-8=11-8=3$

$LS_{1-3}=\min\{LS_{4-5}, LS_{3-7}\}-D_{1-3}=\min\{6, 4\}-2=4-2=2$

$LS_{1-2}=\min\{LS_{2-6}, LS_{4-5}\}-D_{1-2}=\min\{3, 6\}-3=3-3=0$

④工作的总时差的计算

四时标注法的工作总时差的计算与六时标注法完全相同，不再赘述。

⑤工作的自由时差的计算

$FF_{7-8}=T_p-(ES_{7-8}+D_{7-8})=15-(8+5)=15-13=2$

$FF_{6-8}=T_p-(ES_{6-8}+D_{6-8})=15-(11+4)=15-15=0$

$FF_{3-7}=\min\{ES_{7-8}\}-(ES_{3-7}+D_{3-7})=\min\{8\}-(2+6)=8-8=0$

$FF_{4-5}=\min\{ES_{7-8}, ES_{6-8}\}-(EF_{4-5}+D_{4-5})=\min\{8, 11\}-(3+4)=8-7=1$

$FF_{2-6}=\min\{ES_{6-8}\}-(ES_{2-6}+D_{2-6})=\min\{11\}-(3+8)=11-11=0$

$FF_{1-3}=\min\{ES_{3-7}, ES_{4-5}\}-(ES_{1-3}+D_{1-3})=\min\{3, 2\}-(0+2)=2-2=0$

$FF_{1-2}=\min\{ES_{2-6}, ES_{4-5}\}-(ES_{1-2}+D_{1-2})=\min\{3, 3\}-(0+3)=3-3=0$

上述计算结果见图3-27所示。

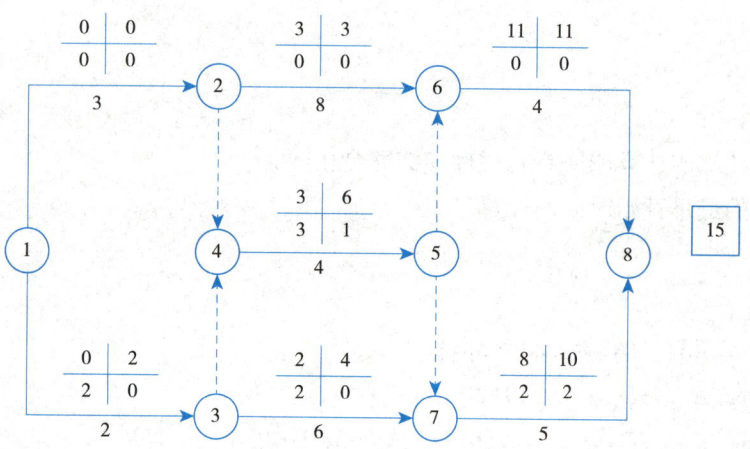

图3-27 时间参数计算结果

3. 按节点计算法计算时间参数

（1）时间参数计算公式

1）节点最早时间（ET_i）。通常令无紧前节点的节点最早时间等于零，而有紧前节点的节点最早时间等于所有紧前节点最早时间与由紧前节点到达本节点之间工作的持续时间之和的最大值，即

当 $i=1$ 时，$\qquad ET_i=0 \qquad$ （3-24）

当 $i \neq 1$ 时，$\qquad ET_i=\max\{ET_h+D_{h-i}\} \qquad$ （3-25）

式中，$i=1$ 表示该节点为网络计划的起点节点，节点 h 为节点 i 的紧前节点，D_{h-i} 为紧前节点与本节点之间工作的持续时间。

2）网络计划的工期。网络计划的计算工期等于网络计划终点节点的最早时间。当工期无要求时，可令计划工期等于计算工期；当工期有要求时，应令计划工期不超过要求工期，即

$$T_c = ET_n \tag{3-26}$$

式中，n 表示网络计划的终点节点（下同）。

当工期无要求时，
$$T_p = T_c \tag{3-27}$$

当工期有要求时，
$$T_p \leqslant T_r \tag{3-28}$$

3）节点的最迟时间（LT_i）。网络计划终点节点的最迟时间等于计划工期；其他节点的最迟时间等于所有紧后节点的最迟时间减去由本节点与紧后节点之间工作的持续时间之差的最小值，即

当 $i=n$ 时，
$$LT_i = T_p \tag{3-29}$$

当 $i \neq n$ 时，
$$LT_i = \min\{LT_j - D_{i-j}\} \tag{3-30}$$

式中，LT_j 为本节点 i 的紧后节点的最迟时间。

4）工作最早开始时间、最早完成时间、最迟开始时间、最迟完成时间。

这四个工作的时间参数可以通过对节点时间参数的分析得出：

①工作的最早开始时间等于本工作的开始节点的最早时间，即

$$ES_{i-j} = ET_i \tag{3-31}$$

②工作的最早完成时间等于本工作的开始节点最早时间加上本工作的持续时间，即

$$EF_{i-j} = ET_i + D_{i-j} \tag{3-32}$$

③工作的最迟完成时间等于本工作的结束节点的最迟时间，即

$$LF_{i-j} = LT_j \tag{3-33}$$

④工作的最迟开始时间等于本工作的结束节点的最迟时间减去本工作的持续时间，即

$$LS_{i-j} = LT_j - D_{i-j} \tag{3-34}$$

5）工作的总时差（TF_{i-j}）。工作的总时差等于本工作结束节点的最迟时间减去本工作的开始节点的最早时间与本工作的持续时间之和的差，即

$$TF_{i-j} = LT_j - (ET_i + D_{i-j}) \tag{3-35}$$

6）工作的自由时差（FF_{i-j}）。工作的自由时差等于紧后工作开始节点的最早时间

的最小值减去本工作开始节点的最早时间与本工作的持续时间之和的差,即

$$FF_{i-j}=\min\{ET_j\}-(ET_i+D_{i-j}) \qquad (3-36)$$

式中,ET_j 为本工作($i-j$)的紧后工作开始节点的最早时间。

(2)时间参数计算示例

【例 3-7】仍结合图 3-23 所示的网络计划介绍按节点计算法计算时间参数的过程。在计算过程中,每计算出一个时间参数,随即将其按图 3-28 所示的标注方法标在图上。因为工作的最早开始时间、最早完成时间、最迟开始时间、最迟完成时间很容易通过对节点时间参数的分析得出,故这四个时间参数不再标注出来。

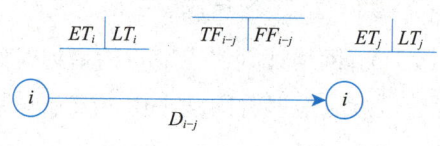

图 3-28 节点计算法的图上表示方法

(1)节点的最早时间的计算。节点最早时间从网络计划的起点节点开始,自左向右依次计算如下:

$ET_1=0$

$ET_2=\max\{ET_1+D_{1-2}\}=\max\{0+3\}=3$

$ET_3=\max\{ET_1+D_{1-3}\}=\max\{0+2\}=2$

$ET_4=\max\{ET_2+D_{2-4},ET_3+D_{3-4}\}=\max\{3+0,2+0\}=3$

$ET_5=\max\{ET_4+D_{4-5}\}=\max\{3+4\}=7$

$ET_6=\max\{ET_2+D_{2-6},ET_5+D_{5-6}\}=\max\{3+8,7+0\}=11$

$ET_7=\max\{ET_3+D_{3-7},ET_5+D_{5-7}\}=\max\{2+6,7+0\}=8$

$ET_8=\max\{ET_6+D_{6-8},ET_7+D_{7-8}\}=\max\{11+4,8+5\}=15$

(2)网络计划的工期的计算。

$$T_c=ET_8=15$$

$$T_p=T_c=15$$

(3)节点的最迟时间的计算。节点的最迟时间从网络计划的终点节点开始,自右向左依次计算如下:

$LT_8=T_p=15$

$LT_7=\min\{LT_8-D_{7-8}\}=\min\{15-5\}=10$

$LT_6=\min\{LT_8-D_{6-8}\}=\min\{15-4\}=11$

$LT_5=\min\{LT_7-D_{5-7},LT_6-D_{5-6}\}=\min\{10-0,11-0\}=10$

$LT_4=\min\{LT_5-D_{4-5}\}=\min\{10-4\}=6$

$LT_3=\min\{LT_4-D_{3-4}, LT_7-D_{3-7}\}=\min\{6-0, 10-6\}=4$

$LT_2=\min\{LT_4-D_{2-4}, LT_6-D_{2-6}\}=\min\{6-0, 11-8\}=3$

$LT_1=\min\{LT_2-D_{1-2}, LT_3-D_{1-3}\}=\min\{3-3, 4-2\}=0$

（4）工作的最早开始时间、最早完成时间、最迟开始时间、最迟完成时间的计算。

$ES_{1-2}=ET_1=0$　　　$EF_{1-2}=ET_1+D_{1-2}=0+3=3$

$LF_{1-2}=LT_2=3$　　　$LS_{1-2}=LT_2-D_{1-2}=3-3=0$

$ES_{1-3}=ET_1=0$　　　$EF_{1-3}=ET_1+D_{1-3}=0+2=2$

$LF_{1-3}=LT_3=4$　　　$LS_{1-3}=LT_3-D_{1-3}=4-2=2$

$ES_{2-6}=ET_2=3$　　　$EF_{2-6}=ET_2+D_{2-6}=3+8=11$

$LF_{2-6}=LT_6=11$　　　$LS_{2-6}=LT_6-D_{2-6}=11-8=3$

$ES_{4-5}=ET_4=3$　　　$EF_{4-5}=ET_4+D_{4-5}=3+4=7$

$LF_{4-5}=LT_5=10$　　　$LS_{4-5}=LT_5-D_{4-5}=10-4=6$

$ES_{3-7}=ET_3=2$　　　$EF_{3-7}=ET_3+D_{3-7}=2+6=8$

$LF_{3-7}=LT_7=10$　　　$LS_{3-7}=LT_7-D_{3-7}=10-6=4$

$ES_{6-8}=ET_6=11$　　　$EF_{6-8}=ET_6+D_{6-8}=11+4=15$

$LF_{6-8}=LT_6=15$　　　$LS_{6-8}=LT_8-D_{6-8}=15-4=11$

$ES_{7-8}=ET_7=8$　　　$EF_{7-8}=ET_7+D_{7-8}=8+5=13$

$LF_{7-8}=LT_8=15$　　　$LS_{7-8}=LT_8-D_{7-8}=15-5=10$

（5）工作的总时差的计算。工作的总时差一般从网络计划的起点节点开始自左向右依次计算如下：

$TF_{1-2}=LT_2-(ET_1+D_{1-2})=3-(0+3)=0$

$TF_{1-3}=LT_3-(ET_1+D_{1-3})=4-(0+2)=2$

$TF_{2-6}=LT_6-(ET_2+D_{2-6})=11-(3+8)=0$

$TF_{4-5}=LT_5-(ET_4+D_{4-5})=10-(3+4)=3$

$TF_{3-7}=LT_7-(ET_3+D_{3-7})=10-(2+6)=2$

$TF_{6-8}=LT_8-(ET_6+D_{6-8})=15-(11+4)=0$

$TF_{7-8}=LT_8-(ET_7+D_{7-8})=15-(8+5)=2$

（6）工作的自由时差的计算。工作的自由时差应从网络计划的终点节点开始，自右向左依次计算如下：

$FF_{7-8}=ET_8-(ET_7+D_{7-8})=15-(8+5)=2$

$FF_{6-8}=ET_8-(ET_6+D_{6-8})=15-(11+4)=0$

$FF_{4-5}=\min\{ET_6, ET_7\}-(ET_4+D_{4-4})=\min\{11, 8\}-(3+4)=1$

$FF_{3-7}=ET_7-(ET_3+D_{3-7})=8-(2+6)=0$

$FF_{2-6}=ET_6-(ET_2+D_{2-6})=11-(3+8)=0$

$FF_{1-3}=ET_3-(ET_1+D_{1-3})=2-(0+2)=0$

$FF_{1-2}=ET_2-(ET_1+D_{1-2})=3-(0+3)=0$

上述计算结果见图3-29所示。

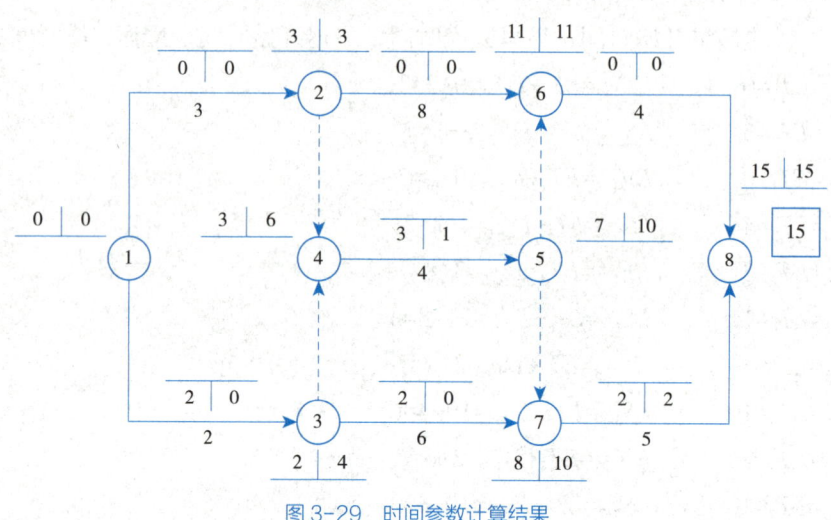

图3-29 时间参数计算结果

3.3.2 单代号网络计划时间参数计算

1. 单代号网络计划时间参数计算公式

单代号网络计划时间参数计算公式与双代号网络计划时间参数计算公式基本相同,只是工作的时间参数的下角标由双角标变为单角标。

(1)工作的最早开始时间(ES_i)

当$i=1$时,通常令

$$ES_i=0 \tag{3-37}$$

当$i \neq 1$时,

$$ES_i=\max\{EF_h\} \tag{3-38}$$

式中,下角标h表示本工作的所有紧前工作。

(2)工作的最早完成时间(EF_i)

$$EF_i=ES_i+D_i \tag{3-39}$$

(3)网络计划的工期

$$T_c=EF_n \tag{3-40}$$

式中,n表示网络计划的终点节点。

当工期无要求时,

$$T_p=T_c \tag{3-41}$$

当工期有要求时,

$$T_p \leq T_r \tag{3-42}$$

（4）工作的最迟开始时间（LS_i）

$$LS_i = LF_i - D_i \quad (3-43)$$

（5）工作的最迟完成时间（LF_i）

当 $i = n$ 时，

$$LF_i = T_p \quad (3-44)$$

当 $i \neq n$ 时，

$$LF_i = \min\{LS_j\} \quad (3-45)$$

式中，下角标 j 表示本工作的所有紧后工作。

（6）工作的总时差（TF_i）

$$TF_i = LS_i - ES_i \quad (3-46)$$

或

$$TF_i = LF_i - EF_i \quad (3-47)$$

（7）工作的自由时差（FF_i）

工作的自由时差的计算方法是，首先计算相邻两项工作之间的时间间隔（$LAG_{i,j}$），然后取本工作与其所有紧后工作的时间间隔的最小值作为本工作的自由时差。相邻两项工作之间的时间间隔等于紧后工作的最早开始时间与本工作的最早完成时间之差，即

$$LAG_{i,j} = ES_j - EF_i \quad (3-48)$$

$$FF_i = \min\{LAG_{i,j}\} \quad (3-49)$$

2. 时间参数计算示例

【例 3-8】下面结合图 3-30 所示的单代号网络计划，介绍时间参数的计算过程和方法。

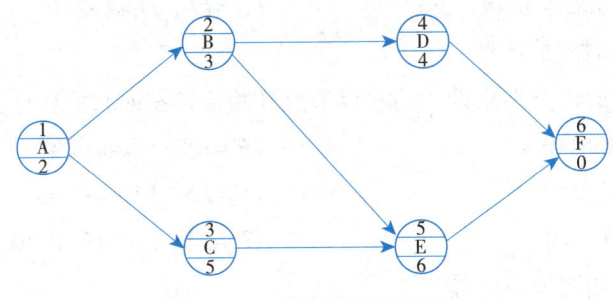

图 3-30　某单代号网络计划

单代号网络计划时间参数的图上标注方法见图 3-31 所示。

（1）工作的最早开始时间和最早完成时间的计算　这两个时间参数从网络计划的起点节点开始，自左向右依次计算如下：

$ES_1 = 0$ $\qquad EF_1 = ES_1 + D_1 = 0 + 2 = 2$

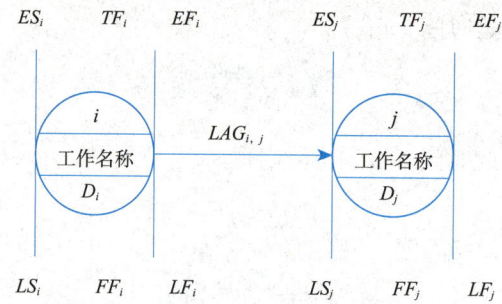

图 3-31 单代号网络计划时间参数图上标注方法之一

$ES_2=\max\{EF_1\}=\max\{2\}=2$　　　　　$EF_2=ES_2+D_2=2+3=5$

$ES_3=\max\{EF_1\}=\max\{2\}=2$　　　　　$EF_3=ES_3+D_3=2+5=7$

$ES_4=\max\{EF_2\}=\max\{5\}=5$　　　　　$EF_4=ES_4+D_4=5+4=9$

$ES_5=\max\{EF_2, EF_3\}=\max\{5, 7\}=7$　　$EF_5=ES_5+D_5=7+6=13$

$ES_6=\max\{EF_4, EF_5\}=\max\{9, 13\}=13$　$EF_6=ES_6+D_6=13+0=13$

（2）网络计划的工期的计算

$T_c=ET_6=13$　　　$T_p=T_c=13$

（3）工作的最迟开始时间与最迟完成时间的计算

这两个时间参数从网络计划的终点节点开始，自右向左依次计算如下：

$LF_6=T_p=13$　　　　　　　　　　　　　$LS_6=LF_6-D_6=13-0=13$

$LF_5=\min\{LS_6\}=\min\{13\}=13$　　　　　$LS_5=LF_5-D_5=13-6=7$

$LF_4=\min\{LS_6\}=\min\{13\}=13$　　　　　$LS_4=LF_4-D_4=13-4=9$

$LF_3=\min\{LS_5\}=\min\{7\}=7$　　　　　　$LS_3=LF_3-D_3=7-5=2$

$LF_2=\min\{LS_4, LS_5\}=\min\{9, 7\}=7$　　$LS_2=LF_2-D_2=7-3=4$

$LF_1=\min\{LS_2, LS_3\}=\min\{4, 2\}=2$　　$LS_1=LF_1-D_1=2-2=0$

（4）工作的总时差的计算

工作的总时差一般从网络计划的起点节点开始，自左向右依次计算如下：

$TF_1=LS_1-ES_1=0-0=0$　　　　　　　$TF_2=LS_2-ES_2=4-2=2$

$TF_3=LS_3-ES_3=2-2=0$　　　　　　　$TF_4=LS_4-ES_4=9-5=4$

$TF_5=LS_5-ES_5=7-7=0$　　　　　　　$TF_6=LS_6-ES_6=13-13=0$

（5）工作的自由时差的计算

从网络计划的终点节点开始，自右向左计算相邻两项工作的时间间隔，当每一项工作与其所有紧后工作的时间间隔计算完毕后，取其最小值为本工作的自由时差，计算过程和方法如下：

$FF_6=0$

$LAG_{5,6}=ES_6-EF_5=13-13=0$

$FF_5=\min\{LAG_{5,6}\}=\min\{0\}=0$

$LAG_{4,6}=ES_6-EF_4=13-9=4$

$FF_4=\min\{LAG_{4,6}\}=\min\{4\}=4$

$LAG_{3,5}=ES_5-EF_3=7-7=0$

$FF_3=\min\{LAG_{3,5}\}=\min\{0\}=0$

$LAG_{2,4}=ES_4-EF_2=5-5=0$

$LAG_{2,5}=ES_5-EF_2=7-5=2$

$FF_2=\min\{LAG_{2,4},\ LAG_{2,5}\}=\min\{0,\ 2\}=0$

$LAG_{1,2}=ES_2-EF_1=2-2=0$

$LAG_{1,3}=ES_3-EF_1=2-2=0$

$FF_1=\min\{LAG_{1,2},\ LAG_{1,3}\}=\min\{0,\ 0\}=0$

上述计算结果见图 3-32 所示。

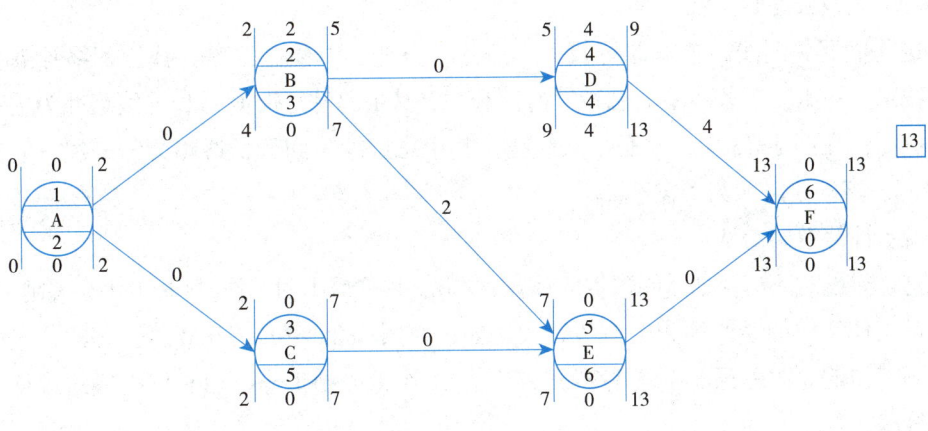

图 3-32 时间参数计算结果

单代号网络计划时间参数的图上标注方法也可采用图 3-33 所示的方法（本书从略）。

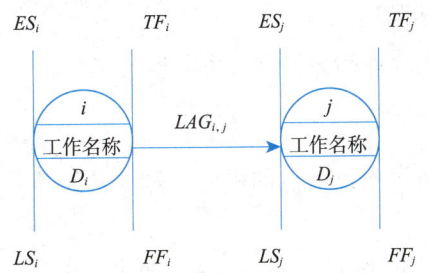

图 3-33 单代号网络计划时间参数图上标注方法之二

3.3.3　关键线路的确定

1. 关键工作与关键线路的概念

在网络计划中总时差最小的工作称为关键工作,当网络计划的计划工期等于计算工期时,总时差等于零的工作（即,没有机动时间的工作）就是关键工作。

从网络计划的起点节点开始,经过一系列箭线、节点到达终点节点的通路称为线路。将每条线路所包括的各项工作的持续时间相加,即得每条线路的总持续时间,其中总持续时间最长的线路称为关键线路。

位于关键线路上的工作均为关键工作。或者说,关键线路是由关键工作组成的。在每一个网络计划中,至少存在一条关键线路,也可能存在多条关键线路。关键线路通常应用双线、粗线或彩色线标出。

2. 确定关键线路的方法

确定关键线路的方法有多种。本书介绍如下三种。

（1）比较线路长度法

这是根据关键线路的概念寻找关键线路的方法。具体做法是,找出网络计划中的所有线路,并比较各条线路的总持续时间长短,其中总持续时间最长的线路即为关键线路。例如,在图 3-23 中,共有 6 条线路,其中总持续时间最长线路为①—②—⑥—⑧（为 15）,该条线路即为关键线路。

（2）计算总时差法

这是通过对网络计划时间参数的计算,找出总时差最小的工作,这些工作为关键工作。由关键工作组成的线路即为关键线路。例如,在图 3-25 中的①—②、②—⑥、⑥—⑧ 这三项工作的总时差最小（均为零）,这三项工作为关键工作,由它们组成的线路即为关键线路。

（3）标号法

这是直接在网络计划图上寻找关键线路的一种方法。具体做法是,从网络计划的起点节点开始,对每个节点用源节点和标号值进行标号,标号完毕后,从网络计划的终点节点开始,自右向左按源节点寻找出关键线路。网络计划的终点节点的标号值即为计算工期。

节点标号值的确定方法如下：

1）设网络计划的起点节点的标号值为零,即

$$b_1 = 0 \tag{3-50}$$

2）其他节点的标号值等于该节点的内向工作的开始节点标号值加上内向工作的持续时间之和的最大值,即

$$b_i = \max\{b_h + D_{h\text{-}i}\} \tag{3-51}$$

式中，h 为节点 i 的所有紧前节点。

【例 3-9】下面仍以图 3-23 为例，介绍采用标号法寻找关键线路的方法。

$b_1=0$

$b_2=\max\{b_1+D_{1-2}\}=\max\{0+3\}=3$

$b_3=\max\{b_1+D_{1-3}\}=\max\{0+2\}=2$

$b_4=\max\{b_2+D_{2-4}, b_3+D_{3-4}\}=\max\{3+0, 2+0\}=3$

$b_5=\max\{b_4+D_{4-5}\}=\max\{3+4\}=7$

$b_6=\max\{b_2+D_{2-6}, b_5+D_{5-6}\}=\max\{3+8, 7+0\}=11$

$b_7=\max\{b_3+D_{3-7}, b_5+D_{5-7}\}=\max\{2+6, 7+0\}=8$

$b_8=\max\{b_6+D_{6-8}, b_7+D_{7-8}\}=\max\{11+4, 8+5\}=15$

上述计算结果见图 3-34 所示。图中每个节点附近的括号内有两个数值，第一个数值为源节点，第二个数值为标号值。网络计划的终点节点的标号值即为计算工期。从网络计划的终点节点开始，按源节点寻找出关键线路，如图中双箭线所示。

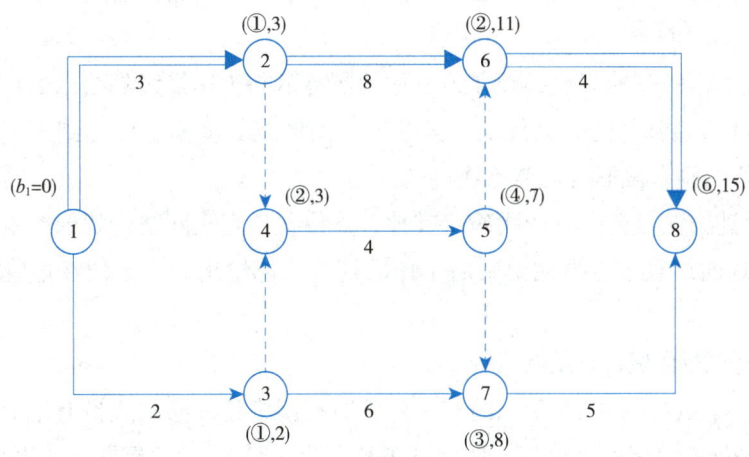

图 3-34 标号法的图上表示方法

3.4 双代号时标网络计划

3.4.1 双代号时标网络计划绘制方法

双代号时标网络计划较好地把横道计划的直观、形象等优点吸取到网络计划中，可以在图上直接分析出各种时间参数和关键线路，并且便于编制资源需求计划，是建筑工程施工中广泛采用的一种计划表达形式。

1. 双代号时标网络计划的绘制步骤与方法

（1）绘制时间坐标图表

在图表上，每一格所代表的时间应根据具体计划的需要确定。当计划期较短时，可采用一格代表一天或两天绘制；当计划期较长时，可采用一格代表五天、一周、一旬、一个月等绘制。按自然数（1，2，3……）排列的时标称为绝对坐标；按年、月、日排列的时标称为日历坐标；按星期排列的时标称为星期坐标。表3-6所示为建筑工程施工时标网络计划的常用几种时间坐标体系。可根据具体工程需要选择。

常用时间坐标体系示意表　　　　　　　　　　表 3-6

绝对坐标	1	2	3	4	5	6	7	……
日历坐标	6/5	7	8	9	10	11	12	……
星期坐标	三	四	五	六	日	一	二	……

（2）将网络计划绘制到时标图表上

在绘制时标网络计划之前，一般需要先绘制出不带时标的网络计划，然后将其按下列方法绘制到时标图表上，形成时标网络计划。

1）将网络计划的起点节点定位在时标图表的起始时刻上。

2）按工作持续时间的长短，在时标图表上绘制出以网络计划起点节点为开始节点的工作箭线。

3）其他工作的开始节点必须在该工作的所有紧前工作箭线都绘出后，定位在这些紧前工作箭线最晚到达的时刻线上，某些工作的箭线长度不足以达到该节点时，用波形线补足。箭头画在波形线与节点连接处。

4）用上述方法自左向右依次确定其他节点位置，直至网络计划的终点节点定位绘完。网络计划的终点节点是在无紧后工作的箭线全部绘出后，定位在最晚到达的时刻线上。

2. 双代号时标网络计划绘制示例

【例 3-10】试将图 3-35 所示的双代号无时标网络计划绘制成带有绝对坐标、日历坐标、星期坐标的时标网络计划。假定开工日期为 4 月 11 日（星期三）；根据有关规定，每星期安排 6 个工作日（即星期日休息）。

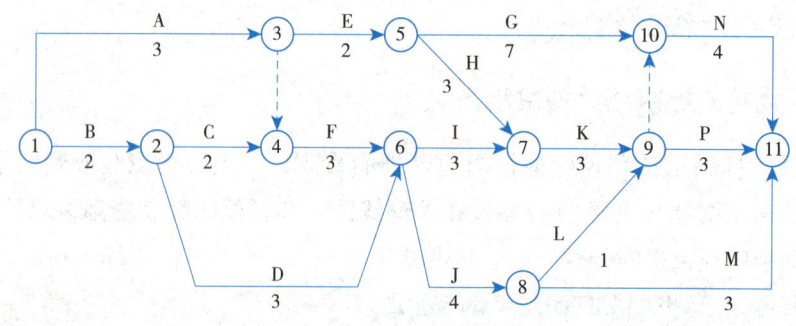

图 3-35　双代号无时标网络计划

解：首先按要求绘制时标图表，然后根据前述方法将图 3-35 所示的双代号无时标网络计划绘制到图表上。见图 3-36 所示。

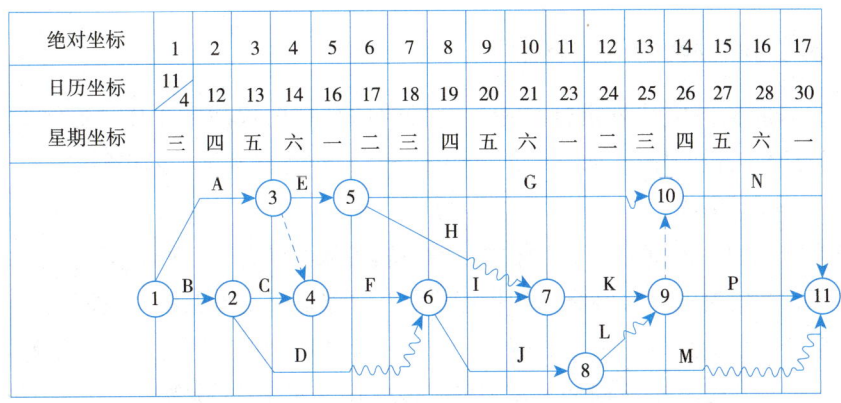

图 3-36 双代号时标网络计划

【例 3-11】试将图 3-37 所示的双代号无时标网络计划绘制成带有绝对坐标的时标网络计划。

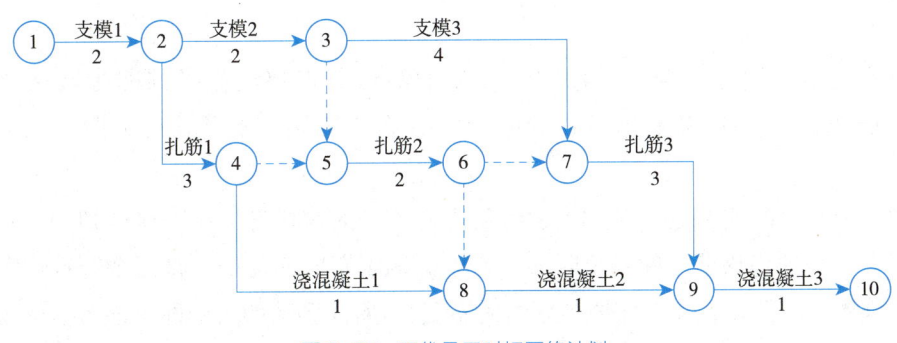

图 3-37 双代号无时标网络计划

解：绘制过程与方法同例 3-10，结果见图 3-38 所示。

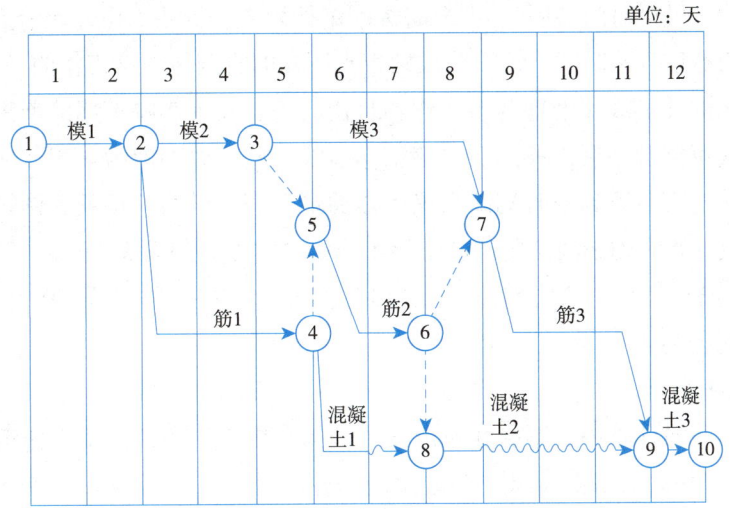

图 3-38 双代号时标网络计划绘制结果

3.4.2 双代号时标网络计划分析

对双代号时标网络计划进行分析，分析的内容主要包括虚工作（虚箭线）分析、时间参数分析和关键线路分析，下面结合图 3-38，对时标网络计划进行几点分析。

1. 虚工作（虚箭线）分析

在网络计划中，各项（实）工作之间的逻辑关系有两种，一种是工艺关系，另一种是组织关系。在绘制双代号网络计划过程中，有时需要引用虚工作（虚箭线）表达这两种连接关系。根据前述的虚工作的概念，它是不需要时间的，而在时标网络计划中，有的虚工作（虚箭线）却占有了时间长度，如图 3-38 中的虚工作（虚箭线）③—⑤和⑥—⑦。连接组织关系的虚工作（虚箭线）占有时间长度，意味着该段时间内作业人员出现停歇（可能是窝工）；连接工艺关系的虚工作（虚箭线）占有时间长度，意味着该段时间内工作面发生空闲。在划分工作面（施工段），安排各项工作的持续时间时，应尽量避免这些现象出现。

2. 时间参数分析

（1）网络计划的工期。时标网络计划的终点节点到达的时刻即为网络计划的工期，如图 3-38 中的节点⑩所在的时刻 12，即为工期（既是计划工期，也是计算工期）。

（2）节点的时间参数。在按上述绘制方法绘制的双代号时标网络计划中，每个节点的所在时刻即为该节点的最早时间；在不影响工期的前提下，将每个节点最大可能地向右推移（要保持各项工作的持续时间不变），所能到达的时刻即为该节点的最迟时间，如图 3-38 中，节点⑤的最早时间为 5，最迟时间为 6。

（3）工作的时间参数。在时标网络计划中，每根箭线的水平长度即为它所代表的工作的持续时间。按上述绘制方法绘制的时标网络计划，称为早时标网络计划（即每项工作箭线均按最早时间绘制）。在早时标网络计划中，每项工作开始节点所在的时刻即为该工作的最早开始时间；每根箭线结束点所在的时刻即为该工作的最早完成时间。每项箭线后面的波形线长度即为该工作的自由时差。在不影响工期的前提下，将每项工作箭线最大可能地向后推移之后，该工作箭线的开始时刻即为该工作的最迟开始时间；工作箭线结束点所到的时刻即为该工作的最迟完成时间，每项工作箭线从最早开始时刻到最迟开始时刻之间的距离就是该工作的总时差。如图 3-38 中，工作 4-8 的最早开始时间为 5，最早完成时间为 6，自由时差为 1，最迟开始时间为 9，最迟完成时间为 10，总时差为 4。

3. 关键线路分析

在早时标网络计划中，不存在波形线（如果有虚工作的话，虚工作箭线不占时间长度）的线路即为关键线路。如图 3-36 中的①→②→④→⑥→⑦→⑨→⑩→⑪和图 3-38 中的①→②→③→⑦→⑨→⑩，即为关键线路。

3.5 搭接网络计划

3.5.1 基本概念

在前述普通双代号、单代号网络计划中，各项工作是按照工艺上、组织上要求的逻辑关系依次进行的。任一项工作必须在其所有紧前工作都完成之后才能进行。但在实际工程中并不都是如此，经常采用平行搭接的方式组织施工。在采用前述的双代号、单代号网络图绘制搭接施工进度计划时，就要将存在搭接关系的每一项工作分解为若干项子工作，这样就会大大增加网络计划的绘制难度。采用搭接网络计划技术绘制搭接施工进度计划就方便得多。但在计算搭接网络计划的时间参数时由于工作之间搭接关系的存在，计算过程较为复杂。

搭接网络计划有五种基本的工作搭接关系。

（1）结束到开始的关系（FTS）

相邻两项工作之间的搭接关系用前项工作结束到后项工作开始之间的时距（$FTS_{i,j}$）来表达。当时距为零时，表示两项工作之间没有间歇。这就是普通网络计划中的逻辑关系。

（2）开始到开始的关系（STS）

相邻两项工作之间的搭接关系用其相继开始的时距（$STS_{i,j}$）来表达。就是说，前项工作 i 开始后，要经过 $STS_{i,j}$ 时间后，后面的工作 j 才能开始（即第 2 章的流水步距的概念）。

（3）结束到结束的关系（FTF）

相邻两项工作之间的关系用前后工作相继结束的时距（$FTF_{i,j}$）来表示。就是说，前项工作 i 结束后，经过 $FTF_{i,j}$ 时间，后项工作 j 才能结束。

（4）开始到结束的关系（STF）

相邻两项工作之间的关系用前项工作开始到后项工作结束之前的时距（$STF_{i,j}$）来表达。就是说，前项工作 i 开始后，经过 $STF_{i,j}$ 时间，后项工作 j 才能结束。

（5）混合搭接关系

当两项工作之间同时存在上述四种基本关系中的两种关系时，这种具有双重约束的关系，称为"混合搭接关系"。除了常见的 STS 和 FTF 外，还有 STS 和 STF 以及 FTF 和 FTS 两种混合搭接关系。由于混合搭接关系的要求，可能会使某项工作出现间歇作业的情况。

表 3-7 所示为五种基本搭接关系及其在单代号网络计划中的表达方法。

搭接网络计划以单代号网络图的形式表达为多。图 3-39 所示为某单代号搭接网络计划。

单代号搭接网络图的绘制规则与前述普通单代号网络图基本相同。只是要在图上说明搭接关系。一般情况下，均要在网络计划的两端分别设置虚拟的起点节点和虚拟的终点节点。

五种基本搭接关系及其在单代号网络计划中的表达方法　　　表 3-7

搭接关系	横道图表达	时距参数	网络图表达
结束到开始	(见图)	$FTS_{i,j}$	i/D_i —$FTS_{i,j=x}$→ j/D_j
开始到开始	(见图)	$STS_{i,j}$	i/D_i —$STS_{i,j=x}$→ j/D_j
结束到结束	(见图)	$FTF_{i,j}$	i/D_i —$FTF_{i,j=x}$→ j/D_j
开始到结束	(见图)	$STF_{i,j}$	i/D_i —$STF_{i,j=x}$→ j/D_j
混合（以 STS 和 FTF 为例）	(见图)	$STS_{i,j}$ $FTF_{i,j}$	i/D_i —$STS_{i,j=x}$, $FTF_{i,j=y}$→ j/D_j

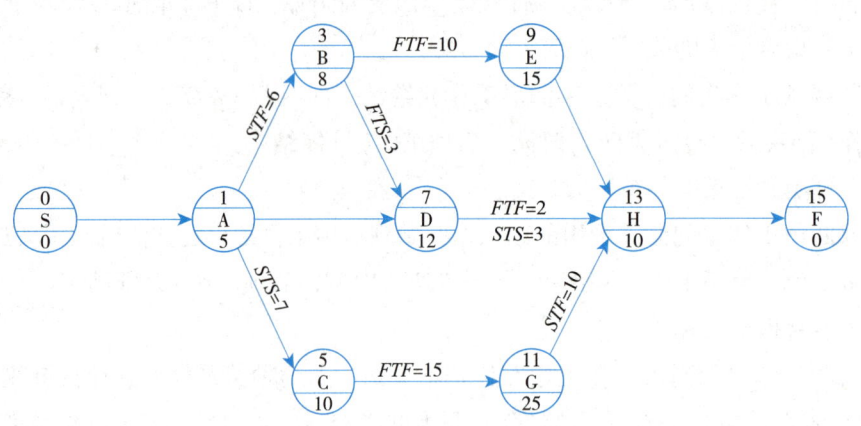

图 3-39　某工程单代号搭接网络计划

3.5.2　搭接网络计划时间参数计算

1. 时间参数计算方法

（1）工作的最早开始时间（ES_i）

在搭接网络计划中，各项工作的最早开始时间分两种情况计算。

1）当该工作为虚拟的开始工作（节点）时，一般令其最早开始时间等于零，即

$$ES_s = 0 \qquad (3-52)$$

2）当该工作不是虚拟的开始工作时，根据搭接关系，选择式（3-53）~式（3-56）中的相应公式计算，即

$$ES_j = EF_i + FTS_{i,j} \tag{3-53}$$

$$ES_j = ES_i + STS_{i,j} \tag{3-54}$$

$$ES_j = EF_i + FTF_{i,j} - D_j \tag{3-55}$$

$$ES_j = ES_i + STF_{i,j} - D_j \tag{3-56}$$

当该工作与紧前工作不存在搭接关系时，式（3-53）是在 $FTS_{i,j}=0$ 情况下的特例。

当该工作与紧前工作存在多种搭接关系时，取分别计算值的最大值。

某项工作由于与紧前工作存在 $STF_{i,j}$ 关系时，利用式（3-56）计算的结果可能出现小于零的情况，这与网络图只有一个起点节点的规则不符，则应令该工作的最早开始时间等于零，且需用虚箭线将该节点与虚拟开始节点连接起来。

（2）工作的最早完成时间（EF_i）

该时间参数的计算公式与非搭接网络计划相同，即

$$EF_i = ES_i + D_i \tag{3-57}$$

对于搭接网络计划，由于存在比较复杂的搭接关系，特别是存在着 $STS_{i,j}$ 和 $STF_{i,j}$ 搭接关系时，可能会出现按式（3-57）计算的某些工作的最早完成时间大于虚拟终点节点的最早完成时间的情况。当出现这种情况时，应令虚拟终点节点的最早开始时间等于网络计划中各项工作的最早完成时间的最大值，并需用虚箭线将该节点与终点节点连接起来。

（3）网络计划的工期

搭接网络计划的计算工期与计划工期计算和确定方法与前述普通单代号网络计划相同，不再赘述。

（4）工作的最迟完成时间（LF_i）

搭接网络计划的工作最迟完成时间分两种情况计算。

1）当该工作为虚拟的终点节点时，其最迟完成时间等于计划工期，即

$$LF_F = T_p \tag{3-58}$$

2）当该工作不是虚拟的终点节点时，根据搭接关系，选择式（3-59）~式（3-62）中的相应公式计算，即

$$LF_i = LS_j - FTS_{i,j} \tag{3-59}$$

$$LF_i = LS_j + D_i - STS_{i,j} \tag{3-60}$$

$$LF_i = LF_j - FTF_{i,j} \tag{3-61}$$

$$LF_i = LF_j + D_i - STF_{i,j} \tag{3-62}$$

当该工作与紧后工作不存在搭接关系时，式（3-59）是在 $FTS_{i,j}=0$ 情况下的特例。

当该工作与紧后工作存在多种搭接关系时，取分别计算值的最小值。

（5）工作的最迟开始时间（LS_i）

与普通单代号网络计划相同，即

$$LS_i = LF_i - D_i \tag{3-63}$$

（6）相邻两项工作之间的时间间隔（$LAG_{i,j}$）

在搭接网络计划中，相邻两项工作之间的时间间隔要根据搭接关系选择式（3-64）~式（3-67）中的相应公式计算，即

$$LAG_{i,j} = ES_j - EF_i - FTS_{i,j} \tag{3-64}$$

$$LAG_{i,j} = ES_j - ES_i - STS_{i,j} \tag{3-65}$$

$$LAG_{i,j} = EF_j - EF_i - FTF_{i,j} \tag{3-66}$$

$$LAG_{i,j} = EF_j - ES_i - STF_{i,j} \tag{3-67}$$

当相邻两项工作不存在搭接关系时，是式（3-64）在 $FTS_{i,j}=0$ 情况下的特例。

当相邻两项工作存在混合搭接关系时则取分别计算值的最小值。

（7）工作的自由时差（FF_i）和总时差（TF_i）

搭接网络计划中各项工作的自由时差和总时差的计算方法与普通单代号网络计划相同，不再赘述。

2. 时间参数计算示例

【例3-12】下面结合图3-39所示的单代号搭接网络计划，说明时间参数计算过程。

解：单代号搭接网络计划时间参数计算顺序与普通单代号网络计划基本相同。

（1）工作的最早开始时间、最早完成时间的计算

$ES_S = 0$ $EF_S = ES_S + D_S = 0 + 0 = 0$

$ES_1 = EF_S = 0$ $EF_1 = ES_1 + D_1 = 0 + 5 = 5$

$ES_3 = ES_1 + STF_{1,3} - D_3 = 0 + 6 - 8 = -2 < 0$，取 $ES_3 = 0$

将工作 B 与虚拟开始节点 S 用虚箭线连接起来（见图3-40所示）。

$EF_3 = ES_3 + D_3 = 0 + 8 = 8$

$ES_5 = ES_1 + STS_{1,5} = 0 + 7 = 7$

$EF_5 = ES_5 + D_5 = 7 + 10 = 17$

$ES_7=\max\{EF_1,\ EF_3+FTS_{3,7}\}=\max\{5,\ 8+3\}=11$

$EF_7=ES_7+D_7=11+12=23$

$ES_9=EF_3+FTF_{3,9}-D_9=8+10-15=3$

$EF_9=ES_9+D_9=3+15=18$

$ES_{11}=EF_5+FTF_{5,11}-D_{11}=17+15-25=7$

$EF_{11}=ES_{11}+D_{11}=7+25=32$

$ES_{13}=\max\{EF_9,\ ES_7+STS_{7,13},\ EF_7+FTF_{7,13},\ ES_{11}+STS_{11,13}-D_{13}\}$

$\qquad =\max\{18,\ 11+4, 23+2-10,\ 7+10-10\}=18$

$EF_{13}=ES_{13}+D_{13}=18+10=28$

$ES_F=EF_{13}=28 \qquad EF_F=ES_F+D_F=28+0=28$

各项工作的最早开始时间、最早完成时间计算完毕后,发现工作G的最早完成时间大于虚拟终点节点的最早开始时间,故取终点节点F的最早开始时间为32,则其最早完成时间亦为32。用虚箭线将该两个节点连接起来。

(2)网络计划工期的计算

①计算工期 $\quad T_c=EF_F=32$

②令计划工期 $\quad T_p=T_c=32$

(3)工作的最迟开始时间、最迟完成时间的计算

$LF_F=T_p=32 \qquad LS_F=LF_F-D_F=32-0=32$

$LF_{13}=LS_F=32 \qquad LS_{13}=LF_{13}-D_{13}=32-10=22$

$LF_{11}=\min\{LS_F,\ LF_{13}+D_{11}-STF_{11,13}\}=\min\{32,\ 32+15-10\}=32$

$LS_{11}=LF_{11}-D_{11}=32-25=7$

$LF_9=LS_{13}=22 \qquad LS_9=LF_9-D_9=22-15=7$

$LF_7=\min\{LF_{13}-FTF_{7,13},\ LS_{13}+D_7-STS_{7,13}\}=\min\{32-2,\ 22+12-3\}=30$

$LS_7=LF_7-D_7=30-12=18$

$LF_5=LF_{11}-FTF_{5,11}=32-15=17$

$LS_5=LF_5-D_5=17-10=7$

$LF_3=\min\{LF_9-FTF_{3,9},\ LS_7-FTS_{3,7}\}=\min\{22-10,\ 18-3\}=12$

$LS_3=LF_3-D_3=12-8=4$

$LF_1=\min\{LF_3+D_1-STF_{1,3}LS_7,\ LS_5+D_1-STS_{1,5}\}=\min\{15+5-6,\ 18,\ 7+5-7\}=5$

$LS_1=LF_1-D_1=5-5=0$

$LF_S=\min\{LS_3,\ LS_1\}=\min\{4,\ 0\}=0$

$LS_S=LF_S-D_S=0-0=0$

(4)相邻两项工作的时间间隔的计算

$LAG_{S,1}=ES_1-EF_S=0-0=0$

$LAG_{S,3}=ES_3-EF_S=0-0=0$

$LAG_{1,3}=EF_3-ES_1-STF_{1,3}=8-0-6=2$

$LAG_{1,5}=ES_5-ES_1-STS_{1,5}=7-0-7=0$

$LAG_{1,7}=ES_7-EF_1=11-5=6$

$LAG_{3,7}=ES_7-EF_3-FTS_{3,7}=11-8-3=0$

$LAG_{3,9}=EF_9-EF_3-FTF_{3,9}=18-8-10=0$

$LAG_{5,11}=EF_{11}-EF_5-FTF_{5,11}=32-17-15=0$

$LAG_{7,13}=\min\{ES_{13}-ES_7-STS_{7,13}, EF_{13}-EF_7-FTF_{7,13}\}=\min\{18-11-3, 28-23-2\}=3$

$LAG_{9,13}=ES_{13}-EF_9=18-18=0$

$LAG_{11,13}=EF_{13}-ES_{11}-STF_{11,13}=28-17-10=11$

$LAG_{11,15}=ES_{15}-EF_{11}=32-32=0$

$LAG_{13,15}=ES_{15}-EF_{13}=32-32=0$

（5）工作的自由时差与总时差计算

计算过程从略。计算结果见图3-40所示。关键线路的确定方法与普通网络计划相同，见图3-40中双箭线所示。

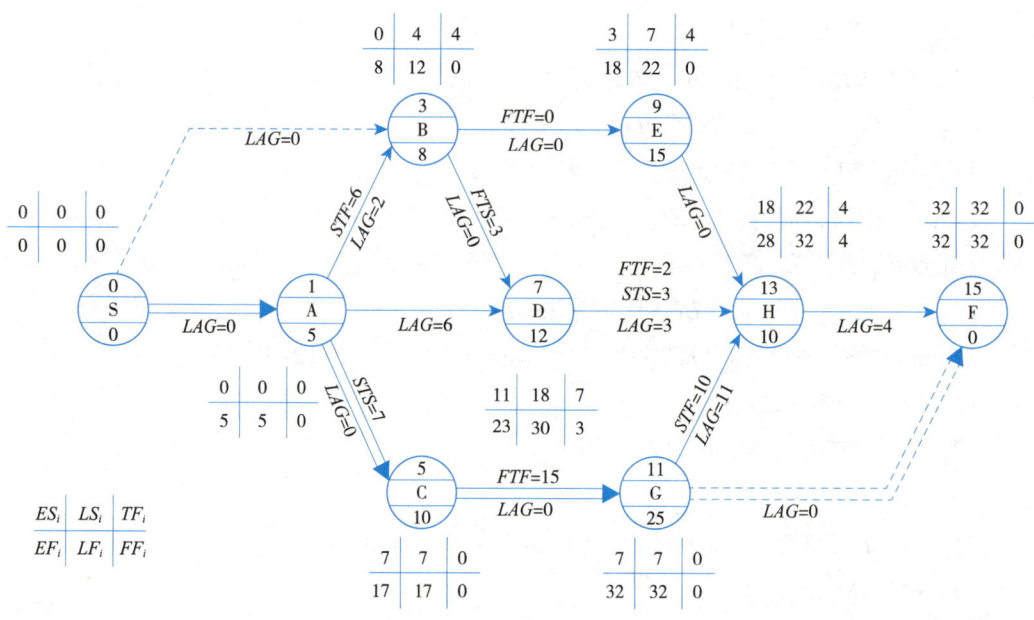

图3-40 搭接网络计划时间参数计算结果

本章小结

本章系统阐述了如下几方面内容：工程网络计划技术的产生和发展；网络图的基本概念与网络图、工程网络计划技术分类；网络图的绘制；网络计划时间参数及其计算与分析；关键线路的概念及其确定；时标网络计划、搭接网络计划的绘制及其时间参数计算与分析。

复习思考题

1. 何谓网络图？网络图的基本要素有哪些？
2. 何谓工程网络计划技术？如何分类？
3. 双代号、单代号网络图的绘制规则有哪些？
4. 何谓虚工作？如何正确使用？
5. 网络图的节点如何编号？
6. 双代号网络计划的时间参数有哪些？如何计算？
7. 单代号网络计划的时间参数有哪些？如何计算？
8. 何谓关键线路？如何确定？
9. 建筑工程施工网络计划的排列方法有哪些？
10. 何谓时标网络计划？如何绘制？如何分析时标网络计划时间参数？
11. 何谓单代号搭接网络计划？其时间参数如何计算？

习 题

1. 用双代号网络图的形式表达下列工作之间的逻辑关系：

（1）A、B 的紧前工作为 C；B 的紧前工作为 D。

（2）H 的紧后工作为 A、B；F 的紧后工作为 B、C。

（3）A、B、C 完成后进行 D；B、C 完成后进行 E。

（4）A、B 完成后进行 H；B、C 完成后进行 F；C、D 完成后进行 G。

（5）A 的紧后工作为 B、C、D；B、C、D 的紧后工作为 E；C、D 的紧后工作为 F。

（6）A 的紧后工作为 M、N；B 的紧后工作为 N、P；C 的紧后工作为 N、P。

（7）H 的紧前工作为 A、B、C；F 的紧前工作为 B、C、D；G 的紧前工作为 C、D、E。

2. 根据表 3-8～表 3-10 中的工作之间逻辑关系，绘制双代号、单代号网络图。

工作之间逻辑关系（1） 表 3-8

工作	A	B	C	D	E	G	H	I	J	K
紧前工作	……	A	A	A	B	C、D	D	B	E、H、G	G

工作之间逻辑关系（2） 表 3-9

工作	A	B	C	D	E	G	H	I	J	K
紧前工作	……	A	A	B	B	D	G	E、G	C、E、G	H、I

工作之间逻辑关系（3） 表 3-10

紧前工作	工作	持续时间	紧后工作
—	A	3	Y、B、U

续表

紧前工作	工作	持续时间	紧后工作
A	B	7	C
B、V	C	5	D、X
A	U	2	V
U	V	8	E、C
V	E	6	X
C、Y	D	4	……
A	Y	1	Z、D
E、C	X	10	……
Y	Z	5	……

3. 用六时标注法计算图 3-41 所示双代号网络计划的时间参数，并指出关键线路。

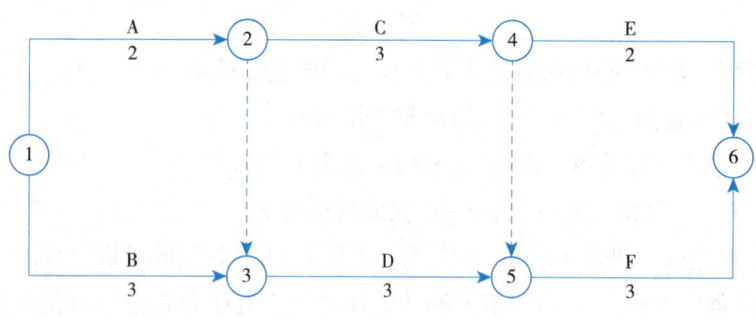

图 3-41　某工程双代号网络图

4. 用四时标注法计算图 3-42 所示某工程网络计划的时间参数，并指出关键线路。

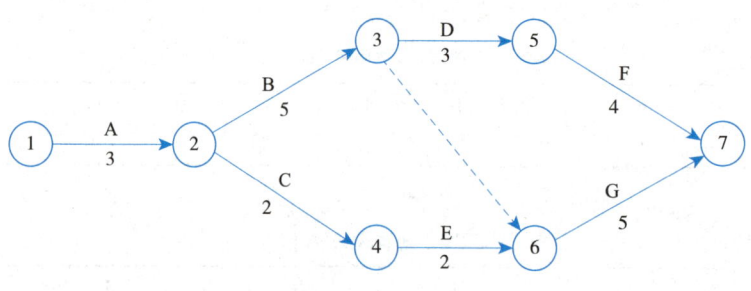

图 3-42　某工程网络计划

5. 试将图 3-43 所示某工程双代号网络计划，绘制成时标网络计划。

6. 已知工程网络计划各工作之间的逻辑关系和持续时间如表 3-11 所示。如果该计划拟于 6 月 24 日（星期二）开始（每星期日休息），试绘制带有绝对坐标、日历坐标和星期坐标的双代号时标网络计划。

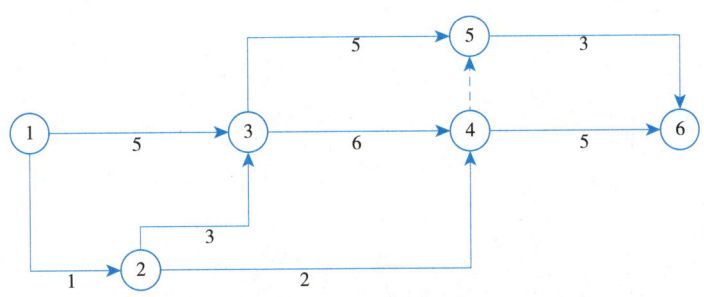

图 3-43 某工程双代号网络计划

某单位工程施工逻辑关系 表 3-11

工作	A	B	C	D	E	F	G	H	I
紧前工作	……	……	A	A	C	E	D、E	B、D、E	F、G
持续时间	2	4	2	3	3	2	3	6	2

7. 试在图 3-44 所示单代号搭接网络图上计算各项工作的时间参数,并确定关键线路和工期。

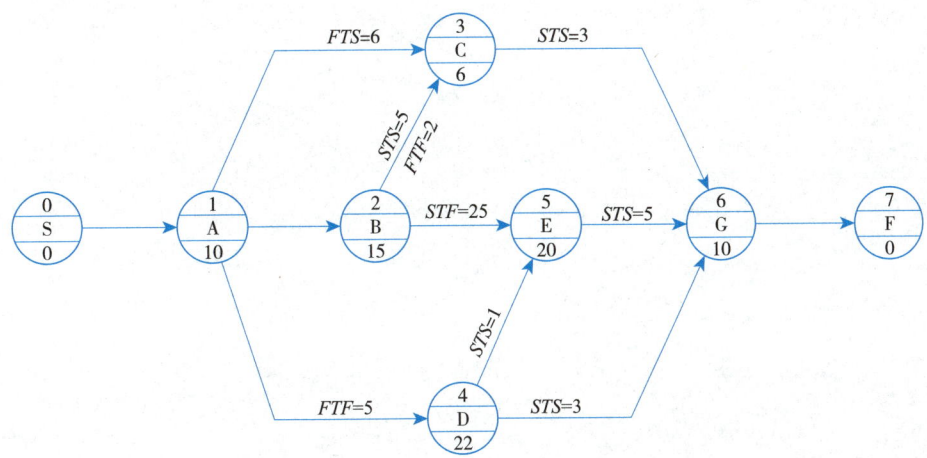

图 3-44 某工程单代号搭接网络图

4

施工方案技术经济分析与优化

【本章要点】

施工方案技术经济分析的基本内涵与常用指标；施工方案技术经济分析的原则与程序；经济性指标分析与计算方法；多指标综合分析与计算方法；工程施工网络计划的工期优化、费用优化、资源优化。

【学习目标】

了解施工方案技术经济分析的原则；熟悉施工方案技术经济分析的程序，经济性指标的分析与计算，工程施工网络计划资源优化；掌握净现值法、净年值法、最小费用法、综合评价法、价值工程法等多指标综合分析与评价方法，工程施工网络计划工期、费用优化方法。

4.1 概述

4.1.1 施工方案技术经济分析的基本内涵与常用指标

1. 施工方案技术经济分析的基本内涵

施工方案是施工组织设计的核心内容之一。施工方案技术经济分析首先通过科学的计算和分析，评价其技术上的先进性和适用性，其经济上的合理性，然后评价其技术经济综合效果，进而选择综合效果最佳（或满意）的方案。因此，施工方案技术经济分析包括技术分析、经济分析和综合评价三个方面。

（1）技术分析

施工方案技术分析是围绕着"功能"进行的，主要内容是以方案的必要功能为分析和评价指标，如方案的可操作性、安全可靠性、预期目标的实现程度等。因为这些分析和评价指标，有的不能用数值量表示其属性；有的即使是可用数值量表示其属性，其计量单位也不一致，不同计量单位是不能比较的，应优先采用定性评分法。定性评分法是以某个最理想方案作为基准，将其技术价值评定为100（或1），将其他若干方案与最理想方案进行对比，根据其达到最理想方案的程度评定其技术价值，一般要小于100（或1）。

（2）经济分析

施工成本、费用和收益等是体现施工方案经济效果最直接的指标，如果若干方案均可采用这些指标进行分析比较，则工程经济学中阐述的许多分析与评价方法（如：最大收益法、最低成本法、费用效率法、净现值法、内部收益率法等）都可以用于施工方案的技术经济分析。但是，在对实际工程若干技术可行施工方案进行经济分析时，"经济"的概念不能仅仅局限在直接经济指标上，而应采用与技术分析类似的方法，采用一个相似的比例数值来表达，称为经济价值。经济价值就是理想施工成本与实际施工成本之比，一般在0~100（或0~1）范围内。

（3）综合评价

对于每一个被评价的施工方案，如果按照技术分值和经济分值分别来判断，这是不充分的。若要选择最佳方案，一般要以这两种价值为准来优化，既要技术上先进，又要经济上合理。所谓优化，就是经过有限次数的探索，找出按当前技术水平所能达到的最佳成果，使它具有最佳的功能和最低的施工成本和费用支出。

2. 施工方案技术经济分析的常用指标

施工方案技术经济分析指标分为许多类型的指标，按照内容和作用，可分为技术和经济指标；按照追求目标，可分为效果和效率指标；按照是否可量化，可分为定性和定量指标。按照技术和经济指标、效率和效果类别简要介绍如下。

（1）技术指标

施工方案技术经济分析的技术指标应包括：

1）时间指标，如工程总工期、分部分项工程以及工序作业时间等。

2）质量指标，如工程质量优良品率、分批验收的一次验收合格率（或优良率）等。

3）安全指标，如施工人员伤亡率、重伤率、轻伤率和财产损失等。

（2）经济指标

施工方案技术经济分析的经济指标应包括：

1）成本指标，如工程项目总成本、分部分项工程以及工序成本等。

2）收益指标，如工程项目总收入、分部分项工程以及工序产出的收益等。

3）资源指标，如劳动消耗指标、材料消耗指标、机械消耗指标等。

（3）效果和效率指标

施工方案技术经济分析的效果和效率指标应包括：

1）经济类指标，如产值和产值利润率、成本和成本利润率等。

2）生产考核指标，如工程总用工日数和劳动生产率、劳动力分布系数和不均衡系数；材料利用率和节约率、机械化率和机械生产率、施工场地利用面积和利用率等。

4.1.2 施工方案技术经济分析原则与程序

施工方案技术经济分析是一项十分严肃的活动，应当遵循一定的原则和程序进行。

1. 施工方案技术经济分析原则

（1）技术、经济与政策相结合

技术经济分析应紧紧围绕施工方案要解决的问题，拟定的施工方案必须严格遵守国家有关部门制定的技术经济政策，如工程技术规范、规程、标准、定额以及安全文明施工、劳动用工制度、职业健康与环境保护政策等，在遵循有关政策规定的前提下追求技术先进性、经济合理性与效益最大化目标，杜绝违背政策规定片面追求技术经济效果的最大化。

（2）定性分析和定量分析相结合

以定性分析为主的施工方案技术经济分析，是一种在占有一定资料的基础上，根据施工管理人员的经验、直觉、学识、洞察力和逻辑推理能力来进行的决策，是一种主观性、经验型决策方法。随着应用数学和计算机科学的发展，在技术经济分析中引入了更多的定量分析方法，通过定量计算分析，对问题的有关因素进行更精细的研究，以发现研究对象的实质和规律，使决策更加科学化。特别是对技术经济分析中出现的不确定因素和风险问题，可以作出更准确的判断与分析，有助于决策者选择。但是施工方案的分析与评价十分复杂，变化很多，有的指标还根本无法用数量表示，采用定量分析方法并不排斥定性分析，甚至可以说，定性分析方法还是必不可少的。

（3）局部效益和整体效益相结合

局部效益是指从某一项具体施工过程的角度衡量施工方案的效益。整体效益是从工程建设施工全过程、全方位出发来考察具体施工方案的综合效果。局部效益是整体效益的基础,而整体效益是衡量局部效益的最终标准,通常情况下两者是相一致的,但有时也可能发生矛盾。当两者发生效益冲突时,应优先考虑整体效益,选择整体效益最佳的施工方案。

2. 施工方案技术经济分析程序

施工方案技术经济分析工作应循序渐进地进行。具体程序如图 4-1 所示。

(1)提出问题、明确目标

提出需要解决的具体问题和任务,如基坑边坡支护、现浇混凝土模板搭设、结构构件吊装等,并要明确预期目标或要达到的效果,如工期目标、质量目标、安全目标、成本目标等。

(2)设定施工条件、拟定初始方案

拟定施工方案前,要理清施工条件,如可投入施工的作业人员和机械设备、材料资源供应方式、现场条件等情况。拟定初始施工方案时,应尽量采用国家提倡使用的新工艺、新设备、新材料、新技术,避免采用国家已经限制使用甚至是禁止使用的落后技术。

(3)施工方案技术分析

围绕施工方案预期实现的功能目标,选择能够恰当体现施工方案技术效果的指标(如:技术适用性与可行性、质量和安全可靠性、工期等指标),采取定性与定量相结合的原则进行分析与计算,并根据分析与计算结果,对施工方案的技术先进性、适用性和可行性作出判断,对判断通过的方案进行经济性分析,否则,应对方案进行调整。

(4)施工方案经济分析

对技术先进、适用、可行的施工方案,选择能够准确反映施工方案经济效果的指标(如:成本、收益等指标),采取科学、量化的方法进行分析与计算,并根据分析与计算结果,对施工方案的经济合理性作出判断,对判断通过的方案进行综合效益分析,否则,应对方案进行调整。

(5)施工方案综合效益分析

在技术分析与经济分析的基础上,进一步分析施工方案的综合效益或效果,也就是进一步分析施工方案的"性价比"。但是,由于技术分析指标和经济分析指标的性质不同(既有定性的,也有定量的)、量纲不同(也有的可能无量纲),不能直接相比计算,往往需要先处理成无量纲评价值或系数后

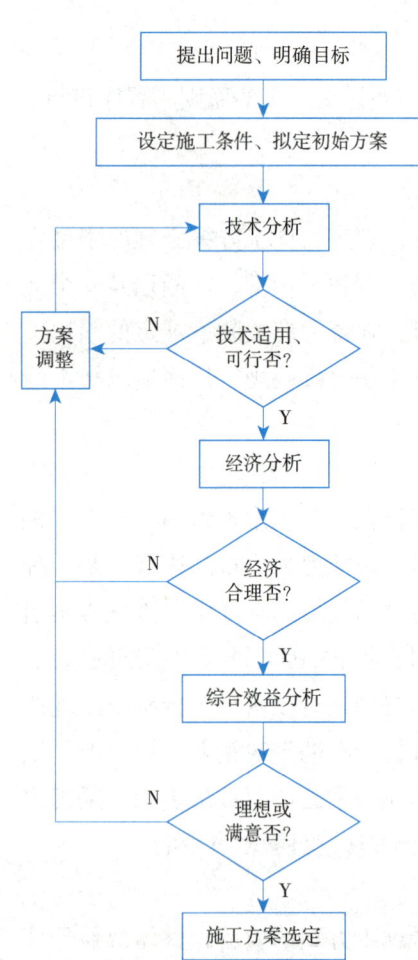

图 4-1 施工方案技术经济分析程序

相比（相除）得出综合效益评价值。最后根据评价值确定方案是否为最优（或满意）方案，或者在若干方案中，根据评价值选择最优（或满意）方案。如果没有获得最优（或满意）方案，还要继续对方案进行调整，重复上述过程，直到获得最优（或满意）方案为止。

4.2 施工方案技术经济分析与计算方法

4.2.1 经济性指标分析与计算

在施工方案技术经济分析中，经常涉及费用和效益等经济性指标的分析与计算。费用指标是指在施工方案实施过程中必须支付的人工、材料、机械等直接费用和现场以及企业管理等间接费用；效益指标是指施工方案实施带来的收益，如业主支付的工程款、合同收入、工期奖罚等。如果方案实施时间较长，还应该考虑资金的时间价值。

下面介绍经济性指标常用的分析与计算方法。

1. 净现值法

净现值法是一种比较科学也比较简便的评价方法。它是把方案计算（实施）期内各时点上的现金流量按预定的目标收益率全部换算为等值的现值之和。净现值之和等于所有现金流入量和现金流出现值的代数和。因此，净现值法既要考虑方案计算期内各时点上的收益，也要考虑方案计算期内各时点上的费用支出。其计算公式为：

$$NPV = \sum_{t=0}^{n} (CI-CO)_t (1+i)^{-t} \tag{4-1}$$

式中　　NPV——方案净现值，方案评价指标；

　　$(CI-CO)_t$——第 t 时点净现金流量，即第 t 时点的现金流入与现金流出的代数和；

　　　　　　i——折现率，可根据企业资金成本或要求的最低资金利润确定；

　　　　　　n——计算期（方案实施期较长时，可以年为单位；方案实施期较短时，可以月为单位）。

净现值为正值，施工方案是可以接受的；净现值为负值，施工方案是不可接受的。净现值越大，施工方案的经济效果越好。

【例 4-1】某工程项目工期为 3 个月。合同约定工程款按月结算。根据项目经理部制定的施工方案，每月初需要投入的施工成本分别为 150 万元、80 万元、70 万元，每月末可以获得的工程款分别为 80 万元、130 万元、150 万元。试用净现值法通过计算分析该施工方案的可行性。假定施工企业要求最低的月资金利润为 1%。

解：
$$NPV = \sum_{t=0}^{n} (CI-CO)_t (1+i)^{-t}$$
$$= -150 + \frac{80-80}{1.01} + \frac{130-70}{1.01^2} + \frac{150}{1.01^3}$$
$$= 54.41 \text{万元} > 0$$

因此，该施工方案可行。

【例4-2】某建设施工项目有两个可供选择的施工方案，其效益基本相同，施工工期为9个月，有关具体的资料见表4-1。假定每月的基准折现率为1%，试用费用现值比较法来决定哪一方案较好。

A、B方案现金流量表（万元） 表4-1

费用 \ 月	A方案			B方案		
	1	2~8	9	1	2~8	9
初始施工费用	80	—	—	65	—	—
每月施工投入	—	12	15	—	16	18
回收固定资产余值	—	—	7	—	—	5
净现金流量	-80	-12	8	-65	-16	13

解：两个方案的费用现值计算如下：

$$P_A = 80+12\times(P/A,1\%,7)-8\times(P/F,1\%,8)$$
$$= 80+12\times\frac{(1+1\%)^7-1}{1\%\times(1+1\%)^7}-\frac{8}{1.01^8}$$
$$= 153.35万元$$

$$P_B = 65+16\times(P/A,1\%,7)-13\times(P/F,1\%,8)$$
$$= 65+16\times\frac{(1+1\%)^7-1}{1\%\times(1+1\%)^7}-\frac{13}{1.01^8}$$
$$= 160.65万元$$

因为费用现值 $P_B > P_A$，所以选择A方案比较好。

2. 净年值法

净年值（Net Annual Value，NAV）是指按给定的折现率，通过等值换算将施工期内各个不同时点的净现金流量分摊到施工周期内的等额年值。

计算公式为：

$$NAV = \sum_{t=0}^{n}[(CI-CO)_t \times \frac{1}{(1+i_C)^t}]\times(A/P,i_C,n) \tag{4-2}$$

式中　CI——表示施工收入；

　　　CO——表示施工的成本；

　　　n——计算期；

　　　i_C——表示施工单位要求获得的基准收益率。

【例4-3】某大型基础设施建设项目拟进行施工方案的选择，目前有两个施工方案，施工工期均为7年。经专家认真分析，这两个方案都可以达到建设项目的相关要求。

但是两个方案的初始施工投入额、年施工费用有所不同（表 4-2）。

方案的施工投入额和年施工费用　　　　表 4-2

施工方案名称	初始施工投入费用	年施工费用
A	2000 万元	1600 万元
B	2800 万元	1420 万元

已知（P/A，12%，7）=4.564，根据题意应用费用年值法进行方案比选，应选择哪个施工方案？

解：方案 A 的费用年值为：$\dfrac{2000}{4.564}+1600=2038.21$ 万元

方案 B 的费用年值为：$\dfrac{2800}{4.564}+1420=2033.50$ 万元

取费用年值最小的方案为优，故应选择 B 方案。

3. 最小费用法

对于仅有或仅需计算费用现金流量的互斥方案，只需进行相对效果检验，判别准则是：费用现值最小者为相对最优方案。

无论选择哪一种施工方案，如果其施工效益或效果是相同的，这时只要考虑，或者只能考虑比较施工方案的费用大小，费用最小的方案就是最好的方案，这就是所谓的最小费用法。

（1）最小费用法的计算形式

1）静态分析法，不考虑费用的时间价值，直接比较，费用最小方案最优。由于施工方案使用期限通常不超过一年，因此实践中通常采用静态分析法进行方案的比选。

2）动态分析法，需要考察寿命周期是否相同，如果寿命期相同则采用费用现值法；寿命期不同，则采用费用年值法。具体计算原理如图 4-2 所示。

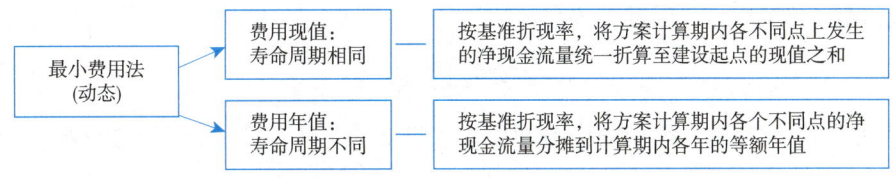

图 4-2　动态最小费用法计算原理

评价原则：费用最小或收益最大的方案最优。

（2）使用最小费用法的注意事项

1）被比较方案应具有相同的产出价值，或能满足同样的需要；

2）费用现值，要求被比较方案具有相同的计算期。

【例 4-4】某项目混凝土总需要量为 5000m³，混凝土工程施工有两种方案可供选择：

方案 A 为现场制作，方案 B 为购买商品混凝土。已知商品混凝土平均单价为 410 元 $/m^3$，现场制作混凝土的单价计算公式为：

$$C = \frac{20000}{Q} + \frac{15000 \times T}{Q} + 320$$

式中　C——现场制作混凝土的单价（元 $/m^3$）；
　　　Q——现场制作混凝土的数量；
　　　T——工期（月）。

问题：（1）混凝土浇筑工期不同时，A、B 两个方案哪一个较经济？

（2）当混凝土浇筑工期为 12 个月时，现场制作混凝土的数量最少为多少立方米才比购买商品混凝土经济？

答：（1）现场制作混凝土的单价与工期有关，当 A、B 两个方案的单价相等时，工期 T 满足以下关系：

$$\frac{200000}{5000} + \frac{15000 \times T}{5000} + 320 = 410$$

$$T = \frac{(410 - 320 - 200000/5000)}{15000} \times 5000$$

T=16.67 个月

由此可得到以下结论：

当工期 T=16.67 个月时，A、B 两方案单价相同；

当工期 T<16.67 个月时，A 方案（现场制作混凝土）比 B 方案（购买商品混凝土）经济；

当工期 T>16.67 个月时，B 方案比 A 方案经济。

（2）当工期为 12 个月时，现场制作混凝土的最少数量计算如下：

$$\frac{200000}{x} + \frac{15000 \times 12}{x} + 320 = 410$$

设该最少数量为 x，根据公式有：

$$x = 4222.22 m^3$$

即当 T=12 个月时，现场制作混凝土的数量必须大于 $4222.22m^3$ 时才比购买商品混凝土经济。

4.2.2　多指标综合分析与计算

1. 综合评价法

（1）综合评价法的基本原理

综合评价法是指运用多项指标对若干施工方案进行评价从而判断施工方案的优劣的一种方法。

构成综合评价的基本要素包括：

1）评价对象。即针对需要解决的问题，制订的若干施工方案。

2）评价指标。采用具体指标，全面、客观地评价施工方案编制水平。

3）指标权重。将每项的相对重要性用权重系数表示。

4）指标评分。对施工方案在每项评价指标上的满足程度进行打分（可采用100分制或10分制等）。

5）评价模型。施工方案的综合评价值等于每项指标的权重系数与打分值乘积的总和。若有 m 个方案，n 项评价指标，则，综合评价值计算式为：

$$A_i = \sum_{j=1}^{n} w_{ij} \cdot c_{ij} \quad (4-3)$$

式中　A_i——第 i 个施工方案的综合评价值，$i=1\cdots m$；

w_{ij}——第 j 项评价指标的权重系数，$j=1\cdots n$；

c_{ij}——第 i 个施工方案的第 j 项指标打分，$j=1\cdots n$。

（2）综合评价法的应用过程

1）针对拟解决的问题和预期目标，确定施工方案评价指标；

2）根据各项评价指标的重要程度，采取定性与定量相结合的方法确定指标权重（各指标权重之和为1）；

3）根据各项评价指标的评分标准，对施工方案的各项评价指标打分；

4）将施工方案的各项评价指标得分与其权重相乘并求和，得出施工方案的综合得分；

5）综合得分达到某规定数值以上的施工方案即为理想或满意方案，如果是多方案比选，则综合得分最高的方案为最优方案。

【例4-5】某建设工程为高87m的塔体钢结构安装项目，目前共有四个施工方案可供选择。方案1：采用多桅杆作为起重设备进行整体安装，经计算，包括立桅杆、结构在地面装配等准备工作在内，需要工期20天，费用25万元；方案2：采用一般的分段安装，需工期34天，工期16万元；方案3：下部采用大型履带式起重机作整体安装，上部仍用分段安装，需工期28天，费用21万元；方案4：采用自爬式起重设备进行分段安装，共需工期37天，费用17万元。专家评价各施工方案的得分和权重如表4-3所示。

施工方案的得分和权重　　　　表4-3

评价指标	指标权重	方案1	方案2	方案3	方案4
工期	0.35	10	6	8	5
工程费用	0.30	7	10	8	9
施工机械、材料供应难易程度	0.14	8	9	8	9
施工方案的适用性与先进性	0.08	8	7	8	9
施工质量安全保证难易程度	0.13	8	9	8	9

试应用综合评价法选择最优施工方案。

解：各方案综合得分如下：

A_1=0.35×10+0.3×7+0.14×8+0.08×8+0.13×8=8.4

A_2=0.35×6+0.3×10+0.14×9+0.08×7+0.13×9=81

A_3=0.35×8+0.3×8+0.14×8+0.08×8+0.13×8=8.0

A_4=0.35×5+0.3×9+0.14×9+0.08×9+0.13×9=7.6

因为 A_1 最大，故方案 1 为最优方案。

2. 价值工程法

价值工程（VE），又称价值分析（VA），是 20 世纪 40 年代美国通用电器公司工程师 L.D.Miles 创立的一套独特的评价管理方法。

（1）价值工程的原理

价值工程是分析功能与成本的关系，力求"性价比"（功能与成本之比）最大化的一种科学的技术经济分析方法。

价值工程中的"价值"是功能与实现该功能所耗费用（成本）的比值，其表达式为

$$V = F/C$$

式中　V——价值；

　　　F——功能；

　　　C——成本。

因此，价值工程具有以下特征：①目标上的特征，是着眼于提高价值，既要避免功能不足，又要防止功能过剩；②方法上的特征，是系统分析和比较方案（或产品）功能，发现问题，寻求解决办法；③活动上的特征，是侧重于在方案设计（或产品研制）阶段开展工作，寻求技术上的突破；④组织上的特征，是开展价值工程活动涉及与方案制订和实施有关的全体人员，应有组织、有计划、有步骤地工作。

（2）价值工程活动的工作程序

根据我国价值工程工作标准，结合工程施工特点，价值工程活动的工作程序可分为 4 个阶段、12 个步骤。

第一阶段：准备阶段

1）对象选择。选择研究对象时，应当着眼于功能和成本分析，明确必要功能，排除不必要功能，理清成本现状等因素。

2）组成价值工程小组。根据选择对象，可以在项目经理部组建，也可以在作业班组组建，或者上下结合。

3）制订工作计划。主要应明确预期目标、价值工程小组成员的分工、开展价值工程活动的规定等。

第二阶段：分析阶段

1) 收集资料。包括与研究对象有直接或间接关联的各类资料。

2) 功能分析。对拟订方案进行系统的功能分析，明确是否具有实现功能的效用。

3) 功能评价。对于方案的每项内容进行评价，求出其功能与成本，并通过功能与成本的比较确定价值。

第三阶段：方案创新与评价阶段

1) 方案创新。通过积极思考，提出尽可能多的改进方案。例如，混凝土工程中有无新的配合比，基坑支撑与开挖有无其他技术方法等。

2) 方案评价。通过分析新方案的功能与成本，并计算其比值（即价值）。

3) 提案编写。选择价值最大的方案作为最优方案，并撰写出具有说服力的提案书。

第四阶段：实施与验收阶段

1) 审批。新的方案需报送项目经理或企业主管部门审批，有时还可能需要得到监理工程师、设计单位、建设单位的认可和审批。

2) 新方案的实施与检查。

3) 成果的鉴定与验收。

(3) 功能指标权重的确定

确定功能指标权重的关键是对功能进行打分，常用的打分方法有强制打分法（包括0~1评分法或0~4评分法）、多比例评分法、逻辑评分法、环比评分法等。

下面主要介绍常用的强制打分法。

1) 0~1评分法

0~1评分法的基本原理是：首先，将各项功能指标与其他功能指标一一对比，重要的得1分，不重要的得0分；其次，将各项功能指标得分之和分别加1得出修正得分（保证各项功能指标得分不为0）；最后，用各项功能指标修正得分除以所有功能指标修正得分合计，得到其功能权重。计算公式为：

某项功能指标权重 = 该功能指标修正得分 / ∑各功能指标修正得分

【例4-6】某承包商在一高层住宅楼的现浇混凝土楼板施工中，拟采用钢木组合模板或小钢模两个施工方案。经有关专家讨论，决定从模板总摊销费用（F_1）、楼板浇筑质量（F_2）、模板人工费（F_3）、模板周转时间（F_4）、模板装拆便利性（F_5）等五项功能指标出发对该两个方案进行评价，并采用0~1评分法对各项功能指标的相对重要性进行判断，形成如表4-4所示的功能指标相对重要性判断矩阵的右上三角阵。

功能指标相对重要性判断矩阵表　　　　表4-4

	F_1	F_2	F_3	F_4	F_5
F_1	×	0	1	1	1
F_2		×	1	1	1

续表

	F_1	F_2	F_3	F_4	F_5
F_3			×	0	1
F_4				×	1
F_5					×

试确定各项功能指标的权重。

解：首先根据表 4-4 所示的功能指标相对重要性判断矩阵右上三角阵，补充左下三角阵，形成完整的判断矩阵；其次根据 0~1 评分法的基本原理，计算各项功能指标得分、修正得分；最后计算各项功能指标的权重，计算过程及结果见表 4-5。

指标权重计算表　　　　　　　　　　表 4-5

	F_1	F_2	F_3	F_4	F_5	得分	修正得分	权重
F_1	×	0	1	1	1	3	4	4/15=0.267
F_2	1	×	1	1	1	4	5	5/15=0.333
F_3	0	0	×	0	1	1	2	2/15=0.133
F_4	0	0	1	×	1	2	3	3/15=0.200
F_5	0	0	0	0	×	0	1	1/15=0.067
合计						10	15	1.000

2）0~4 评分法

0~4 评分法的基本规则是，两项功能指标比较时，其相对重要程度有以下三种情况：很重要的功能指标得 4 分，另一很不重要的功能指标得 0 分；较重要的功能指标得 3 分，另一较不重要的功能指标得 1 分；两项功能指标同样重要的各得 2 分。功能指标权重计算公式为：

　　某项功能指标权重 = 该项功能指标得分 / ∑各项功能指标得分

【例 4-7】某工业厂房施工项目技术部，拟定了三个可供选择的施工方案，并设计五项功能指标（分别以 F_1~F_5 表示）对施工方案进行技术经济分析，各功能指标的重要程度为：F_1 相对于 F_2 很重要，F_1 相对于 F_3 较重要，F_2 和 F_4 同等重要，F_3 和 F_5 同等重要。试采用 0~4 评分法列表计算各功能指标权重。

解：各功能指标权重的计算结果，见表 4-6。

各技术经济指标权重计算表　　　　　　　　　　表 4-6

	F_1	F_2	F_3	F_4	F_5	得分	权重
F_1	×	4	3	4	3	14	14/40=0.350

续表

	F_1	F_2	F_3	F_4	F_5	得分	权重
F_2	0	×	1	2	1	4	4/40=0.100
F_3	1	3	×	3	2	9	9/40=0.225
F_4	0	2	1	×	1	4	4/40=0.100
F_5	1	3	2	3	×	9	9/40=0.225
合计						40	1.000

（4）价值工程法的应用

在实际工作中，应用价值工程原理对施工方案进行技术经济分析时，都是从功能、成本两个方面探索有无改进的可能性，以提高方案的价值。例如，在满足功能要求的前提下，通过调整、优化原始设计方案，采用高效、经济的新材料、新技术、新工艺、新设备等方法降低工程成本费用；结合施工组织设计及现场条件，通过优化材料采购、运输和保管方案，降低材料采购、运输和保管成本等。

在施工方案的价值工程分析阶段，结合功能指数（F）和成本指数（C）分析，采用价值指数（V）评价方案的优劣。

如果有 m 个被评价的施工方案，其中，第 i 个施工方案（$i=1\cdots m$）的价值指数计算过程为：

1）计算功能指数 F_i：

$$F_i = \frac{第 i 个施工方案的功能得分}{所有施工方案的功能得分总和}$$

2）计算成本指数 C_i：

$$C_i = \frac{第 i 个施工方案的成本得分}{所有施工方案的成本得分总和}$$

3）计算第 i 个施工方案的价值系数 V_i：

$$V_i = \frac{F_i}{C_i}$$

价值指数最大的方案为最优施工方案。

（5）应用示例

价值工程法不仅可以用于多施工方案的比选，还可以用于单一施工方案的功能改进。

1）多个方案的比选

应用价值工程法分别计算各项施工方案的功能指数（F_i）、成本指数（C_i）和价值指数（V_i），选择价值指数最大的方案为最优方案。

【例4-8】某建设项目有三个施工方案（分别以 A、B、C 表示）可以选择，经过详细分析和打分后,得到三个方案的功能得分分别为 9.002、5.856、6.928,而这三个方案的成本依次为 430.51 万元、382.58 万元、401.15 万元,试确定最佳的施工方案。

解:

第一步,计算各方案的功能指数

功能合计得分:9.002+5.856+6.928=21.786

F_A=9.002/21.786=0.413

F_B=5.856/21.786=0.269

F_C=6.928/21.786=0.318

第二步,确定各方案的成本指数

各方案的成本之和为 430.51+382.58+401.15=1214.24 万元

C_A=430.51/1214.24=0.355

C_B=382.58/1214.24=0.315

C_C=401.15/1214.24=0.330

第三步,确定各方案的价值指数

$V_A = F_A/C_A$=0.413/0.355=1.163

$V_B = F_B/C_B$=0.269/0.315=0.854

$V_C = F_C/C_C$=0.318/0.330=0.964

结论:A 方案的价值指数最大,故选择 A 方案为最佳设计方案。

2)单一方案的功能改进

利用价值工程法计算结果,确定施工方案的功能优先改进顺序有两种方法:一是按预期成本降低额从大到小排序;二是根据成本与功能相匹配的原则(价值指数越接近 1,说明成本与功能匹配程度越好),按价值指数远离 1 的程度从大到小排序。需要进一步说明的是,预期成本降低额是绝对指标,价值指数是相对指标,当按两种方法确定的结果不一致时,应该按照绝对指标结果优先考虑。

【例 4-9】某施工项目根据技术部确定的施工方案,其计划成本总额为 16070 万元。项目经理认为该方案还有进一步降低成本的可能,要求目标成本控制额为 14000 万元。造价工程师以主要分部工程作为功能项目进一步开展价值工程活动,各功能项目评分值及目前成本见表 4-7。

分部工程功能项目评分及目前成本　　　　表 4-7

功能项目	功能评分	目前成本
A. ±0.000 以下工程	21	3854
B. 主体结构工程	35	4633
C. 装饰工程	28	4364
D. 水电安装工程	32	3219
合计	116	16070

试分析各功能项目的功能指数、成本指数、价值指数和目标成本控制额及预期成本降低额,并确定功能改进顺序。

解:列表计算,结果见表4-8所示。

分部工程功能项目价值指数与预期成本降低额计算表　　　　表4-8

功能项目	功能得分	功能指数	目前成本	成本指数	价值指数	目标成本控制额	预期成本降低额
A	21	0.181	3854	0.240	0.754	2534	1320
B	35	0.302	4633	0.288	1.049	4228	405
C	28	0.241	4364	0.272	0.886	3374	990
D	32	0.276	3219	0.200	1.38	3864	−645
合计	116	1.0	16070	1.0		14000	2070

根据预期成本降低额确定功能项目优先改进顺序为:A. ±0.000以下工程、C. 装饰工程、B. 主体结构工程、D. 水电安装工程;根据价值指数确定功能项目优先改进顺序为:D. 水电安装工程、A. ±0.000以下工程、C. 装饰工程、B. 主体结构工程。采用两种方法确定的功能项目优先改进顺序不一致,建议采用根据预期成本降低额确定功能项目优先改进顺序。

4.3　工程施工网络计划优化

工程网络计划的优化是指编制施工方案通常会有一定的约束条件,在该前提下按既定目标对工程网络计划进行不断调整,直到寻找出满意结果为止的过程。

工程网络计划优化的目标一般包括工期目标、费用目标和资源目标。根据既定目标,工程网络计划优化的内容分为工期优化、费用优化和资源优化三个方面。

4.3.1　工期优化

1. 工期优化的概念

根据工程施工方案,按照计划中各项工作的逻辑关系编制的网络计划,其计算工期与既定的工期目标相比,如果计算工期长于工期目标(要求工期),就要对计算工期进行调整。工期优化就是通过压缩计算工期,以达到既定工期目标,或在一定约束条件下,使工期最短的过程。

工期优化一般是通过压缩关键线路的持续时间来满足工期要求的。在优化过程中要注意不能将关键线路压缩成非关键线路,当出现多条关键线路时,必须将各条关键线路的持续时间压缩同一数值,否则不能有效地将工期缩短。

2. 工期优化的步骤与方法

工期优化的步骤和方法如下:

（1）找出网络计划中的关键线路，并求出计算工期。

（2）按要求工期计算出应缩短的时间。

（3）根据下列诸因素选择应优先缩短持续时间的关键工作：

1）缩短持续时间对工程质量和施工安全影响不大的工作；

2）有充足储备资源的工作；

3）缩短持续时间所需增加的费用最少的工作；

4）将应优先缩短的工作缩短至最短持续时间，并找出关键线路，若被压缩的工作变成了非关键工作，则应将其持续时间适当延长至刚好恢复为关键工作。

（4）重复上述过程直至满足工期要求或工期无法再缩短为止。

当采用上述步骤和方法后，工期仍不能缩短至要求工期则应采用加快施工的技术、组织措施来调整原施工方案，重新编制进度计划。如果属于工期要求不合理，无法满足时，应重新确定要求的工期目标。

4.3.2 费用优化

1. 费用优化的概念

一项工程的总费用包括直接费用和间接费用两部分。在一定范围内，直接费用随工期的延长而减少，而间接费用则随工期的延长而增加，如图 4-3 所示的直接费用和间接费用曲线。将该两条曲线叠加，就形成了总费用曲线。总费用曲线上的最低点所对应的工期（T^Q）就是费用优化所要追求的最优工期。因此，费用优化也可称为工期—费用优化（或工期—成本优化）。

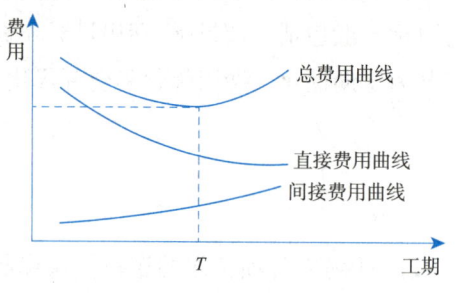

图 4-3　工程费用与工期关系示意图

由图 4-3 不难看出，要想求得总费用最低的工期方案，必须首先研究直接费用、间接费用与工期的关系，求出这两条曲线。

间接费用是指计划执行过程中，用于工程经营管理方面的费用。间接费用的多少与施工单位的施工条件、施工组织管理水平有关。在优化过程中，通常因该曲线的曲率不大，为简化计算将其视为一条直线看待。该直线的斜率表示在单位时间内（每一天、每一周、每一月等）间接费用支出的数值（即间接费率）。

直接费用是指计划执行过程中,用于支付每项工作的人工费、材料费、机械台班使用费等费用。每一项工程计划都是由许多项工作组成的。这些工作都有着各自的施工方法、施工机械、材料及持续时间等,而且工作的这些因素是可以变化的。一般情况下,通常考虑采用使每项工作的直接费用支出最少的施工方法,工作的持续时间可能要长些。在考虑加快施工时,对某些工作就要考虑采用较短(甚至是最短)的持续时间的施工方法,其直接费用支出就要增加。每项工作在缩短单位时间后所需增加的费用,称为该工作的直接费率。工作的直接费率可用公式(4-4)计算:

$$e_{i\text{-}j} = \frac{C_{i\text{-}j}^C - C_{i\text{-}j}^N}{D_{i\text{-}j}^N - D_{i\text{-}j}^C} \tag{4-4}$$

式中　　$e_{i\text{-}j}$——工作 i-j 的直接费率;

$D_{i\text{-}j}^C$,$C_{i\text{-}j}^C$——分别为工作 i-j 的最短持续时间及相应的直接费用;

$D_{i\text{-}j}^N$,$C_{i\text{-}j}^N$——分别为工作 i-j 的正常持续时间及相应的直接费用。

在实际工程中,有的工作在不同的持续时间范围内,具有不同的费率;有的工作可能只有唯一的一种施工方法,其持续时间和费用均不发生变化。这些情况均要根据具体工作而定。

2. 费用优化的步骤和方法

(1)计算正常作业条件下工程网络计划的工期、关键线路和总直接费、总间接费及总费用。工期和关键线路的计算和确定方法见 4.3 节。将所有工作在正常持续时间条件下的直接费用相加即得总直接费;用工程的间接费率乘以工期即得总间接费;将总直接费与总间接费相加即得总费用。

(2)计算各项工作的直接费率,按公式(4-4)计算。对于仅有一种施工方法,其持续时间和费用不变的工作可设其直接费率为无穷大。

(3)在关键线路上,选择直接费率最小并且不超过工程间接费率的工作作为被压缩对象。当网络计划存在多条关键线路时,选择组合直接费率最少并且不超过工程间接费率的若干项工作(工作数目根据关键线路数目而定)作为被压缩对象。

(4)将被压缩对象压缩至最短,当被压缩对象为一组工作时,将该组工作压缩同一数值(该值为该组工作可压缩的最大幅度),并找出关键线路,如果被压缩对象变成了非关键工作,则需适当延长其持续时间,使其刚好恢复为关键工作为止。

(5)重新计算和确定网络计划的工期、关键线路和总直接费、总间接费、总费用。

(6)重复上述第(3)至第(5)步骤,直至找不到直接费率或组合直接费率不超过工程间接费率的压缩对象为止。此时的工期即为总费用最低的最优工期。

(7)绘制出优化后的网络计划。在每项工作上注明优化的持续时间和相应的直接费用。

上述优化过程可采用表 4-9 所示的表格形式描述。

费用优化过程表　　　　　　　　　　　　　　　　　　　　　表 4-9

压缩次数	压缩对象	直接费率或组合直接费率	费率差	缩短时间	工期	总费用	备注
(1)	(2)	(3)	(4)	(5)	(6)	(7)	(8)

注：费率差 = 直接费率（或组合直接费率）−间接费率，当费率差出现正值时优化结束。

3. 优化示例

【例 4-10】已知某工程网络计划如图 4-4 所示。图中箭线下方括号外为正常持续时间，括号内为最短持续时间；箭线上方括号外为正常持续时间的直接费用，括号内为最短持续时间的直接费用。工程间接费率为 0.8 千元 / 天，试对其进行费用优化。

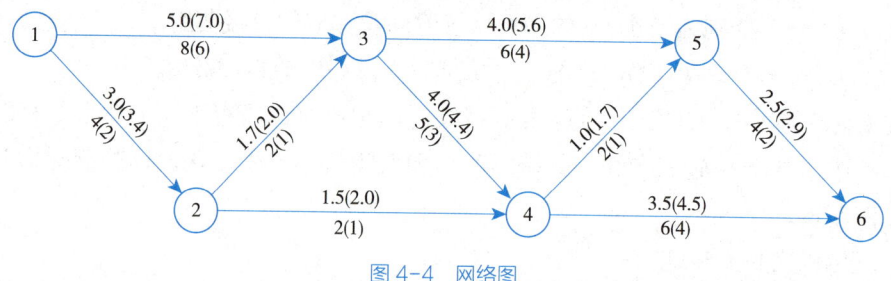

图 4-4　网络图

解：（1）计算和确定正常作业条件下的网络计划工期、关键线路和总直接费、总间接费、总费用。

① 工期为 19 天，关键线路如图 4-5 中双线所示。

② 总直接费为每项工作箭线上方括号外的数值相加得 26.2 千元；

总间接费：0.8×19=15.2 千元；

总费用：26.2+15.2=41.4 千元。

（2）计算各项工作的直接费率。

$$e_{1-2}=\frac{D^C_{1-2}-D^N_{1-2}}{D^N_{1-2}-D^C_{1-2}}=\frac{3.4-3.0}{4-2}=0.2\text{千元}$$

$$e_{1-3}=\frac{D^C_{1-3}-D^N_{1-3}}{D^N_{1-3}-D^C_{1-3}}=\frac{7.0-5.0}{8-6}=1.0\text{千元}$$

$$e_{2-3}=\frac{D^C_{2-3}-D^N_{2-3}}{D^N_{2-3}-D^C_{2-3}}=\frac{2.0-1.7}{2-1}=0.3\text{千元}$$

同理可得 e_{2-4}=0.5 千元 / 天；e_{3-4}=0.2 千元 / 天；e_{3-5}=0.8 千元 / 天；e_{4-5}=0.7 千元 / 天；e_{4-6}=0.5 千元 / 天；e_{5-6}=0.2 千元 / 天。

将计算结果标于每项工作箭线的上方,如图 4-5 所示。

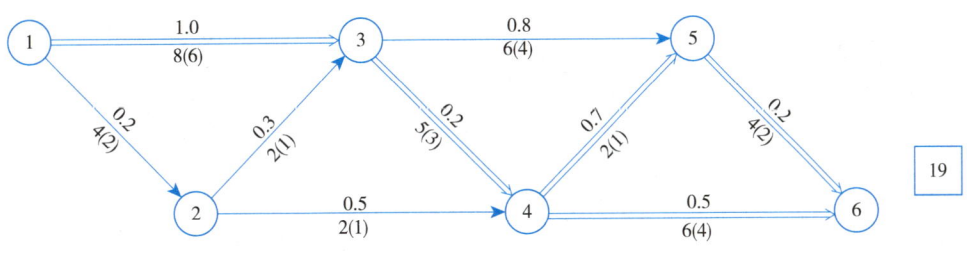

图 4-5 初始网络计划的工期、关键线路、直接费率

(3)第一次压缩。在关键线路上选择直接费率最低的工作 3—4(e_{3-4}=0.2 千元/天 < 0.8 千元/天)作为被压缩对象。先将工作 3—4 压缩至最短持续时间,找出关键线路,则此时关键线路发生了变化,见图 4-6 中双箭线所示,工期为 18 天。

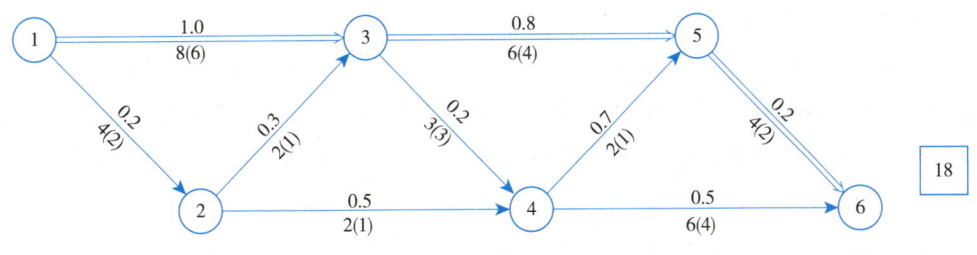

图 4-6 压缩至最短后网络计划

将工作 3—4 的持续时间由最短的 3 天延长至 4 天,使其恢复为关键工作,如图 4-7 所示。至此,第一次压缩结束。

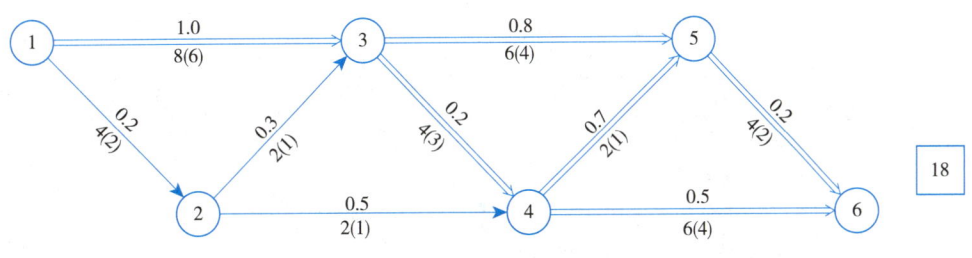

图 4-7 第一次压缩后网络计划

重新计算网络计划的总直接费、总间接费、总费用。

总直接费:26.2+1×0.2 = 26.4 千元;

总间接费:0.8×18 = 14.4 千元;

总费用:26.4+14.4 = 40.8 千元。

(4)第二次压缩。有五个可压缩方案,其中同时压缩工作 3—4 和工作 5—6 的组合直接费率最小(e_{3-4}+e_{5-6}= 0.2+0.2= 0.4 千元/天 < 0.8 千元/天),将其作为被压缩对象。将这两项工作压缩相同的天数(1 天)。第二次压缩后的网络计划如图 4-8 所示。

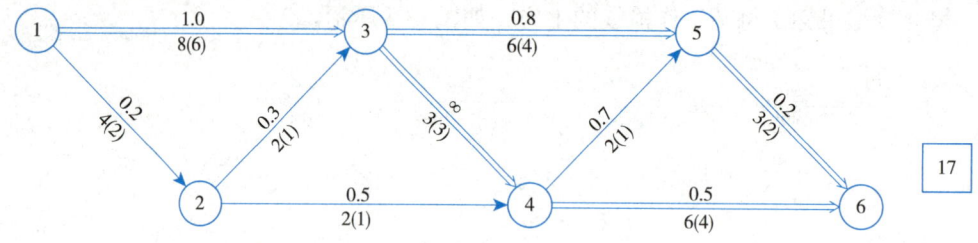

图 4-8 第二次压缩后网络计划

第二次压缩后，网络计划的工期为 17 天；工作 3—4 已压缩至最短持续时间，将其直接费率改写为无穷大；工作 4—5 未经压缩却因其他工作的压缩使其变成了非关键工作，这种情况是允许的。重新计算网络计划的总直接费、总间接费、总费用。

总直接费：26.4+（0.2+0.2）×1 = 26.8 千元；

总间接费：0.8×17 = 13.6 千元；

总费用：26.8+13.6 = 40.4 千元。

（5）第三次压缩。有三个可压缩方案，但只有同时压缩工作 4—6 和工作 5—6 的组合直接费率（$e_{4-6}+e_{5-6}$=0.5+0.2=0.7 千元/天 < 0.8 千元/天），故选择工作 4—6 和工作 5—6 作为被压缩对象。这两项工作可同时压缩 1 天。该次压缩后的总直接费、总间接费、总费用如下：

总直接费：26.8+0.7×1 = 27.5 千元；

总间接费：0.8×16 = 12.8 千元；

总费用：27.5+12.8 = 40.3 千元。

第三次压缩的网络计划如图 4-9 所示。

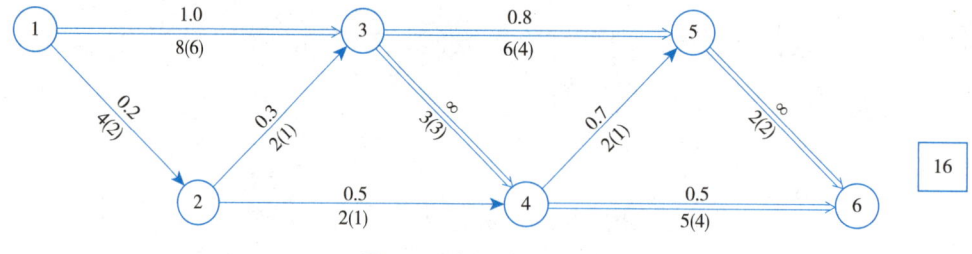

图 4-9 优化后的网络计划

至此优化结束。优化过程见表 4-10。

[例 4-10] 优化过程表　　　　　　　　　　表 4-10

压缩次数	压缩对象	直接费率或组合直接费率	费率差（千元/天）	缩短时间（天）	工期（天）	总费用（千元）
（1）	（2）	（3）	（4）	（5）	（6）	（7）
0	—	—	—	—	19	41.4
1	3—4	0.2	−0.6	1	18	40.8

续表

压缩次数	压缩对象	直接费率或组合直接费率	费率差（千元/天）	缩短时间（天）	工期（天）	总费用（千元）
2	3—4 5—6	0.4	−0.4	1	17	40.4
3	4—6 5—6	0.7	−0.1	1	16	40.3
4	1—3	1.0	+0.2	—	—	—

假设该工程的优化目标是以尽可能低的费用实现最短工期，该优化过程应继续进行。

4.3.3 资源优化

施工方案的实施，离不了人、材、机等生产要素的投入，通常将所需的人力、材料、机械设备和资金等统称为资源。完成一项工程计划所需的资源总量是不变的。资源优化的目标不是减少资源总量，而是通过调整计划中某些工作投入作业的开始时间，使资源分布满足某种要求。

在资源优化中，通常将某项工作在单位时间内所需某种资源数量称为资源强度（用 r_{i-j} 表示）；将整个计划在某单位时间内所需某种资源数量称为资源需用量（用 Q_t 表示）；将在单位时间内可供使用的某种资源的最大数量称为资源限量（用 Q_a 表示）。

资源优化的内容有"资源有限—工期最短优化"和"工期固定—资源均衡优化"两个方面。

1. 资源有限—工期最短优化

（1）资源有限—工期最短优化的步骤与方法

资源有限—工期最短优化的步骤和方法如下：

1）绘制时标网络计划，逐时段计算资源需用量 Q_t（$t=1$，…，T）。

2）逐时段检查资源需用量是否超过资源限量，若有超过者进入第3步，否则检查下一时段。

3）对于超过的时段，按总时差从小到大累计该时段中的各项工作的资源强度，累计到不超过资源限量的最大值，其余的工作推移到下一时段（在各项工作不允许间断作业的假定条件下，在前一时段已经开始的工作应优先累计）。

4）重复上述步骤，直至所有时段的资源需用量均不超过资源限量为止。

（2）优化示例

【例4-11】已知网络计划如图4-10所示。图中箭线上方数据为资源强度，下方数据为持续时间。若资源限量为12，试对其进行资源有限—工期最短优化。

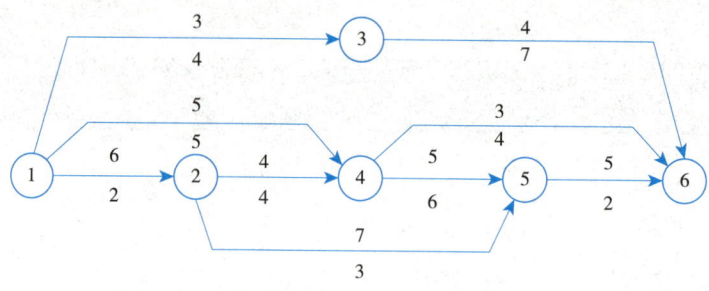

图 4-10 某工程网络计划

解：(1) 绘制时标网络计划，计算每天资源需用量，如图 4-11 所示。

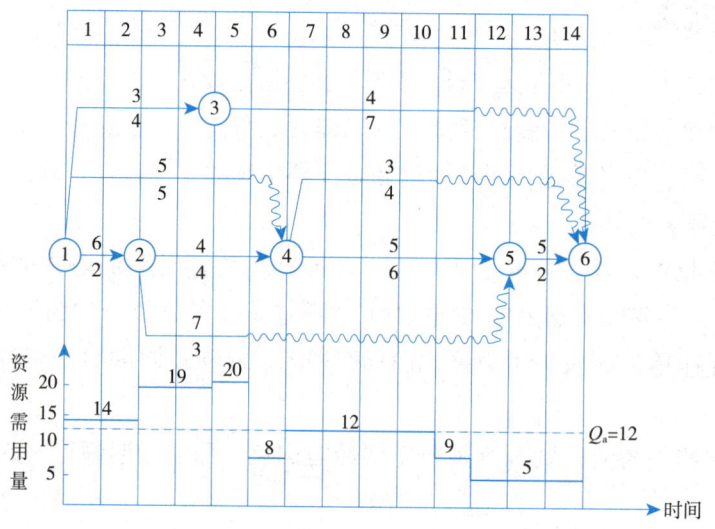

图 4-11 时标网络计划与资源曲线图

(2) 逐时段将资源需用量与资源限量对比，发现 0—2、2—4、4—5 三个时段的资源需用量均超过资源限量，需要调整。

(3) 首先调整 0—2 时段，将该时段同时进行的工作按总时差从小到大对资源强度进行累计，累计到不超过资源限量（$Q_a=12$）的最大值，即 $r_{1-2}+r_{1-4}=6+5=11<12$，将工作 1—3 推移至下一时段，调整结果见图 4-12 所示。

(4) 从图 4-12 中看出，0—2 时段的资源需用量已不超过资源限量，2—5 时段仍超出，需要调整。资源强度累计：$r_{1-4}+r_{2-4}+r_{1-3}=5+4+3=12$，将工作 2—5 推移至下一时段，调整结果见图 4-13 所示。

(5) 从图 4-13 中看出，0—2、2—5 时段已满足资源限量要求，5—6、6—8 时段仍超出，需要调整，调整过程从略。

该网络计划的资源有限—工期最短优化的最后结果见图 4-14 所示。

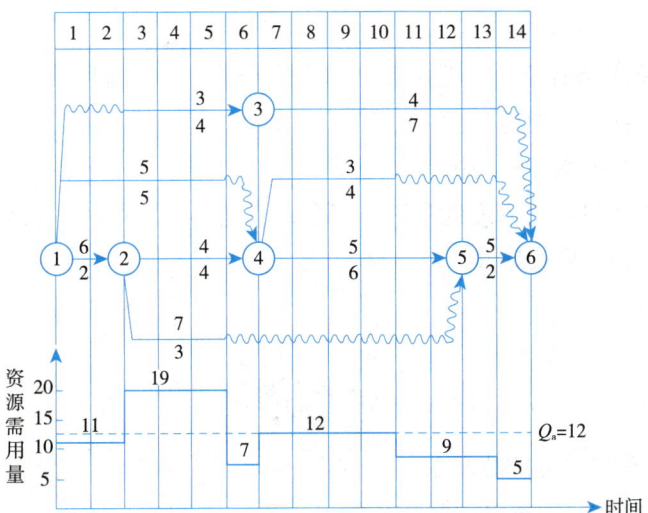

图 4-12 0-2 时段调整后的网络计划与资源曲线图

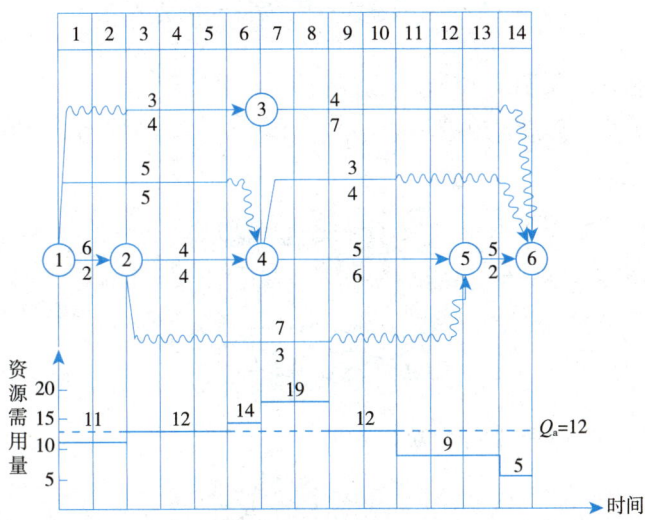

图 4-13 2-5 时段调整后的网络计划与资源曲线图

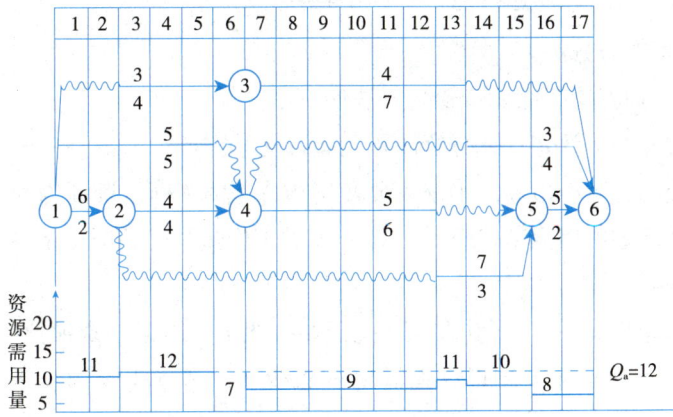

图 4-14 优化后网络计划与资源曲线

2. 工期固定—资源均衡优化

在工期不变的条件下，尽量使资源需用量均衡，既有利于工程施工组织与管理，又有利于降低工程施工费用。

（1）衡量资源均衡程度的指标

衡量资源需用量均衡程度的指标有三个，分别为不均衡系数、极差值、均方差值。这些指标值愈小说明资源均衡程度愈好。

1）不均衡系数 K

$$K = \frac{Q_{\max}}{Q_m} \tag{4-5}$$

式中　$Q_{\max}$——资源需用量最大值；
　　　Q_m——资源需用量平均值。

$$Q_m = \frac{1}{T}(Q_1 + Q_2 + \cdots + Q_T) = \frac{1}{T}\sum_{t=1}^{T} Q_t \tag{4-6}$$

式中　T——网络计划工期（天）；
　　　Q_t——第 t 天的资源需用量。

2）极差值 ΔQ

$$\Delta Q = \max\{|Q_t - Q_m|\} \tag{4-7}$$

3）均方差值 σ^2

$$\sigma^2 = \frac{1}{T}\sum_{t=1}^{T}(|Q_t - Q_m|)^2 \tag{4-8}$$

为简化计算，式（4-8）可变换为

$$\sigma^2 = \frac{1}{T}\sum_{t=1}^{T} Q_t^2 - Q_m^2 \tag{4-9}$$

若 σ^2 最小，须使 $\sum_{t=1}^{T} Q_t^2 = Q_1^2 + Q_2^2 + \cdots + Q_T^2$ 最小。

（2）优化步骤与方法

工期固定—资源均衡优化步骤与方法如下：

1）绘制时标网络计划，计算资源需用量。

2）计算资源均衡性指标，本书主要使用均方差值来衡量资源均衡程度。

3）从网络计划的终点节点开始，按非关键工作最早开始时间的先后顺序进行调整（关键工作不得调整）。

对于任一项工作 $k\text{-}l$，设其在第 i 天开始，第 j 天结束，资源强度为 $r_{k\text{-}l}$。若工作 $k\text{-}l$ 向右移 1 天，那么第 i 天的资源需用量减少 $r_{k\text{-}l}$，第 $j+1$ 天的资源需用量增加 $r_{k\text{-}l}$，$\sum_{t=1}^{T} Q_t^2 = Q_1^2 + Q_2^2 + \cdots + Q_T^2$ 的变化值 Δ 为

$$\Delta = [(Q_{j+1}-r_{k-l})^2 - Q_{j+1}^2] - [Q_i^2 - (Q_i - r_{k-l})^2]$$

整理得
$$\Delta = 2r_{k-l}[Q_{j+1} - (Q_i - r_{k-l})] \tag{4-10}$$

若将工作 $k-l$ 向右移 1 天使 $\Delta < 0$，说明移动后的资源均衡性好于移动前，就应将其向右移动 1 天。在此基础上再考虑工作 $k-l$ 能否再向后移动，直至不能移动为止。

若将工作 $k-l$ 向右移 1 天使 $\Delta > 0$，说明移动后的资源均衡性差于移动前，不应移动。但如果工作 $k-l$ 还有自由时差则应继续考虑能否向右移 2 天、3 天……直至均不能移动为止。

在具体计算过程中，通常仅利用式（4-10）中右端方括号中的表达式，即调整判别式为

$$\Delta' = Q_{j+1} - (Q_i - r_{k-l}) \tag{4-11}$$

如果将工作 $k-l$ 向右移动使 $\Delta' < 0$，就应移动。

在网络计划的终点节点开始，自右向左调整一次后，还要第二次、第三次……调整。直至所有工作均不能移动为止。

4）绘制调整后的网络计划。

（3）优化示例

【例 4-12】仍以图 4-10 所示的网络计划为例，说明工期固定—资源均衡优化的步骤和方法。

解：（1）绘制时标网络计划，计算资源需用量，如图 4-15 所示。

（2）计算资源均衡性指标。本例仅计算均方差值

$$\sigma^2 = \frac{1}{T}\sum_{t=1}^{T} Q_t^2 - Q_m^2$$

式中　$Q_m = \frac{1}{T}\sum_{t=1}^{T} Q_t = \frac{1}{14} \times (14\times 2 + 19\times 2 + 20\times 1 + 8\times 1 + 12\times 4 + 9\times 1 + 5\times 3) = 11.86$

$\frac{1}{T}\sum_{t=1}^{T} Q_t^2 = \frac{1}{14} \times (14^2\times 2 + 19^2\times 2 + 20^2\times 1 + 8^2\times 1 + 12^2\times 4 + 9^2\times 1 + 5^2\times 3) = 165.00$

∴ $\sigma_0^2 = 165.00 - 11.86^2 = 24.34$

（3）优化调整

1）第一次调整

①调整以终节点 6 为结束节点的工作

首先调整工作 4—6，利用判别式（4-11）判别能否向右移动。

$Q_{11} - (Q_7 - r_{4-6}) = 9 - (12-3) = 0$，可右移 1 天，$ES_{4-6} = 7$

$Q_{12} - (Q_8 - r_{4-6}) = 5 - (12-3) = -4 < 0$，可右移 2 天，$ES_{4-6} = 8$

$Q_{13} - (Q_9 - r_{4-6}) = 5 - (12-3) = -4 < 0$，可右移 3 天，$ES_{4-6} = 9$

$Q_{14} - (Q_{10} - r_{4-6}) = 5 - (12-3) = -4 < 0$，可右移 4 天，$ES_{4-6} = 10$

至此工作 4—6 调整完毕（此图略），在此基础上考虑调整工作 3—6。

$Q_{12}-(Q_5-r_{3-6})$ =8-（20-4）=-8<0，可右移 1 天，ES_{3-6}=5

$Q_{13}-(Q_6-r_{3-6})$ =8-（8-4）=4>0，不能右移 2 天

$Q_{14}-(Q_7-r_{3-6})$ =8-（9-4）=3>0，不能右移 3 天

因此，工作 3—6 只能向右移动 1 天。

工作 4—6 和工作 3—6 调整完毕后的网络计划如图 4-15 所示。

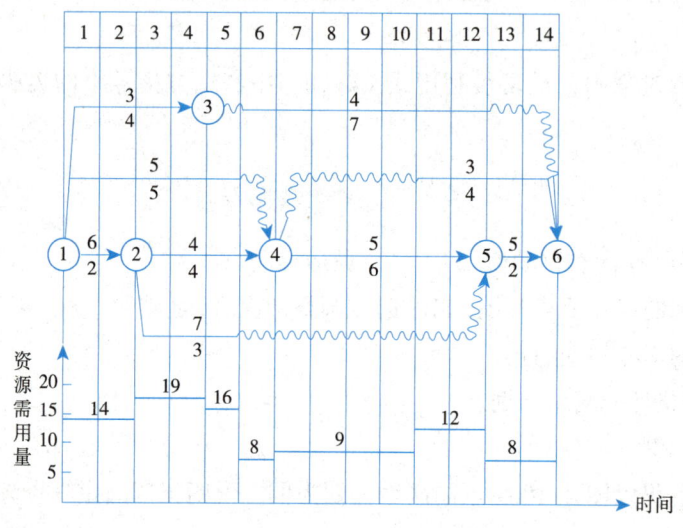

图 4-15　工作 4-6 和 3-6 调整后的网络计划

②调整以节点 5 为结束节点的工作

根据图 4-15，只有工作 2—5 可考虑调整。

$Q_6-(Q_3-r_{2-5})$ =8-（19-7）=-4<0，可右移 1 天，ES_{2-5}=3

$Q_7-(Q_4-r_{2-5})$ =9-（19-7）=-3<0，可右移 2 天，ES_{2-5}=4

$Q_8-(Q_5-r_{2-5})$ =9-（16-7）=0，可右移 3 天，ES_{2-5}=5

$Q_9-(Q_6-r_{2-5})$ =9-（15-7）=1>0，不能右移 4 天

$Q_{10}-(Q_7-r_{2-5})$ =9-（16-7）=0，不能右移 5 天

$Q_{11}-(Q_8-r_{2-5})$ =12-（15-7）=4>0，不能右移 6 天

$Q_{12}-(Q_9-r_{2-5})$ =12-（16-7）=3>0，不能右移 7 天

因此，工作 2—5 只能向右移动 3 天。

③调整以节点 4 为结束节点的工作

只能考虑调整工作 1—4，通过计算不能调整。

④调整以节点 3 为结束节点的工作

只有工作 1—3 可考虑调整。

$Q_5-(Q_1-r_{1-3})$ =9-（14-3）=-2<0，可右移 1 天，ES_{1-3}=1

至此，第一次调整完毕。调整后的网络计划如图 4-16 所示。

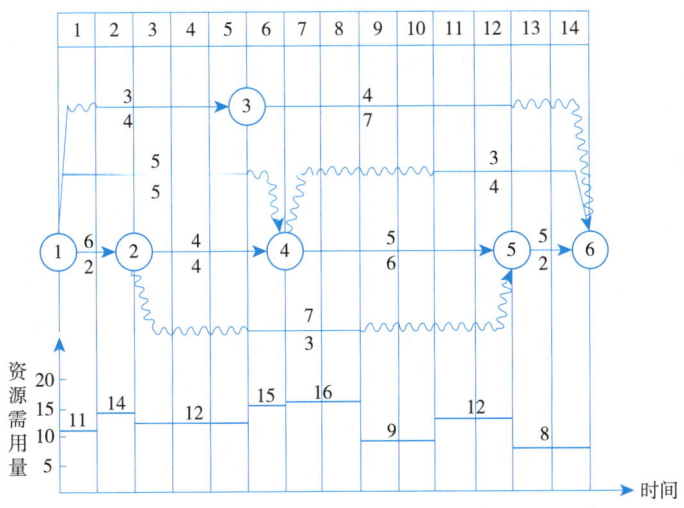

图 4-16 第一次调整后的网络计划

2）第二次调整

在图 4-16 的基础上，再次自右向左调整。

① 调整以终节点 6 为结束节点的工作

只有工作 3—6 可考虑调整。

$Q_{13}-(Q_6-r_{3-6})=8-(15-4)=-3<0$，可右移 1 天，$ES_{3-6}=6$

$Q_{14}-(Q_7-r_{3-6})=8-(16-4)=-4<0$，可右移 2 天，$ES_{3-6}=7$

工作 3—6 再次右移后的网络计划如图 4-17 所示。

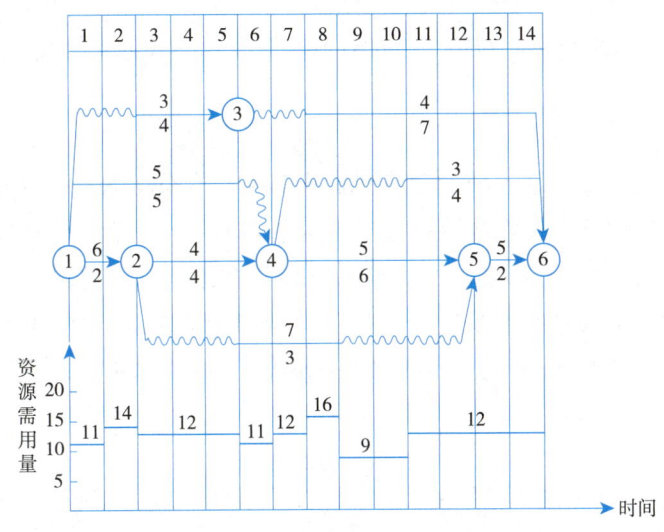

图 4-17 工作 3—6 再次右移后的网络计划

② 分别调整以节点 5、4、3、2 为结束节点的非关键工作，均不能再右移。至此优化结束。图 4-17 即为工期固定—资源均衡优化的最终结果。

（4）计算优化后的资源均衡性指标

$$\sigma^2 = \frac{1}{14} \times (11^2 \times 1 + 14^2 \times 1 + 12^2 \times 3 + 11^2 \times 1 + 12^2 \times 1 + 16^2 \times 1 + 9^2 \times 2 + 12^2 \times 4) - 11.82^2$$
$$= 2.77 < \sigma_0^2 = 24.34$$

σ_2 降低百分率

$$\frac{24.34 - 2.77}{24.34} \times 100\% = 88.62\%$$

本章小结

本章系统阐述了如下几方面内容：施工方案技术经济分析的基本内涵与常用指标；施工方案技术经济分析的原则与程序；施工方案经济性指标分析计算的净现值法、净年值法、最小费用法；施工方案多指标综合分析与计算的综合评价法、价值工程法；根据工程施工网络计划法进行施工方案的工期优化、费用优化、资源优化。

复习思考题

1. 简述施工方案技术经济分析的原则。
2. 结合施工方案技术经济分析的程序，分析施工技术经济分析的要点。
3. 施工方案技术经济分析常用的经济性指标有哪些？
4. 使用最小费用法进行施工方案技术经济分析时有哪些注意事项？
5. 对比分析综合评价法、价值工程法在施工方案技术经济分析时的基本原理。

习 题

1. 承包商 B 在某高层住宅楼的现浇楼板施工中，拟采用钢木组合模板体系或小钢模体系施工。拟根据五个技术经济指标对这两个方案进行评价，各指标得分和权重如表 4-11 所示。经造价工程师估算，钢木组合模板在该工程的总摊销费用为 40 万元，每平方米楼板的模板人工费为 8.5 元；小钢模在该工程的总摊销费用为 50 万元，每平方米楼板的模板人工费为 6.8 元。该住宅楼的楼板工程量为 2.5 万 m²。

指标得分与权重表　　　　　　　　　表 4-11

方案＼指标	钢木组合模板	小钢模	指标权重
总摊销费用	10	8	0.267
楼板浇筑质量	8	10	0.333
模板人工费	8	10	0.133

续表

指标 方案	钢木组合模板	小钢模	指标权重
模板周转时间	10	7	0.200
模板装拆便利性	10	9	0.067

问题：

（1）若以楼板工程的单方模板费用作为成本比较对象，试用价值指数法选择较经济的模板体系（功能指数、成本指数、价值指数的计算结果均保留三位小数）。

（2）若该承包商准备参加另一幢高层办公楼的投标，为提高竞争能力，公司决定模板总摊销费用仍按本住宅楼考虑，其他有关条件均不变。该办公楼的现浇楼板工程量至少要达到多少平方米才应采用小钢模体系（计算结果保留两位小数）？

2. 某施工单位与某建设单位签订的施工合同部分条款：①合同总价5880万元，其中基础工程1600万元，上部结构工程2880万元，装饰装修工程1400万元。②合同工期15个月，其中基础工程工期4个月，上部结构工程工期9个月，装饰装修工程工期5个月；上部结构工程与装饰装修工程工期搭接3个月。③工期提前奖30万元/月。④每月工程款于两个月后支付。经项目技术和经济工程技术人员分析和计算，基础工程和上部结构工程均可压缩工期1个月，但需分别在相应分部工程开始前增加技术措施费25万元和40万元。

假定月利率按1%考虑，各分部工程每月完成的工作量相同且能及时收到工程款。试分析：①若按合同工期组织施工，该施工单位工程款的现值为多少万元（以开工日为折现点）？②施工单位应优先选择哪种施工方案。

3. 某工程双代号施工网络计划如图4-18所示，合同工期为23个月。

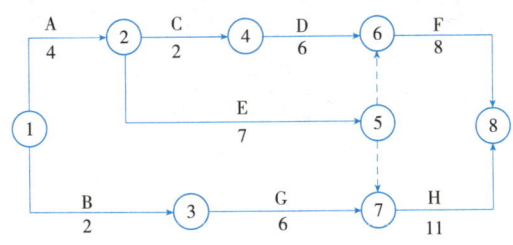

图4-18 双代号施工网络计划

试分析：①该施工网络计划的计算工期为多少个月？关键工作有哪些？②如果工作C和工作G需共用一台施工机械且只能按先后顺序施工，按哪种顺序组织施工的工期短。

4. 已知网络计划如图4-19所示。图中箭线下方括号外数据为正常持续时间，括号内数据为最短持续时间，箭线上方括号内数据为优先压缩系数。要求目标工期为2天，试对其进行工期优化。

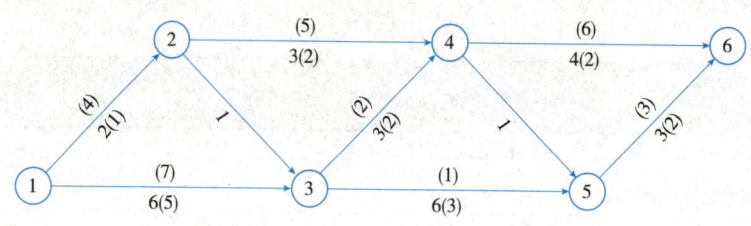

图 4-19 某工程网络计划图（一）

5. 已知网络计划如图 4-20 所示。图中箭线下方括号外数据为正常持续时间，括号内数据为最短持续时间；箭线上方括号外数据为正常持续时间下的直接费，括号内数据为最短持续时间下的直接费。费用单位为千元，时间单位为天，若间接费率为 0.8 千元 / 天，试对其进行费用优化。

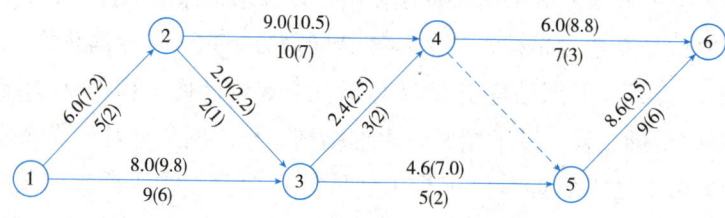

图 4-20 某工程网络计划图（二）

5 施工组织总设计

【本章要点】
　　工程施工组织总设计的编制依据、内容与程序；工程项目总体施工部署和施工方案；施工总进度计划和施工准备及资源供应计划的编制；施工总平面图设计；施工现场业务量计算内容与方法。

【学习目标】
　　了解工程施工组织总设计的编制依据和技术经济指标；熟悉工程施工组织总设计的内容与程序，施工准备及资源供应计划的内容与编制方法，施工现场业务量计算内容与方法；掌握总体施工部署和施工方案、施工总进度计划的内容与编制方法，施工总平面图设计的设计内容与方法。

5.1 概述

5.1.1 施工组织总设计的基本概念

施工组织总设计（general construction organization plan）是以若干单项（单位）工程组成的群体工程或大型建设项目为主要对象编制的施工组织设计。在我国，大型房屋建筑工程规模标准是指：

（1）建筑层数 25 层及以上的房屋建筑工程；
（2）建筑高度 100m 及以上的构筑物或建筑物工程；
（3）单体建筑面积 3 万 m^2 及以上的房屋建筑工程；
（4）单跨跨度 30m 及以上的房屋建筑工程；
（5）总建筑面积 10 万 m^2 及以上的住宅小区或建筑群体工程；
（6）单项建安工程合同额 1 亿元及以上的房屋建筑工程。

5.1.2 施工组织总设计的作用

施工组织总设计是以整个建设项目或群体工程为对象，规划其施工全过程各项活动的技术、经济的全局性、指导性文件。它是整个建设项目施工的战略部署，涉及范围较广，内容比较概括。它一般是由总承包单位的技术总工程师负责，会同建设、设计和分包单位共同编制的。它也是施工单位编制年度计划和单位工程施工组织设计的依据。对整个项目的施工过程起统筹规划、重点突出的作用。施工组织总设计的作用主要体现在以下几个方面：

（1）为建设项目或群体工程施工作出全局性的战略部署。
（2）为确定工程施工方案的可行性和经济合理性提供依据。
（3）为建设单位编制基本建设计划提供依据。
（4）为施工企业编制施工计划和单位工程施工组织设计提供依据。
（5）为做好施工准备工作、保证资源供应以及组织技术力量提供依据。
（6）对施工现场平面和空间进行合理的布置，提出施工技术、质量、安全保障等措施。

5.1.3 施工组织总设计的编制依据

为保证施工组织总设计的编制工作顺利进行和提高其编制水平及质量，使施工组织总设计更能结合实际、切实可行，并能更好地发挥其指导施工的作用，施工组织总设计应以下列资料作为编制依据：

（1）与工程建设有关的国家及地方的法律、法规及相关文件。如现行的关于基本建设的规定，现行的关于建设施工的规范、法规，建设所在地区颁发的关于安全、消防、环境保护等方面的要求及规定。

（2）国家现行的规范、质量标准、有关技术规定和技术经济指标。如施工质量验收规范、施工操作规程、各种定额、技术标准和技术经济指标等。

（3）与项目建设相关的计划文件、招标投标文件、工程承包合同及相关协议等。包括国家批准的基本建设计划文件、可行性研究报告、分期分批施工项目和投资计划、主管部门的批件、建设单位或上级主管部门下达的施工任务计划、招标投标文件及签订的工程承包合同、工程材料和设备的订货合同等。

（4）经过审查的工程设计文件。包括批准的初步设计或技术设计文件、设计说明书、设计总概算或修正总概算等。

（5）建设项目所在地区的原始资料及工程地质勘察基本资料。包括建设地区地形地貌、水文气象资料、交通运输条件、水电供应等技术经济条件以及建设地区政治、经济、文化、生活、卫生等社会生产条件。

（6）施工企业的技术水平、机械设备装备水平、企业内部管理制度及类似工程或相近项目的经验资料等。

5.1.4 施工组织总设计的内容和编制程序

根据所建工程的性质、规模、工期、结构、施工的复杂程度、施工条件及建设地区的自然条件和经济技术条件的不同，施工组织总设计的内容也有所不同，但都应突出"规划"和"控制"的特点。其主要内容一般应包括：工程概况、施工部署和施工方案、施工总进度计划、施工准备工作计划及各项资源需要量计划、施工总平面图、主要技术组织措施及主要技术经济指标等部分。施工组织总设计的编制程序如图5-1所示。

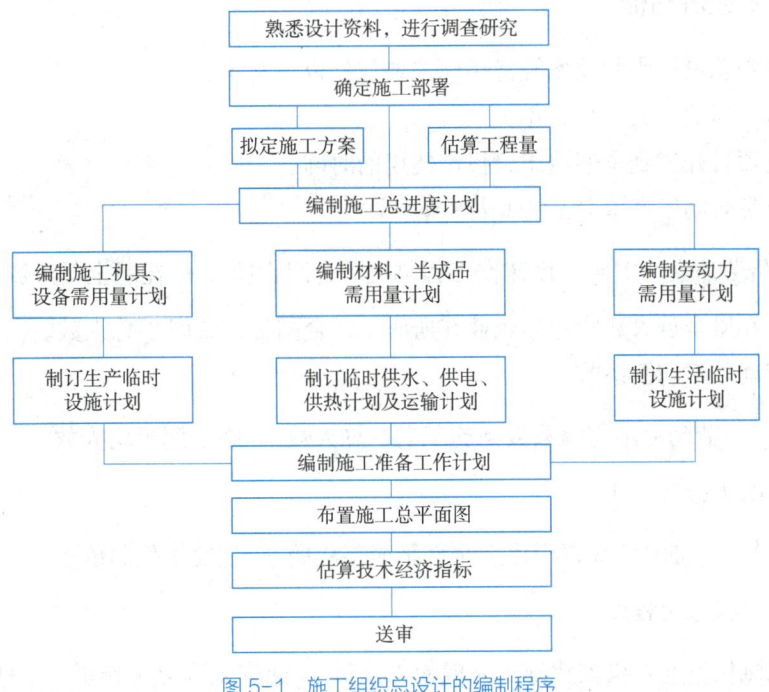

图5-1 施工组织总设计的编制程序

5.2 工程概况与技术经济指标

5.2.1 工程概况

工程概况是对整个建设项目的总说明、总分析，是一个简明扼要、突出重点的文字介绍。有时为了弥补文字介绍的不足，还可以附加建设项目设计总平面图、主要建筑、设备示意图及辅助表格。工程概况一般应包括以下内容：

（1）工程性质、建设地点、建设规模、总期限、分期分批投入使用的项目和工期、总占地面积、建筑面积、主要工种工程量；设备安装及其吨数；建设项目总投资；建筑安装工程量、工厂区和生活区的工作量；生产流程和工艺特点；建筑结构类型、新技术、新材料和复杂程序的应用情况等。

（2）项目所在地区的自然条件和技术经济条件。如有关建设项目的合同、协议、土地使用范围、数量和居民搬迁等；气象、水文、地质和地形情况；工程材料来源、供应情况；建筑构件的生产能力；交通运输及其能够提供给工程施工用的劳动力、水、电和建筑物等情况。

（3）建设单位和承包合同对施工单位的要求，包括企业的施工能力、技术装备水平、管理水平和完成各项经济指标的情况等。

（4）建设单位对施工项目经理部的相关要求，包括项目经理人选、主要技术负责人人选、项目管理模式等。

5.2.2 技术经济指标

施工组织总设计中的技术经济指标主要包括以下几个。
（1）施工周期（天、月、年）
从建设项目开工到全部竣工、投产使用的时间。
（2）全员劳动生产率[元／（人·年）]

$$全员劳动生产率 = 年度建安工程总值（合同金额） \div 在册全员人数 \quad (5-1)$$

其中，在册全员人数应包括企业在册职工、合同工、临时工总人数。
（3）劳动力不均衡系数

$$劳动力不均衡系数 = 施工期高峰人数 \div 施工期平均人数 \quad (5-2)$$

（4）临时工程费用比

$$临时工程费用比 = 全部临时工程费 \div 建安工程总值 \quad (5-3)$$

（5）综合机械化程度

$$综合机械化程度 = 机械化施工完成的工作量 \div 建安工程总工作量 \times 100\% \quad (5-4)$$

（6）单位面积造价

技术经济指标主要从技术、经济两个方面定量地分析与评价施工组织总设计。每个建设项目一般都有几个可行的施工方案，通过对每个施工方案进行技术经济分析，可以在它们之间选出一个技术可行、经济合理的最优方案。此外，技术经济指标也反映了施工企业的生产能力、技术及管理水平，以及与同行业相比，本企业所具有的优势及存在的差距与不足等。

5.3 施工部署与施工方案

施工部署（construction arrangement）是对项目实施过程做出的统筹规划和全面安排，包括项目施工主要目标、施工顺序及空间利用、施工组织安排等，是对整个建设项目从全局上作出的统筹规划和全面安排，它主要解决影响建设项目全局的重大战略问题。在施工组织总设计编制中，施工总进度计划、施工准备与资源配置计划、施工方法、施工现场总平面布置和主要施工管理计划等内容都应该围绕施工部署的主导原则编制。

施工部署的内容和侧重点根据建设项目的性质、规模和客观条件不同而有所不同，一般应包括确定工程开展程序、拟定主要工程项目的施工方案、明确施工任务划分与组织安排、编制施工准备工作计划等内容。

施工方案（construction scheme）是以分部（分项）工程或专项工程为主要对象编制的施工技术与组织方案，用以具体指导其施工过程。施工方案也被称为分部（分项）工程或专项工程施工组织设计。通常情况下施工方案是施工组织总设计的进一步细化，是施工组织设计的补充。

5.3.1 确定工程开展程序

确定建设项目中各项工程合理的开展程序是关系到整个建设项目能否尽快投产使用的重要问题，因此，根据建设项目总目标的要求，确定工程施工开展程序时，应主要考虑以下几点：

（1）在保证总工期的前提下，实行分期分批建设。既可使各单项工程、单位工程项目迅速建成，尽早投入使用，又可在全局上实现施工的连续性和均衡性，减少暂设工程数量，降低工程成本，充分发挥建设投资的效益。

一般大中型工业建设项目都应该在保证工期的前提下分期分批建设。至于分几期施工，各期工程包含哪些项目，则要根据生产工艺要求、工程规模大小、施工难易程度、技术资源情况来确定。

（2）统筹安排各类项目施工，保证重点，兼顾其他，确保工程项目按期投产。按照各工程项目的重要程序，应优先安排的工程项目是：

1）按生产工艺要求，须先期投入生产或起主导作用的工程项目。
2）工程量大、施工难度大、工期长的项目。
3）运输系统、动力系统。如厂区内外道路、铁路和变电站等。
4）生产上需先期使用的机修车间、办公楼及部分宿舍等。
5）供施工使用的工程项目。如采砂（石）场、木材加工厂、各种构件加工厂、混凝土搅拌站等施工附属企业及其他为施工服务的临时设施。

对于建设项目中工程量小、施工难度不大、周期较短而又不急于使用的辅助项目，可以考虑与主体工程相配合，作为平衡项目穿插在主体工程的施工中进行。

（3）所有工程项目均应按照先地下后地上、先深后浅、先干线后支线的原则进行安排。如地下管线和修筑道路的程序，应该先铺设管线，后在管线上修筑道路。

（4）考虑季节对施工的影响。例如，大规模土方工程的深基础施工，最好避开雨季。寒冷地区入冬以后最好封闭房屋并转入室内作业。

对于大中型的民用建设项目，一般应按年度分批建设。除考虑住宅以外，还应考虑幼儿园、学校、商店和其他公共设施的建设，以便交付使用后能保证居民的正常生活。

5.3.2 拟定主要项目施工方案

施工组织总设计中要拟定一些主要工程项目的施工方案。这些项目通常是建设项目中工程量大、施工难度大、工期长，对整个建设项目的建成起关键性作用的建筑物（或构筑物），以及全场范围内工程量大、影响全局的特殊分项工程。拟定主要工程项目的施工方案的目的是为了进行技术和资源的准备工作，同时也为了施工顺利开展和现场的合理布置。其内容包括施工方法、施工工艺流程、施工机械设备等。施工方法的确定要兼顾技术的先进性和经济上的合理性；对施工机械的选择，应使主导机械的性能既能满足工程的需要，又能发挥其效能，在各个工程上能够实现综合流水作业，减少其拆、装、运的次数；对于辅助配套机械，其性能应与主导施工机械相适应，以充分发挥主导施工机械的工作效率。

在施工部署中，重点工程的施工方案只需提出方案性问题（详细的施工方案和措施在编制单位工程施工规划时再另行拟定），如哪些构件采用现浇，哪些构件采用预制，是现场就地预制还是由预制厂生产，构件的吊装采用什么机械，采用什么新材料、新工艺、新技术等。也就是对涉及的全局性问题作原则性的考虑。

5.3.3 明确施工任务与组织安排

在明确施工项目管理体制、机构的条件下，划分各参与施工单位的工作任务，明确总包与分包的关系，建立施工现场统一的组织领导机构及职能部门，确定综合和专业化的施工队伍，明确各单位之间的分工协作关系，划分施工阶段，确定各单位分期分批的主要项目和穿插项目。

5.4 施工总进度计划、施工准备及资源供应计划

5.4.1 施工总进度计划

施工总进度计划是施工现场各项施工活动在时间上的安排，编制的基本依据是施工部署中的施工方案和工程项目的总体开展程序。其作用在于确定各个建筑物（构筑物）及其主要工种、工程、准备工作和全工地性工程的施工期限及其开工和竣工的日期，从而确定建筑施工现场劳动力、材料、成品、半成品、施工机械的需要数量和调配情况，以及现场临时设施的数量、水电供应数量和能源、交通的需要数量等。

编制施工总进度计划的基本要求是：保证拟建工程在规定的期限内完成；保证施工的连续性和均衡性；节约施工费用；迅速发挥投资效益。

编制施工总进度计划时，应根据施工部署中建设工程的分期分批投产顺序，将每个交工系统的各项工程分别列出，在控制的期限内进行各项工程的具体安排。在建设项目的规模不大，各交工系统工程项目不多时，亦可不按分期分批投产顺序安排，而直接安排总进度计划。

编制施工总进度计划的具体步骤如下。

1. 列出工程项目一览表并计算工程量

施工总进度计划主要起控制总工期的作用，因此项目划分不宜过细。通常按照分期分批投产顺序和工程开展顺序列出，并突出每个交工系统中的主要工程项目。一些附属项目及民用建筑、临时设施可以合并列出。

在工程项目一览表的基础上，按工程的开展顺序和单位工程计算主要实物工程量。此时计算工程量的目的是为了确定施工方案和主要施工、运输机械设备，初步规划主要施工过程的流水计划、估算各项目的完成时间、计算劳动力的技术物资的需要量等。因此，工程量只需粗略地计算即可。

计算工程量，可按初步（或扩大初步）设计图纸并根据各种定额手册进行。常用的定额资料有以下几种：

（1）每万元、10万元投资工程量、劳动力及材料消耗扩大指标。这种指标规定了某一种结构类型建筑，每万元或10万元投资中劳动力、主要材料等消耗数量。根据设计图纸中的结构类型，即可估算出拟建工程各分项工程需要的劳动力和主要材料的消耗数量。

（2）概算指标或扩大结构定额。概算指标是以建筑物每$100m^3/1000m^3$，体积为单位；扩大结构定额则以每$100m^2/1000m^2$，建筑面积为单位。查定额指标时，首先查找与本建筑物结构类型、跨度、高度相类似的部分，然后查出这种建筑物按定额指标单位所需要的劳动力和各项主要材料的消耗量，从而推算出拟计算项目所需要的劳动力和材料的消耗数量。

（3）标准设计或已建房屋、构筑物的资料。可采用标准设计或已建成的类似房屋实际消耗的劳动力及材料加以类比，按比例估算。但是，由于和拟建工程完全相同的已建工程是极为少见的，因此在利用已建工程资料时，一般都要进行调整。

除房屋建筑工程外，还必须计算主要的全工地性工程的工程量，如场地平整面积、道路和地下管线的长度等。

将按上述方法计算出的工程量填入统一的工程量汇总表中，见表5-1。

工程项目一览表　　　　　　　　　　　　　　表5-1

工程分类	工程项目名称	结构类型	建筑面积	栋数	概算投资	主要实物工程量					
						场地平整	土方工程	砖石工程	钢筋混凝土工程	装饰工程	……
			$1000m^2$	栋	万元	$1000m^2$	$1000m^3$	$1000m^2$	$1000m^3$	$1000m^2$	
A：工地性工程											
B：主体工程											
C：辅助项目											
D：永久住宅											
E：临时建筑											
合计											

2. 确定各单位工程的施工期限

由于各施工单位的施工技术与施工管理水平、机械化程度、劳动力和材料供应情况等不同，各单位工程的施工期限差别较大，因此，应根据各施工单位的具体条件，并考虑建筑物的建筑结构类型、规模大小和现场地形地质、施工条件环境等因素加以确定。此外，也可参考有关的工期定额来确定各单位工程的施工期限。

3. 确定各单位工程的竣工时间和相互搭接关系

在施工部署中已确定了总的施工程序和各系统的控制期限及搭接时间，但对每一建筑物何时开工、何时竣工尚未确定。在解决这一问题时，主要考虑下述诸因素：

（1）保证重点，兼顾一般，在同一时期的开工项目不宜过多，避免人力、物力的分散；

（2）要满足连续、均衡施工要求，尽量使劳动力和技术物资消耗量在全工程上大体均衡；

（3）要满足生产工艺要求，合理安排土建施工、设备安装和试生产运行之间的展开顺序，单项工程施工顺序安排应符合施工技术要求与生产工艺要求；

（4）认真考虑施工总平面图的空间关系，充分和有效利用项目场地及空间；

（5）在施工顺序上，应本着先地下、后地上，先深后浅的原则，保证主要工程所必须的准备工作能够及时完成；

（6）全面考虑各种约束条件，充分考虑当地的气候等环境条件影响，尽可能地减少冬期、雨期施工的附加费用；

（7）合理安排一些次要工程作为后备项目，用以调剂主要项目的施工进度。

4. 施工总进度计划的编制

（1）施工总进度计划的编制依据。施工总进度计划的编制依据包括施工合同、项目工程量计算汇总表、施工部署确定的施工程序和空间组织、施工进度目标及有关技术经济资料等。

（2）施工总进度计划的内容。施工总进度计划的内容包括编制说明，施工总进度计划图表，分期分批实施工程的开、竣工日期和工期一览表。

（3）施工总进度计划的形式。施工总进度计划可用横道图表达，也可用网络图表达。当用横道图表达总进度计划时，项目的排列可按施工总体方案所确定的工程展开程序排列。横道图上应表达出各施工项目的开竣工时间及其施工持续时间。当用网络图表达总进度计划时，应按现行国家标准《网络计划技术》GB/T 13400 和行业标准《工程网络计划技术规程》JGJ/T 121—2015 的要求编制。网络图中关键工作、关键线路、逻辑关系、持续时间和时差等信息应一目了然。

（4）施工总进度计划表。从总进度计划的目的、作用来看，施工总进度计划只是起控制作用，不必绘制得过细。施工总进度计划表是根据施工总体部署，合理确定各单项工程的控制工期及它们之间的施工顺序和搭接关系的计划。总进度计划以表格形式表示，一般应形成总（综合）进度计划表（表 5-2）和主要分部分项工程流水施工进度计划表（表 5-3）。

施工总（综合）进度计划表 表 5-2

序号	工程名称	建筑指标		设备安装（t）	造价（万元）			总劳动量（工日）	进度计划					
		单位	数量		合计	建筑	安装		第一年				第二年	第三年
									I	II	III	IV		

注：1. 工程名称的顺序应按生产、辅助、动力车间、生活福利和管网等次序填列。
　　2. 进度线的表达应按土建工程、设备安装工程和试运转，以不同线条表示。该部分如能用网络计划表示，应优先采用网络计划。

主要分部分项工程流水施工进度计划表 表 5-3

序号	单位工程分部分项工程名称	工程量	机械	劳动力	施工持续天数（天）	施工进度计划											
						年　　月											
						1	2	3	4	5	6	7	8	9	10	11	12

注：单位工程按主要项目填列，较小项目分类合并。分部分项工程只填列主要的，如土方包括竖向布置，并区分开挖与回填。砌筑包括砌砖与砌石。现浇混凝土与基础混凝土包括基础、框架、地面垫层混凝土。吊装包括装配式板材、梁、柱、屋架、砌块和钢结构。抹灰包括室内外装修、地面、屋面、水、电、暖、卫和设备安装。

5. 总进度计划的调整

施工总进度计划表绘制完后，将同一时期各项工程的工作量加在一起，按一定比例绘制出建设项目工作量动态曲线。若曲线上存在较大的高峰或低谷，则表明在该时间里各种资源的需求量变化较大，需要调整一些单位工程的施工速度或开竣工时间，以便消除高峰或低谷，使各个时期的工作量尽可能达到均衡。

在编制各个单位工程的施工进度以后，有时需对施工总进度计划进行必要的调整；在实施过程中，也应随着施工的进展及时作必要的调整；对于跨年度的建设项目，还应根据年度国家基本建设投资情况，对施工进度计划予以调整。

5.4.2 施工准备及资源供应计划

1. 施工准备工作计划

施工总进度计划编制完成后，可以据此编制施工准备工作计划，编制施工准备工作计划表，见表5-4。

施工准备工作计划表　　　　　　　　　　　　　　　表5-4

序号	准备工作名称	准备工作内容	主办单位	协办单位	完成日期	负责人

施工准备包括技术准备、现场准备和资金准备三个方面。各项准备应当满足项目分阶段（期）施工的需要。因此，要根据施工开展顺序和主要施工项目施工方法编制总体施工准备工作计划。施工准备的工作计划主要包括以下内容：

（1）落实"三通一平"（指：路、水、电接通和场地平整）；分期施工的规模、期限和任务分工；安排好场内外运输、施工用主干道、水电气来源及其引入方案以及全场性排水、防洪措施。

（2）按照建筑总平面图做好施工现场测量控制网，设置永久性测量标志，为放线定位做好准备。

（3）掌握施工图设计意图和拟采用的新结构、新材料、新技术并组织进行试制、实验和职工技术培训计划。

（4）施工过程所需技术资料的准备，施工方案编制计划，试验检验及设备调试工作计划。

（5）生活区和施工现场生产、生活等临时设施准备。

（6）制订工程材料和构件、机具设备等的申请、采购或生产加工以及运输、储存计划。

（7）冬、雨期施工所需要的特殊准备工作。

（8）施工生产、设备安装、试生产以及相关技术培训工作准备。

（9）根据施工总进度计划编制资金使用计划。

2. 资源供应计划

根据施工部署及施工总进度计划,确定各个系统及其主要工程、准备工程和全工地性工程所需劳动力、材料、成品、半成品、预制品以及施工机具的数量,进行生产准备及调配。

(1) 劳动力配置计划

劳动力配置计划是规划暂设工程和组织劳动力进场的依据,按照施工准备工作计划、施工总进度计划和主要分部分项工程流水施工进度计划,套用概算定额或经验资料,便可计算所需劳动力工日数及人数,进而编制保证施工总进度计划实现的劳动力需要量计划表,见表5-5。如果劳动力有余缺,则应采取相应措施。例如,多余的劳动力可计划调出;短缺的劳动力应招募或采取提高效率的措施。

劳动力需要量计划表　　　　　表5-5

序号	工种名称	劳动量	工业建筑及全工地性工程							居住建筑		仓库、加工厂等临时建筑	20××年(月)				20××年(月)			
			工业建筑			道路	铁路	给水排水管道	电气工程	永久性住宅	临时性住宅		1	2	3	…	1	2	3	…
			主厂房	辅助	附属															
	钢筋工																			
	…																			

(2) 主要建筑材料、构件、半成品及预制品需用量计划

编制主要建筑材料、构件、半成品及预制品需用量计划是为了组织运输和筹建材料堆场和仓库。应根据拟建的不同结构类型的工程项目和工程量总表,参照预(概)算定额或已建类似工程资料,计算出各种材料、构件、半成品及预制品需用量,有关大型临时设施施工和拟采用的各种技术措施用料数量,然后编制主要建筑材料、构件、半成品及预制品需用量计划表,见表5-6。

主要建筑材料、构件、半成品及预制品需要量计划表　　　　　表5-6

序号	类别	构件、半成品及主要材料名称	单位	总计	运输线路	给水排水工程	电气工程	工业建筑			居住建筑		其他临时建筑	需要量计划						
								主厂房	辅助	附属	永久性	临时性		20××年(月)				20××年(月)		
	构件及半成品	钢筋																		
		钢筋混凝土及混凝土																		
		木结构																		
		钢结构																		
		石灰																		

续表

序号	类别	构件、半成品及主要材料名称	单位	总计	运输线路	给水排水工程	电气工程	工业建筑			居住建筑		其他临时建筑	需要量计划	
								主厂房	辅助	附属	永久性	临时性		20××年（月）	20××年（月）
	主要建筑材料	砖													
		水泥													
		圆木													
		钢材													

（3）主要施工机具需要量计划

主要施工机具需用量计划的编制依据是：施工部署和施工方案，施工总进度计划，主要工程工程量和主要建筑材料、构件、半成品及预制品需用量计划，机械化施工参考资料。

主要施工机具需要量计划形式如表 5-7 所示。

主要施工机具需要量计划　　　　　　　表 5-7

序号	机具名称	简要说明（型号、生产率等）	数量	电动机功率（kW）	需要量计划							
					20××年（月）				20××年（月）			
					1	2	3	4	1	2	3	4

5.5　施工总平面图设计

施工总平面图是用来正确处理全工程在施工期间所需各项设施、临时建筑和永久建筑物之间的空间关系。它按照施工部署和施工进度的要求，对施工现场的道路交通、材料仓库、附属企业、临时房屋、临时水电管线等作出合理规划布置，从而正确处理工地施工期间所需各项设施和永久建筑以及工程之间的空间关系和平面关系，以指导现场文明施工。施工总平面图绘制比例一般为 1∶1000 或 1∶2000。

5.5.1　施工总平面图设计的内容

（1）项目施工用地范围内的地形、地貌、水文地质状况、永久性测量放线标桩位置。

（2）地上、地下已有的和拟建的建筑物、构筑物以及其他设施的位置和尺寸。

（3）运输路线及临时道路的布置、临时给水排水管线、电力线、动力线布置、各种机械设备的设置和工作范围、工艺路线的布置。

（4）项目施工用地范围内的加工设施、运输设施、各种材料、工具堆放场地和仓库的布置。

（5）行政管理及生活福利用临时房屋的布置。

（6）施工现场必备的安全消防、保卫和环境保护等设施。

5.5.2　施工总平面图设计的原则

（1）平面布置科学合理，尽量减少施工用地。

（2）合理布置起重机械与各类施工设施，科学规划施工道路；材料及半成品仓库应靠近使用地点，避免材料二次搬运，保证运输方便通畅。

（3）施工区域划分和场地的确定，应符合施工流程要求，尽量减少专业工种和各工程之间的相互干扰。

（4）临时设施工程在满足使用的前提下，充分利用各种永久性建筑物、构筑物，降低临时设施费用。

（5）办公区、生产区和生活区宜分离设置，其他各种生产、生活设施应便利于各类现场人员的生产和生活。

（6）满足安全、消防、节能、环境保护、劳动保护等有关法律法规的规定。

（7）遵守当地主管部门关于施工现场安全文明施工的相关规定。

5.5.3　施工总平面图设计的依据

施工总平面图的设计与施工现场的实际情况相符，才能真正起到指导现场施工的作用。因此，在设计平面图之前，应对施工现场作深入、细致的调查研究，并对所依据的原始资料进行周密的分析。施工总平面图设计主要依据包括：

（1）各种设计资料。包括建筑总平面图、施工图、地貌图、区域规划图、建设项目范围内有关的一切已有和拟建的地下管网位置图等。

（2）建设地区的自然条件和技术经济条件。

（3）建设项目的概况、施工总进度计划和主要施工部署。

（4）收集到的相关资料，包括材料供应状况、交通运输条件、水、电、通信等条件；社会劳动力和生活设施情况，参加施工的各企业技术水平及设备装备水平等。

（5）各种材料、构件、半成品、施工机械和运输工具需要量一览表。

（6）构件加工厂、仓库及其他各类临时设施的性质、形式和规模等。

（7）工地业务量计算结果及施工组织设计参考资料。

5.5.4　施工总平面图设计的步骤与方法

设计全工地性的施工总平面图时，首先应从大宗材料、成品、半成品等进入工地的运输方式入手，解决材料进场、仓库与材料堆场的布置等问题。因此，施工总平面图的设计基本步骤应是：引入场外交通道路→布置仓库→布置加工厂和混凝土搅拌站→布置内部运输道路→布置临时房屋→布置临时水电管网和其他动力设施→绘制正式施工总平面图。

1. 场外交通道路的引入

主要材料进入工地的方式不外乎铁路、公路和水路。当由铁路运输时则需根据建筑总平面图中永久性铁路专用线，布置主要运输干线，引入时应注意铁路的转弯半径和竖向设计。当由水路运输时，应考虑码头的吞吐能力，码头数量一般不少于两个，其宽度应大于 2.5m。

公路运输的规划应先抓干线的修建，布置道路时，应注意下列问题：

（1）注意临时道路与地下管网的施工程序及其合理布置

永久性道路的路基应先修好，作为施工中的临时道路以节约费用。应将临时道路尽量布置在无地下管网或扩建工程范围内。

（2）注意保证运输通畅

进出工地应布置两个以上出入口，主要道路应采用双车道，宽度在 6m 以上，次要道路可采用单车道，宽度不小于 3.5m，消防通道的净宽、净高不小于 4m。

（3）注意施工机械行驶路线的设置

在道路干线路肩上设宽约 4m 的施工机械行走的道路，以保护道路干线的路面不受破坏。大型土方工程机械运输应考虑另行安排专门线路。

2. 仓库的布置

仓库的布置应遵循以下原则：

（1）一般应接近使用地点，其纵向宜与交通线路平行，装卸时间长的仓库应远离路边。

（2）当有铁路时，宜沿铁路布置周转库和中心库。

（3）一般材料仓库应邻近公路和施工区，并应有适当的堆场。

（4）水泥库和砂石堆场应布置在搅拌站附近。砖、石和预制构件应布置在垂直运输设备工作范围内，靠近用料地点。基础用块石堆场应与基坑边缘保持一定距离，以免压塌边坡。钢筋、木材应布置在相应的加工点附近。

（5）工具库布置在加工区与施工区之间交通方便处，零星、小件、专用工具库可分设于各施工区段。

（6）车库、机械站应布置在现场入口处。

（7）油料、氧气、电石库应在人少、安全的封闭仓库内；易燃材料库要设置在拟建工程的下风方向。

3. 加工厂和混凝土搅拌站的布置

一般建设工程设有混凝土、木材、钢筋和金属结构等加工厂。布置这些加工厂时，主要考虑原材料运至工厂和成品、半成品运往使用地点的总运输费用最小，还应使加工厂的生产和工程施工互不干扰。大多数情况下，把加工厂集中在一个地区，布置在工地的边缘。这样，既便于管理，又能降低铺设道路、动力管线及给水排水管道的费用。

（1）混凝土和砂浆搅拌站可采用集中与分散相结合的方式。集中布置可提高混凝土生产率，保证混凝土质量。保证重点工程和大型建筑物的施工需要。但集中布置时，如果运距较远，须备有足够的运输设备，而且同一时间供应多种强度等级的混凝土较难调度。所以，最好采取集中与分散相结合的布置方式。

根据建设项目中各单位工程分布的情况，适当设计若干混凝土临时搅拌站，分散布置在各单位工程施工场地附近，使其与集中搅拌站有机配合，满足施工中各项要求，或现场不设搅拌站，而使用商品混凝土。

砂浆搅拌站适宜分散布置，随拌随用。

（2）钢筋加工厂宜设在混凝土预制构件厂及主要施工对象附近。对需进行冷加工、对焊、点焊的钢筋骨架和大片钢筋网，宜设置中心加工厂集中加工，这样可充分发挥加工设备的效能，满足全工地需要，保证加工质量，降低加工成本。而小型加工件，利用简单机具成型的钢筋加工则可在分散的临时钢筋加工棚内进行。

金属结构、锻工、电焊和机修厂等宜布置在一起。

胶结材料制备、生石灰熟化、石棉加工厂等，由于产生有害气体污染空气，应从场外运来，必需在场内设置时，应在下风向，且不危害当地居民。必须遵守城市政府在这方面的规定。

（3）木材联合加工厂的原木、锯材堆场应靠铁路、公路或水路沿线；锯材、成材、粗细木工加工间和成品堆场要按工艺流程布置，应设在施工区的下风向边缘。

4.内部运输道路的布置

（1）提前修建永久性道路的路基和简易路面为施工服务。

（2）临时道路要把仓库、加工厂、堆场和施工点贯穿起来。按货运量大小设计双行环形干道或单行支线。道路末端要设置回车场。为保护环境，路面应尽量硬化。

（3）尽量避免临时道路与铁路、塔轨交叉，若必须交叉，其交角面宜为直角，否则，至少应大于30°。

5.临时房屋的布置

（1）尽可能利用已建的永久性房屋为施工服务，不足时再修建临时房屋。临时房屋应尽量利用活动房屋。

（2）全工地行政管理用房宜设在全工地入口处。职工用的生活福利设施，如商店、俱乐部等，宜设在职工较集中的地方，或设在职工出入必经之处。

（3）职工宿舍一般宜设在场外，避免设在低洼潮湿地及有烟尘不利于健康的地方。

（4）食堂宜布置在生活区，也可视条件设在工地与生活区之间。

6. 临时水电管网和其他动力设施的布置

（1）尽量利用已有的和提前修建的永久线路。

（2）临时总变电站应设在高压线进入工地处，避免高压线穿过工地。

（3）临时水池、水塔应设在用水中心和地势较高处。管网一般沿道路布置，供电线路应避免与其他管道设在同一侧，主要供水、供电管线采用环状，孤立点可设为枝状。

（4）管线穿路处均要加以套管，一般电线用 $DN50\sim DN75$ 管，电缆用 $DN100$ 管，并埋入地下 0.6m 处。

（5）过冬的临时水管须埋在冰冻线以下或采取保温措施。

（6）排水沟沿道路布置，纵坡不小于 0.2%，过路处须设涵管，在山地建设时应有防洪设施。

（7）消火栓间距不大于 120m，距拟建房屋不小于 5m、不大于 25m，距路边不大于 2m。

（8）各种管道布置的最小净距应符合规范的规定。

5.6 施工现场业务组织

为了使工程项目能够顺利地进行施工，在工程正式开工前，应按施工准备工作计划及时完成各项大型暂设工程。

全工地性业务组织主要包括：临时仓库、办公生活用房、加工车间及生产用房布置，临时供水、供电、供气和工地运输路线布置。

5.6.1 材料物资运输组织

1. 确定运输量

在工地上需要运输的主要工程材料、半成品和构件有：砂、石、水泥、砖、钢材、木材、金属构件、钢筋混凝土构件以及木制品等。这些物品占总货运量的 75%～80%，对运输方式的选择起着决定性的影响。此外，工艺设备、燃料和废料的运输也不容忽视，通常按上述总货运量的 10%～15% 计算。

货运量由下式计算：

$$q=\frac{\sum Q_i L_i}{T}\times K \tag{5-5}$$

式中　q——每昼夜货运量（t·km）；

　　　$\sum Q_i$——各种货物的年度需要量（t）；

　　　L_i——各种货物从发货地点到储存地点的距离（km）；

　　　T——工程年度运输工作日数；

　　　K——运输工作不均衡系数，铁路运输可取 1.5；汽车运输取 1.2；设备搬运取 1.5～1.8。

2. 运输方式的选择

可供选择的运输方式有铁路运输、公路运输、水路运输等。一般当货运量较大，并距标准轨铁路较近时，宜采用铁路运输；短距离运输、地势复杂等时，宜采用汽车运输。

3. 运输工具需要量的计算

在一定时间内（每班）所需的运输工具数量可以用下式计算：

$$N=\frac{Q \times K_1}{q \times T \times C \times K_2} \quad (5-6)$$

式中　N——运输工具所需台数（台）；
　　　Q——最大年（季）度运输量（m^3 或 t）；
　　　K_1——货物运输不均衡系数；
　　　q——运输工具的台班生产率（m^3/台班，t/台班）；
　　　T——全年（或季）的工作天数（天）；
　　　C——每昼夜工作班数（班）；
　　　K_2——车辆供应系数（包括修理停歇等时间）。对于 1.5~2t 汽车运输取 0.6~0.65，3~5t 汽车运输取 0.7~0.8；拖拉机运输取 0.65。

5.6.2　临时仓库与堆场

按材料保管方式有下列几种仓库：

（1）库房（密封式）。用于存放易受大气侵蚀变质的工程材料、贵重材料以及细巧容易损坏或散失的材料。如水泥、石灰、石膏、五金零件以及贵重设备等。

（2）库棚。用于存放防止雨雪阳光直接侵蚀的材料。如油毡、沥青等。

（3）露天仓库。用于堆放不因自然气候影响而损坏质量的材料。如砂石、砖瓦、混凝土制品、木材等。

1. 工程材料储备量的确定

确定储备量可按储备期计算：

$$P=T_H \times \frac{Q \times K}{T_1} \quad (5-7)$$

式中　P——某种材料的储备量（t 或 m^3）；
　　　T_H——材料储备天数（天）；
　　　Q——某种材料年度或季度需要量计划（t 或 m^3），可根据材料需用量计划表求得；
　　　K——某种材料需要量不均匀系数；
　　　T_1——有关施工项目的施工总工作日（天）。

2. 仓库面积的确定

求得某种材料的储备量后，便可根据该种材料的储备定额，用下式计算其面积。

$$A=\frac{P}{q\times K'} \quad (5-8)$$

式中 A——某种材料所需的仓库总面积（m^2）；

q——分库存放材料的储料定额（t/m^2）；

K'——仓库面积利用系数。装有货架的密闭仓库，K' 取 0.35～0.4；储存桶装、袋装和其他包装的密闭仓库，K' 取 0.4～0.6；木材露天仓库，K' 取 0.4～0.5；散装材料露天仓库，K' 取 0.6～0.7；储存水泥和其他胶结材料用的圆仓式仓库，K' 取 0.8～0.85。

仓库面积的另一种计算方法称为系数计算法：

$$A=\varphi \cdot m \quad (5-9)$$

式中 φ——系数（m^2/人或 m^2/万元），见表 5-8；

m——计算基础数（生产工人数，全年计划工作量）。

仓库面积计算系数　　　　表 5-8

序号	名称	计算基础数（m）	单位	系数 φ
1	仓库（综合）	按工地全员	m^2/人	0.7~0.8
2	水泥库	按当年水泥用量的 40%~50%	m^2/t	0.7
3	其他仓库	按当年工作量	m^2/万元	2~3
4	土建工具库	按高峰年（季）平均人数	m^2/人	0.10~0.20
5	水暖器材库	按年在建建筑面积	m^2/100m^2	0.20~0.40
6	化工油漆仓库	按年建安工作量	m^2/万元	0.1~0.15
7	（跳板、脚手、模板）仓库	按年建安工作量	m^2/万元	0.5~1

5.6.3 临时用房

1. 确定使用人数

（1）项目工地人员具体包括：

1）直接参加施工的基本工人（包括建筑、安装工人、装卸运输工人等）；

2）辅助生产工人（包括机械维修、运输、仓库管理、动力设施管理、附属企业的工人及冬季的附加工人等）；

3）行政及技术管理人员。

（2）上述各类人员数的计算如下：

1）直接参加施工的基本工人

$$年(季)度平均在册基本工人=\frac{年(季)度总工日\times(1+缺勤率)}{年(季)度有效工作日} \quad (5-10)$$

年（季）度高峰在册基本人工 = 年（季）度平均在册基本工人 × 年（季）度施

工不均衡系数

2）辅助生产工人

$$年（季）度平均在册辅助工人 = 年（季）度平均在册基本工人 \times 辅助工人系数 \quad (5-11)$$

$$年（季）度高峰在册辅助工人 = 年（季）度高峰在册基本工人 \times 辅助工人系数 \quad (5-12)$$

3）行政及技术管理人员

$$管理人员数 =（年度平均在册基本工人 + 年度平均在册辅助工人）\times 管理人员系数 \quad (5-13)$$

2. 确定临时房屋面积

各类人员数确定后，即可按现行的定额或实际经验数值，计算出各类人员需要的临时房屋的面积。计算公式如下：

$$A = N \times P \quad (5-14)$$

式中　A——建筑面积（m^2）；

　　　N——人数；

　　　P——建筑面积定额，见表5-9。

行政、生活、福利临时建筑物面积参考表　　　表5-9

序号	临时房屋名称	单位	面积定额	备注
1	办公室	m²/人	3~4	
2	宿舍			
	单层通铺	m²/人	2.5~3	
	双层床	m²/人	2.0~2.5	
	单层床	m²/人	3.5~4	
3	食堂	m²/人	0.5~0.8	
4	食堂兼礼堂	m²/人	0.6~0.9	
5	其他			
	医务室	m²/人	0.05~0.07	
	浴室	m²/人	0.07~0.1	
	理发	m²/人	0.01~0.03	
	浴室兼理发	m²/人	0.08~0.1	
	俱乐部	m²/人	0.1	
	小卖部	m²/人	0.03	
	招待所	m²/人	0.06	
	托儿所	m²/人	0.03~0.06	
6	现场小型设施			
	开水房	m²/人	10~40	
	厕所	m²/人	0.02~0.07	
	工人休息室	m²/人	0.15	

3. 生活区及食堂的布置

临时建筑尽量利用施工现场及其附近原有的或拟建的永久性建筑物，不足部分再行修建。对于建设年限在 3~5 年以上的工地，应当设置永久性的基建生活基地，如有必要，还可搭建部分简易房屋或活动性房屋。

食堂宜建在生活区内，以各基层施工队伍或项目部为单位，人数以不超过 500 人为宜，不宜过大。

5.6.4 临时给水

在建筑工地上必须有足够的水量及水头，以满足生产、生活及消防用水的需要。

建筑工地临时供水的设计，包括确定用水量、水源选择、设计临时给水系统三部分。

1. 确定用水量

（1）一般施工用水 q_1

$$q_1 = \frac{1.1 \times \sum Q_1 N_1 K_1}{t \times 8 \times 3600} \qquad (5-15)$$

式中　q_1——施工用水量（L/s）；

　　　Q_1——最大年度（或季度、月季）工程量（m³、m²、t……），可由总进度计划及主要工种工程量中求得；

　　　N_1——各项工种工程的施工用水定额（L/m³、L/m²……），见表 5-10；

　　　K_1——每班用水不均衡系数，见表 5-11；

　　　t——与 Q_1 相应的工作延续时间（天），按每天一班计；

　　　1.1——未考虑到的用水量修正系数。

施工用水定额　　　表 5-10

序号	用水对象	单位	耗水量	备注
1	灌筑混凝土全部用水	m³	1700~2400	
2	搅拌普通混凝土	m³	250	实测数据
3	搅拌轻质混凝土	m³	300~350	
4	搅拌泡沫混凝土	m³	300~400	
5	搅拌热混凝土	m³	300~350	
6	混凝土养护（自然养护）	m³	200~400	
7	混凝土养护（蒸汽养护）	m³	500~700	
8	冲洗模板	m³	5	
9	清洗搅拌机	台班	600	实测数据
10	人工冲洗石子	m³	1000	
11	机械冲洗石子	m³	600	
12	洗砂	m³	1000	

续表

序号	用水对象	单位	耗水量	备注
13	砌砖工程全部用水	m³	150~250	
14	砌石工程全部用水	m³	50~80	
15	粉刷工程全部用水	m³	30	
16	砌耐火砖砌体	m³	100~150	包括砂浆搅拌
17	浇砖	万块	2000~2500	
18	浇硅酸盐砌块	m³	300~350	
19	抹面	m³	4~6	不含调制用水
20	楼地面	m³	190	找平层同
21	搅拌砂浆	m³	300	
22	石灰消化	t	3000	

用水不均衡系数　　　　　　　　　　　　　　　　　表 5-11

序号	K 值	用水对象	系数
1	K_1	施工工程用水	1.5
2		附属生产企业用水	1.25
3	K_2	施工机械运输机具用水	2.0
4		动力设备用水	1.05~1.1
5	K_3	工地生活用水	1.3~1.5
6		居住区生活用水	2.0~2.5

（2）施工机械用水 q_2

$$q_2 = \frac{1.1 \times \sum Q_2 N_2 K_2}{8 \times 3600} \quad (5-16)$$

式中　　q_2——施工机械用水量（L/s）；

$\sum Q_2$——同一种机械台数（台）；

N_2——施工机械台班用水定额（L/台班），见表 5-12；

K_2——施工机械用水不均衡系数；

1.1——未考虑到的用水量修正系数。

施工机械台班用水定额　　　　　　　　　　　　　　表 5-12

序号	用水对象	单位	耗水量 N_2（L）	备注
1	内燃挖土机	m³·台班	200~300	以斗容量立方米（m³）计
2	内燃起重机	t·台班	15~18	以起重吨数（t）计
3	蒸汽起重机	t·台班	100~140	以起重吨数（t）计

续表

序号	用水对象	单位	耗水量 N_2（L）	备注
4	蒸汽打桩机	t·台班	1000~1200	以锤重吨数（t）计
5	蒸汽压路机	t·台班	100~150	以压路机吨数（t）计
6	内燃压路机	t·台班	12~15	以压路机吨数（t）计
7	拖拉机	台·昼夜	200~300	
8	汽车	台·昼夜	400~700	
9	标准轨蒸汽机车	台·昼夜	10000~20000	
10	窄机蒸汽机车	台·昼夜	4000~7000	
11	空气压缩机	m³/min 台班	40~80	以压缩空气立方米/分钟（m³/min）计（实测数据）
12	内燃机动力装置（直流水）	马力·台班	120~300	
13	内燃机动力装置（循环水）	马力·台班	25~40	
14	锅驼机	马力·台班	80~160	不利用凝结水
15	锅炉	t·h	1000	以小时蒸发量计
16	锅炉	m²/h	15~30	以受热面积计
17	点焊机 25 型	h	100	实测数据
17	点焊机 50 型	h	150~200	实测数据
17	点焊机 75 型	h	250~350	实测数据
18	对焊机	h	300	
19	冷拔机	h	300	
20	凿岩机 01—30（CM-5-6）	min	3	
20	凿岩机 01—45（TⅡ-4）	min	5	
20	凿岩机 01—33（KⅡM-4）	min	8	
20	凿岩机 YQ—100	min	8~12	

（3）生活用水 q_3

施工现场和生活福利区的生活用水应分别计算。

施工现场的生活用水量按下式计算：

$$q'_3 = \frac{1.1 \times P_1 N'_3 K_3}{b \times 8 \times 3600} \tag{5-17}$$

式中 K_3——施工现场生活用水不均衡系数；

　　　q'_3——施工现场生活用水量；

　　　P_1——施工现场高峰人数；

　　　N'_3——施工现场生活用水定额，通常采用 10L/（人·班），见表 5-13；

　　　b——每天工作班数。

生活区生活用水量按下式计算：

$$q''_3 = \frac{1.1 \times PN''_3 K_3}{24 \times 3600} \quad (5-18)$$

式中 q''_3——生活区生活用水量（L/s）；

P——生活区居民人数；

N''_3——生活区生活用水定额；

K_3——生活区用水不均衡系数。

施工现场生活用水定额 表 5-13

序号	用水对象	单位	耗水量 N''_3（L）	备注
1	全部生活用水	人、日	100~120	实测数据
2	生活用水（盥洗、饮用）	人、日	20~40	开水 5L
3	食堂	人、日	10~20	
4	浴池（淋浴）	人、次	40~60	实测数据
5	淋浴带大池	人、次	50~60	实测数据
6	洗衣房	人	40~60	实测数据
7	理发室	人、次	10~25	
8	小学校	人	10~30	
9	幼儿园、托儿所	人	75~100	
10	医院	人	100~150	

生活总用水量为

$$q_3 = q'_3 + q''_3 \quad (5-19)$$

（4）消防用水 q_4

建筑工地消防用水量应根据工地大小和各种房屋、构筑物的结构性质、层数和防火等级等因素确定。居住区消防用水量和生产区消防用水量可以根据消防用水定额确定，见表 5-14。

消防用水定额 表 5-14

序号	用水对象	火灾同时发现数	单位	耗水量
一	居住区消防用水			
1	5000 人以内	一次	L/s	10
2	10000 人以内	二次	L/s	10~15
3	25000 人以内	二次	L/s	15~20
二	生产区消防用水			
1	施工现场在 25hm² 以内	二次	L/s	10~15
2	每增加 25hm² 递增	—		5

（5）总用水量计算

建筑工程总用水量并不是生产、生活和消防三者用水量的简单相加，因为这三者的耗水在不同时间发生，因此，在保证及时消灭火灾所应有的最小用水量的前提下，应分别按下列情况进行组合，取其较大值。

1）当 $q_1+q_2+q_3 \leqslant q_4$ 时，则

$$Q=q_4+\frac{1}{2}(q_1+q_2+q_3) \tag{5-20}$$

2）当 $q_1+q_2+q_3 \geqslant q_4$ 时，则

$$Q=q_1+q_2+q_3 \text{ 且 } Q \geqslant q_4+\frac{1}{2}(q_1+q_2+q_3) \tag{5-21}$$

3）当工地面积小于 $5hm^2$，而且当 $q_1+q_2+q_3 < q_4$ 时，则

$$Q = q_4 \tag{5-22}$$

最后计算出的总用水量，尚应增加10%，以考虑管网漏水损失。

2. 水源选择

临时供水的水源，可用已有的给水管道、地下水及地面水三种。只有在建设工程附近没有现成的给水管道，或现成的给水管道无法利用时，才另选天然水源。

（1）天然水源

地面水：江河水、湖水、人工蓄水库等；

地下水；泉水、井水。

（2）选择水源应考虑的因素

水源的可用水量充沛可靠，能满足最大蓄水量和符合水质要求；取水、输水、净水设施安全可靠；管理方便。

3. 设计临时给水系统

设计临时给水系统包括取水设施、净水设施、贮水构筑物（水池、水塔、水箱）、配水管网的布置。通常应尽量先修建厂区永久性给水系统，只有在工期紧迫、修建永久性供水系统难应急时，才修建临时供水系统。

（1）取水设施

取水设施一般由取水口、进水管和水泵组成。取水口距河底（或井底）一般为250～900mm，距冰层下部边缘的距离也不得小于250mm。给水工程所用的水泵有离心泵、隔膜泵和活塞泵三种。以离心泵最常用。

水泵扬程可按下式计算。

1）将水送到水塔时的扬程

$$H_p=(Z_t-Z_p)+H_t+a+h+h_s \tag{5-23}$$

式中 H_p——水泵所需扬程（m）；

Z_t——水塔所处的地面标高（m）；

Z_p——水泵中心的标高（m）；

H_t——水塔高度（m）；

a——水塔的水箱高度（m）；

h——从水泵到水塔间的水头损失（m）；

h_s——水泵的吸水高度（m）。

2）将水直接送到用户时的扬程

$$H_p = (Z_y - Z_p) + H_y + h + h_s \tag{5-24}$$

式中　Z_y——供水对象（即用户）最不利之标高（m）；

　　　H_y——供水对象（即用户）最不利处的自来水头，一般为 8～10m。

其他符号意义同前。

（2）储水构筑物

储水构筑物系指水池、水塔及水箱等设施，只有在水泵无法连续工作时才设置，其容量以每小时消防用水量来确定。但容量一般不得小于 10～20m³。

（3）布置临时给水管道

水管管径，根据工地总用水量（流量）可按下式计算：

$$D = \sqrt{\frac{4Q}{\pi \cdot v \cdot 1000}} \tag{5-25}$$

式中　D——配水管直径（m）；

　　　Q——耗水量（L/s）；

　　　v——管网中水流速度（m/s）。

已知流量 Q 后，亦可采用查表法求出管径。

根据管径尺寸和压力大小选择管材，一般干管为钢管或铸铁管，支管为钢管。

5.6.5　临时供电

建筑工地临时供电业务一般包括：用电量计算、电源的选择、电力系统选择、配电箱布置、导线截面选择等。

1. 用电量的计算

建筑工地临时供电包括动力用电与照明用电两种，在计算用电量时考虑下列各点：

（1）全工地所使用的机械动力设备，其他电气工具及照明用电的数量。

（2）施工总进度计划中施工高峰阶段同时用电的机械设备最高数量。

（3）各种机械设备在工作中需用的情况。

总用电量可按以下公式计算：

$$P = (1.05 \sim 1.10)(k_1 \Sigma P_1/\cos\varphi + k_2 \Sigma P_2 + k_3 \Sigma P_3 + k_4 \Sigma P_4) \tag{5-26}$$

式中　　　　　　P——供电设备总需要容量（kVA）；

　　　　　　　　P_1——电动机额定功率（kW）；

　　　　　　　　P_2——电焊机额定容量（kVA）；

　　　　　　　　P_3——室内照明容量（kW）；

　　　　　　　　P_4——室外照明容量（kW）；

　　　　　　　　$\cos\varphi$——电动机平均功率因数（在施工现场最高为 0.75～0.78，一般为 0.65～0.75）；

　　k_1、k_2、k_3、k_4——需要系数，见表 5-15。

电动设备用电需要系数（k 值）　　　　　　　表 5-15

用电名称	数量	需要系数 k	数值	备注
电动机	3~10 台	k_1	0.7	如施工中需要电热时，应将其用电量计算进去。为使计算结果接近实际，各项动力和照明用电应根据不同工作性质分类计算
电动机	11~30 台	k_1	0.6	
电动机	30 台以上	k_1	0.5	
加工厂动力设备			0.5	
电焊机	3~10 台	k_2	0.6	
电焊机	10 台以上	k_2	0.5	
室内照明		k_3	0.8	
室外照明		k_4	1.0	

单班施工时，用电量计算可不考虑照明用电。

各种机械设备以及室内外照明用电定额可查《施工手册》相应表格。

由于照明用电量所占的比重较动力用电量要少得多，所以在估算总用电量时可以简化，只要在动力用电量之外再加 10% 作为照明用电量即可。

2. 电源选择

（1）选择建筑工地临时供电电源时须考虑的因素：

1）建筑工程及设备安装工程的工程量和施工进度。

2）各个施工阶段的电力需要量。

3）施工现场的大小。

4）用电设备在建筑工地上的分布情况和距离电源的远近情况。

5）现有电气设备的容量情况。

（2）临时供电电源的几种方案：

1）完全由工地附近的电力系统供电，包括在全面开工前永久性供电外线工程做好，设置变电站（所）。

2）工地附近的电力系统只能供给一部分，尚需自行扩大原有电源或增设临时供电系统，以补充其不足。

3）利用附近高压电力网，申请临时配电变压器。

4）工地位于边远地区，没有电力系统时，电力完全由临时电站供给。

(3) 临时电站一般有内燃机发电站、火力发电站、列车发电站、水力发电站。

3. 电力系统选择

当工地由附近高压电力网输电时，则在工地上设降压变电所把电能从110kV或35kV降到10kV或6kV，再由工地若干分变电所把电能从10kV或6kV降到380/220V。变电所的有效供电半径为400~500m。

常用变压器的性能可查《施工手册》。

工地变电所的网络电压应尽量与永久企业的电压相同，主要为380/220V。对于3、6、10kV的高压线路，可用架空裸线，其电杆距离为40~60m，或用地下电缆。户外380/220V的低压线路亦采用裸线，只有与建筑物或脚手架等不能保持必要安全距离的地方才宜采用绝缘导线，其电杆间距为25~40m。分支线及引入线均应由电杆处接出，不得由两杆之间接出。

配电线路应尽量设在道路一侧，不得妨碍交通和施工机械的装、拆及运转，并要避开堆料、挖槽、修建临时工棚用地。

室内低压动力线路及照明线路皆用绝缘导线。

4. 配电箱布置

(1) 金属箱架、箱门、安装板、不带电的金属外壳及靠近带电部分的金属护栏等，均需采用绿黄双色多股软绝缘导线与PE保护零线作可靠连接。

(2) 施工现场临时用电的配置，以"三级配电、二级漏保""一机、一闸、一漏、一箱、一锁"为原则，推荐"三级配电、三级漏保"配电保护方式。A级箱、B级箱采用线路保护型开关。控制电动加工机械的C级箱，采用具有电动机专用短路保护和过载保护脱扣特性的漏电保护开关保护。

(3) 配电箱（柜）必须使用定型产品，不允许使用开放式配电屏、明露带电导体和接线端子的配电箱（柜）。

(4) 配电箱内的漏电保护开关须每周定期检查，保证其灵敏可靠并有记录。配电箱出线有三个及以上回路时，电源端须设隔离开关。配电箱的漏电保护开关有停用三个月以上、转换现场、大电流短路掉闸情况之一的，应采用漏电保护开关专用检测仪重新检测，其技术参数须符合相关标准要求方可投入使用。

(5) 交、直流焊机须配置弧焊机防触电保护器，设专用箱。

(6) 消防供用电系统、消防泵保护，须设专用箱，配电箱内设置漏电声光报警器，空气开关采用无过载保护型。消防漏电声光报警配电箱由专门指定厂生产。

(7) 空气开关、漏电保护器、电焊机二次降压保护器等临电工程电器产品，必须采用有电工产品安全认证、试验报告、工业产品生产许可证厂家的产品。

（8）行灯变压器箱，应保证通风良好。行灯变压器与控制开关采用金属隔板隔离。

（9）箱门内侧贴印标示明晰、符号准确、不易擦涂的电气系统图。电气系统图内容有开关型号、额定动作值、出线截面、用电设备和次级箱号。

（10）箱体外标识应有公司标识、用电危险专用标识、箱体级别及箱号标识。

（11）开关箱、配电箱（柜），箱体钢板厚度必须不小于1.5mm、柜体钢板厚度必须不小于2mm。

5. 选择导线截面

导线截面的选择要满足以下基本要求：

（1）按机械强度选择：导线必须保证不致因一般机械损伤折断。

（2）允许电流选择：导线必须能承受负载电流长时间通过所引起的温升。

（3）允许电压降选择：导线上引起的电压降必须在一定限度之内。

所选用的导线截面应同时满足以上三项要求，即以求得的三个截面中的最大者为准，从电线产品目录中选用线芯截面，也可根据具体情况抓住主要矛盾。一般地，由于道路工地和给水排水工地作业线比较长，导线截面由电压降选用；建筑工地配电线路比较短，导线截面可由允许电流选定；小负荷的架空线路中往往以机械强度选定。

（4）现场总电源线截面、开关整定值选择计算：

1）按最小机械强度选择导线截面：

架空：BX 为 10mm^2　BLX 为 16mm^2（BX 为外护套橡皮线；BLX 为橡皮铝线）

其他情况参照表 5-16 选择。

导线按机械强度所允许的最小截面　　　表 5-16

序号	导线用途		导线最小截面（mm^2）	
			铝线	铜线
1	照明装置用导线	户内用	0.5	2.5
		户外用	1.0	2.5
2	双芯软电线	用于吊灯	0.35	—
		用于移动式生活用电设备	0.5	—
3	多芯软电线及软电缆	用于移动式生产的用电设备	1.0	—
4	绝缘导线	用于固定架设在户内绝缘支持件下，其间距为 2m 及以下	1.0	2.5
		6m 及以下	2.5	4
		25m 及以下	4	10
5	裸导线	户内用	2.5	4
		户外用	6	10
6	绝缘导线	穿在管内	1.0	2.5
		在槽板内	1.0	2.5
7	绝缘导线	户外沿墙敷设	2.5	4
		户外其他方式	4	10

注：目前已生产出小于 2.5mm^2 的 BBLX、BLX 型铝芯绝缘电线。

2）按允许电流选择导线截面：

$$I_{js}=K_x\frac{\sum(P_{js})}{\sqrt{3}U_e\cos\varphi}\tag{5-27}$$

式中　I_{js}——计算电流；

　　　K_x——同时系数（取 0.7～0.8）；

　　　P_{js}——有功功率；

　　　U_e——线电压；

　　　$\cos\varphi$——功率因数。

3）按允许电压降选择导线截面：

$$S=K_x\frac{\sum(P_eL)}{C_{cu}\Delta U}\tag{5-28}$$

式中　S——导线截面；

　　　P_e——额定功率；

　　　L——负荷到配电箱的长度；

　　　C_{cu}——常数（三相四线制为 77，单相制为 12.8）；

　　　ΔU——（允许电压降，临电取 8%，正式电路取 5%）。

5.6.6　消防安全管理

施工现场的火灾危险性与一般居民住宅、厂矿、企事业单位的有所不同。由于尚未完工，尚处于施工期间，正式的消防设施，诸如消火栓系统、自动喷水灭火系统、火灾自动报警系统等均未投入使用，且施工现场内有众多施工人员及存有大量施工材料，都在一定程度上增加了施工现场的火灾危险性。为了保证施工现场的消防安全，应在源头消除先天隐患，在施工前，就应对施工现场的临时用房、临时设施、临时消防车通道等总平面布局进行整体规划。

1. 防火间距

（1）临建用房与在建工程的防火间距

1）人员住宿、可燃材料及易燃易爆危险品储存等场所严禁设置于在建工程内。

2）易燃易爆危险品库房与在建工程应保持足够的防火间距。

3）可燃材料堆场及其加工场、固定动火作业场与在建工程的防火间距不应小于 10m。

4）其他临时用房、临时设施与在建工程的防火间距不应小于 6m。

（2）临建用房间的防火间距

1）施工现场主要临时用房、临时设施的防火间距不应小于表 5-17 的规定。

施工现场主要临时用房、临时设施的防火间距（m）　　　　表 5-17

名称	办公用房、宿舍	发电机房、变配电房	可燃材料库房	厨房操作间、锅炉房	可燃材料堆场及其加工场	固定动火作业场	易燃易爆危险品库房
办公用房、宿舍	4	4	5	5	7	7	10
发电机房、变配电房	4	4	5	5	7	7	10
可燃材料库房	5	5	5	5	7	7	10
厨房操作间、锅炉房	5	5	5	5	7	7	10
可燃材料堆场及其加工场	7	7	7	7	7	10	10
固定动火作业场	7	7	7	7	10	10	12
易燃易爆危险品库房	10	10	10	10	10	12	12

①临时用房、临时设施的防火间距应按临时用房外墙外边线或堆场、作业场、作业棚边线间的最小距离计算，如临时用房外墙有突出可燃构件时，应从其突出可燃构件的外缘算起。

②两栋临时用房相邻较高一面的外墙为防火墙时，防火间距不限。

③表 5-17 未规定的，可按同等火灾危险性的临时用房、临时设施的防火间距确定。

2）当办公用房、宿舍成组布置时，其防火间距可适当减小，但应符合以下要求：

①每组临时用房的栋数不应超过 10 栋，组与组之间的防火间距不应小于 8m。

②组内临时用房之间的防火间距不应小于 3.5m；当建筑构件燃烧性能等级为 A 级时，其防火间距可减少到 3m。

2. 临时消防车道

（1）临时消防车道设置要求

1）施工现场内应设置临时消防车道，同时，考虑灭火救援的安全以及供水的可靠，临时消防车道与在建工程、临时用房、可燃材料堆场及其加工场的距离，不宜小于 5m，且不宜大于 40m。

2）施工现场周边道路满足消防车通行及灭火救援要求时，施工现场内可不设置临时消防车道。

3）临时消防车道宜为环形，如设置环形车道确有困难，应在消防车道尽端设置尺寸不小于 12m×12m 的回车场。

4）临时消防车道的净宽度和净空高度均不应小于 4m。

（2）临时消防救援场地的设置

1）需设临时消防救援场地的施工现场

①建筑高度大于 24m 的在建工程。

②建筑工程单体占地面积大于 3000m² 的在建工程。

③超过 10 栋，且为成组布置的临时用房。

2）临时消防救援场地的设置要求

①临时消防救援场地应在在建工程装饰装修阶段设置；

②临时消防救援场地应设置在成组布置的临时用房场地的长边一侧及在建工程的长边一侧；

③场地宽度应满足消防车正常操作要求且不应小于 6m，与在建工程外脚手架的净距不宜小于 2m，且不宜超过 6m。

3. 临时用房防火要求

（1）宿舍、办公用房的防火要求

1）建筑构件的燃烧性能等级应为 A 级。当临时用房是金属夹芯板（俗称彩钢板）时，其芯材的燃烧性能等级应为 A 级。

2）建筑层数不应超过 3 层，每层建筑面积不应大于 $300m^2$。

3）建筑层数为 3 层或每层建筑面积大于 $200m^2$ 时，应设置不少于 2 部疏散楼梯，房间疏散门至疏散楼梯的最大距离不应大于 25m。

4）单面布置用房时，疏散走道的净宽度不应小于 1.0m；双面布置用房时，疏散走道的净宽度不应小于 1.5m。

5）疏散楼梯的净宽度不应小于疏散走道的净宽度。

6）宿舍房间的建筑面积不应大于 $30m^2$，其他房间的建筑面积不宜大于 $100m^2$。

7）房间内任一点至最近疏散门的距离不应大于 15m，房门的净宽度不应小于 0.8m，房间建筑面积超过 $50m^2$ 时，房门的净宽度不应小于 1.2m。

8）隔墙应从楼地面基层隔断至顶板基层底面。

（2）特殊用房的防火要求

除办公、宿舍用房外，施工现场内诸如发电机房、变配电房、厨房操作间、锅炉房、可燃材料和易燃易爆危险品库房，是施工现场火灾危险性较大的临时用房，对于这些用房提出防火要求，有利于火灾风险的控制。

1）建筑构件的燃烧性能等级应为 A 级。

2）建筑层数应为 1 层，建筑面积不应大于 $200m^2$；可燃材料、易燃易爆物品存放库房应分别布置在不同的临时用房内，每栋临时用房的面积均不应超过 $200m^2$。

3）可燃材料库房应采用不燃材料将其分隔成若干间库房，如施工过程中某种易燃易爆物品需用量大，可分别存放于多间库房内。单个房间的建筑面积不应超过 $30m^2$，易燃易爆危险品库房单个房间的建筑面积不应超过 $20m^2$。

4）房间内任一点至最近疏散门的距离不应大于 10m，房门的净宽度不应小于 0.8m。

（3）组合建造功能用房的防火要求

1）宿舍、办公用房不应与厨房操作间、锅炉房、变配电房等组合建造。

2）现场办公用房、宿舍不宜组合建造。如现场办公用房与宿舍的规模不大，两者的建筑面积之和不超过 $300m^2$，可组合建造。

3）发电机房、变配电房可组合建造；厨房操作间、锅炉房可组合建造；餐厅与厨房操作间可组合建造。

4）会议室与办公用房可组合建造；文化娱乐室、培训室与办公用房或宿舍可组合建造；餐厅与办公用房或宿舍可组合建造。

5）施工现场人员较为密集的如会议室、文化娱乐室、培训室、餐厅等房间应设置在临时用房的第一层，其疏散门应向疏散方向开启。

4. 在建工程临时疏散通道防火要求

（1）在建工程作业场所的临时疏散通道应采用不燃、难燃材料建造并与在建工程结构施工同步设置，临时疏散通道应具备与疏散要求相匹配的耐火性能，其耐火极限不应低于0.50h。

（2）临时疏散通道应具备与疏散要求相匹配的通行能力。设置在地面上的临时疏散通道，其净宽度不应小于1.5m；利用在建工程施工完毕的水平结构、楼梯作临时疏散通道，其净宽度不应小于1.0m；用于疏散的爬梯及设置在脚手架上的临时疏散通道，其净宽度不应小于0.6m。

（3）临时疏散通道为坡道，且坡度大于25°时，应修建楼梯或台阶踏步或设置防滑条。

（4）临时疏散通道应具备与疏散要求相匹配的承载能力。临时疏散通道不宜采用爬梯，确需采用爬梯时，应有可靠固定措施。

（5）临时疏散通道应保证疏散人员安全，侧面如为临空面，必须沿临空面设置高度不小于1.2m的防护栏杆。

5.7 施工组织总设计案例

5.7.1 编制说明

1. 编制依据

（1）国家有关工程建设的法律、法规及地方建设规章；

（2）施工承包合同、招标投标文件及有关现场踏勘答疑资料；

（3）工程地质勘察报告、工程设计文件；

（4）国家现行有关工程建设的标准、规范及相关规程；

（5）公司ISO 9001质量管理体系、ISO 14001环境管理体系和GB/T 28001职业健康安全管理体系的程序文件；

（6）企业工法和相关作业指导书。

2. 其他说明

该群体工程玻璃幕墙、钢网架工程施工方案另行编制。本施工组织设计未尽事宜严格按照国家有关规范、规定执行。

5.7.2 工程概况

1. 工程基本概况

（1）工程名称：某高校信息楼群体工程

（2）建设地点：（略）

（3）建设规模：本工程占地面积24190m^2，由主楼、圆形和扇形裙楼组成，总建筑面积31438m^2（其中，主楼地上11层，地下1层，建筑面积15975m^2；裙楼4层，建筑面积15463m^2，含1450m^{2}报告厅一座），建筑总高度52.6m。建筑总平面图、建筑剖面图分别如图5-2、图5-3所示。

（4）参与建设单位：（略）

（5）承包方式：施工总承包（包工包料）。

（6）承包范围：

土建工程：临湖挡土墙、桩基承台及地梁、土方工程、室外挡土墙工程、地下室及结构主体工程、防水工程、楼屋面工程、门窗工程及初装饰工程等。

安装工程：室内给水系统、消火栓系统、排水系统；消防和地下室通风系统，电气、照明系统，防雷接地系统。

弱电工程：室内电视、电话、宽带网络系统、火灾自动报警系统完成线管、箱、盒的预留预埋及末端面板。

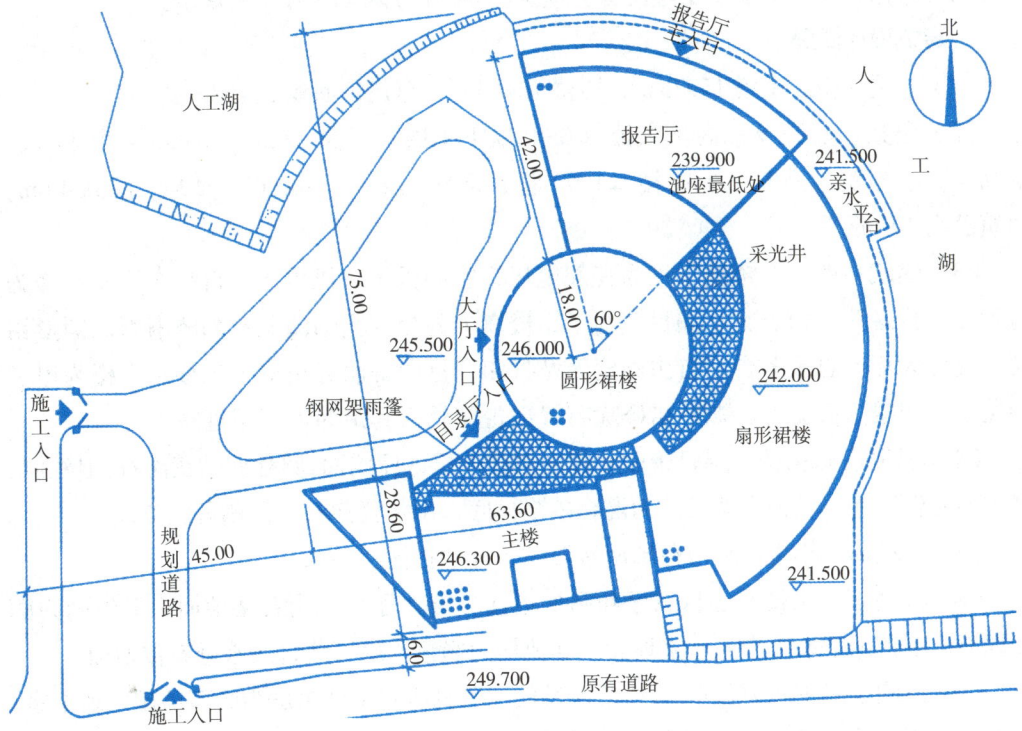

图5-2 建筑总平面图

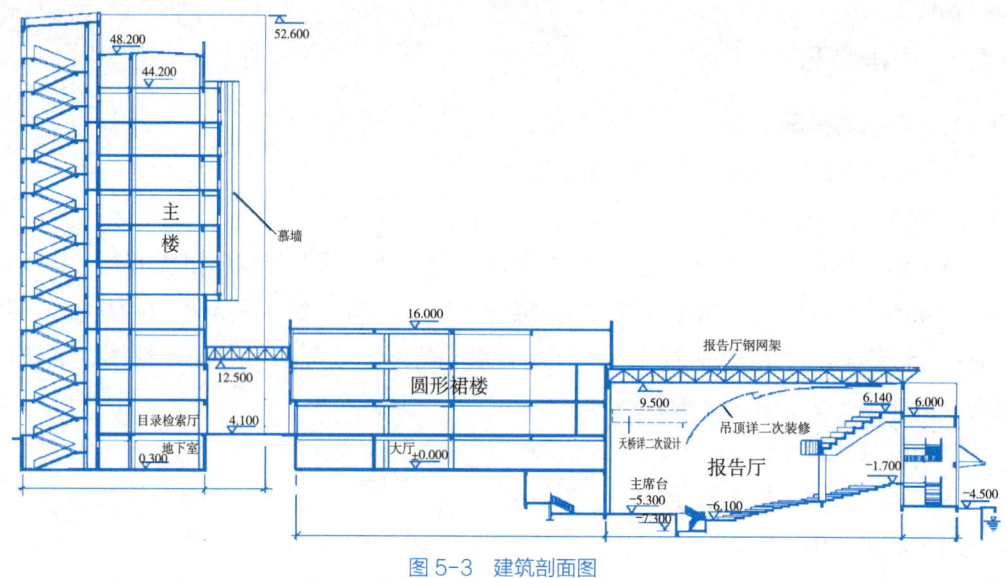

图 5-3 建筑剖面图

（7）施工合同要求：

质量标准：按《建筑工程施工质量验收统一标准》及相关专业规范一次验收达到合格标准。

建设工期：480 个日历天。

工程保修：执行《建设工程质量管理条例》（国务院 279 号令）规定。

2. 建筑设计概况

（1）建筑面积：主楼 15975m²，裙楼 15463m²，总建筑面积 31438m²。

（2）层数、层高及总高：主楼 ±0.00 以下 1 层，层高 3.9m，±0.00 以上 11 层，层高 4.0m，建筑总高 52.6m；裙楼 ±0.00 以下局部 1 层，±0.00 以上 4 层，层高 4.0m，建筑总高 17.6m。

（3）建筑功能：主楼地下室为变配电房、空调机房、风机房、自行车库；一楼为检索厅、目录厅、馆长室、编目室等；二楼以上为分类图书阅览室和藏书库。圆形裙楼一楼为大厅、总服务台、自由阅览区及打印、复印等服务用房；二楼、三楼为电子阅览室；四楼为展览室。弧形裙楼除布置报告厅外，其余为电子阅览室。

（4）内墙面：除主楼一层目录厅和圆形裙楼一层大厅墙面、圆柱面贴花岗石，卫生间、开水间贴瓷砖外，其他内墙面均为混合砂浆打底，刮仿瓷涂料，面刷乳胶漆。

（5）外墙面：小青砖和白色墙面砖混贴，局部铝塑板装饰。

（6）楼地面：主楼一层目录厅和圆形裙楼一层大厅为花岗石楼地面，卫生间为陶砖地面，主楼地下室为水泥砂浆地面，其他均为彩色水磨石或普通水磨石楼地面。

（7）顶棚：卫生间为防水 PVC 扣板吊顶；风机房、电梯机房为吸声顶棚；地下室、开水间、工具室、藏书库、储藏室为混合砂浆打底，刮仿瓷涂料，面刷乳胶漆；主楼一层目录厅和圆形裙楼一层大厅为轻钢龙骨石膏板吊顶，其他顶棚均为T形铝合金龙骨金属装饰板吊顶。

（8）门窗幕墙：主要有普通夹板木门、铝合金玻璃门、铝合金窗、甲级防火门窗、防火卷帘等；北立面设有全隐框玻璃幕墙。

（9）防水做法：地下室底板、墙面为自防水混凝土加改性沥青卷材二道设防；屋面二层为1.5mm厚三元乙丙卷材、25mm厚XPS挤塑板保温、40mm厚细石混凝土。

3. 结构设计概况

（1）设计标准

一类建筑，耐火等级为二级；建筑结构安全等级为3级，所在地区抗震设防烈度为7度，框架结构抗震等级为3级；设计使用年限为50年。

（2）基础

人工挖孔桩基础，桩帽、地梁为C35混凝土，垫层为C10混凝土，地基基础设计等级为乙级。

（3）主体结构形式

主楼为12层框架结构。柱网8.1m×9m；圆形裙楼为36m直径的4层框架结构，径向跨距9m，环向最大跨距9.42m；弧形裙楼为4层扇形框架结构，径向跨距9m，环向最大跨距13.35m；报告厅为现浇单层排架柱，最大跨距25.9m。柱为方柱，局部圆柱；楼盖及部分屋盖为现浇钢筋混凝土肋形梁板，部分为曲梁。

（4）主体结构混凝土强度等级

四层以下墙柱为C35，梁、板为C30；四层以上墙柱为C30，梁、板为C30。

（5）墙体

1）外墙采用200mm厚加气混凝土砌块，强度等级A5.0。

2）内墙除特殊注明外，均采用200mm厚加气混凝土砌块，强度等级A5.0；立管竖井处墙体采用100mm厚加气混凝土砌块，待立管安装后再砌筑。

3）外墙防水：墙身水平防潮层设于室内-60mm处，周圈封闭（如为钢筋混凝土构造时此标高处可不做防潮层），做法为20mm厚1：2水泥砂浆内掺5%防水剂；室内地坪标高变化处防潮层应重叠搭接300mm，并在有高低差埋土一侧的墙身做20mm厚1：2水泥砂浆防潮层；外墙±0.00以下采用200mm厚实心混凝土小砌块。

4）墙体抗震措施

①构造柱：填充墙的构造柱位置详见各层建筑平面图，除特别注明外，构造柱截面均为200mm×200mm，纵筋4Φ12，箍筋Φ6@150。

②拉结筋：填充墙应沿框架柱（构造柱）全高每隔500mm设2Φ6拉结筋，拉结筋伸入墙内的长度不应小于墙长的1/5，且不小于1000mm。

（6）网架屋盖

报告厅、采光天井及主楼入口挑檐雨篷均采用螺栓球网架。

5.7.3 工程施工条件

1. 建设地点气象状况（略）

2. 区域地形及工程地质、水文情况

（1）区域地形地貌：原始地形为丘陵山坡地，西北高、东南低，施工场地东边紧临人工湖。施工现场场地呈 242.00、245.00 和 249.60m 三个标高。

（2）工程地质水文情况：（略）

3. 现场施工条件

本工程位于新校区主干道东侧的人工湖畔，施工现场无拆迁。施工中需克服以下困难：

（1）施工场地狭小、竖向高差大。业主提供给承包商的施工场地在拟建建筑物的西侧，东西宽约60m，南北长约100m，施工场地狭小；拟建工程的东、西、北向室外地面标高分别为241.50、245.50 和 249.90m，场地竖向高差大，场内交通组织困难。

（2）临湖施工难度大。拟建工程的东侧设有长度为140m的消防车道（兼作亲水平台），需修建临湖钢筋混凝土挡土墙，施工前期需抢建临湖挡土墙并及时回填，以形成场内环形施工道路。

（3）场外交通受限多。新校区与国道相接，校区内能提供两条施工进场道路，但现场西侧主干道需修建200m施工临时道路与之相接，且建设单位要求限时使用（休息日及夜间使用）；东侧进场道路高出 ±0.00 标高达 3.9m，一座石砌拱桥需限载使用。

（4）裙楼单层面积大、技术要求高。本工程裙楼单层面积大，圆柱、不同半径的曲梁多，周转材料投入量大，需分段流水施工。

（5）安全、环境要求高。本工程位于校区中心地带，业主对现场封闭、安全文明施工和环境卫生、施工噪声控制要求高。

5.7.4 施工部署与总体方案

1. 施工管理目标

（1）工程质量目标：确保工程质量一次验收达到合格标准。所有检验批合格率100%。

（2）工期目标：470天（日历天）。

（3）安全与文明施工目标：无重大伤亡事故，轻伤事故频率控制在1.5‰以下，争创市"文明现场标准化工地"和"安全标准化工地"。

2. 施工组织机构与职责

本工程由××集团项目经理部承担施工，对所有各专业施工自始至终负全部组织与管理责任。为保证工程按期竣工、质量达到验收规范或标准、满足使用功能，努力做到标准化与规范化管理。

（1）项目经理经理部组织机构

项目经理部组织机构如图5-4所示。

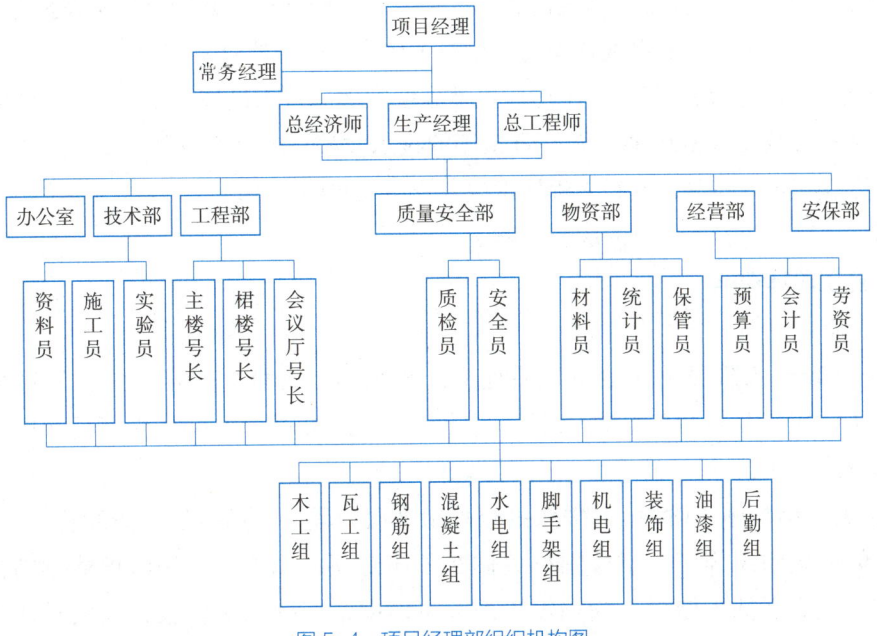

图5-4　项目经理部组织机构图

（2）项目经理岗位职责

项目经理的主要职责是组织并协调各方实现工程项目的总目标，节约投资，保证工期，质量达到预定工程质量目标，公平维护各方利益。

1）负责制订施工组织设计和前期工作实施计划。

2）主持施工中的重要会议，组织并主持每周初各工种工作例会和周末总结评定会，做出周报表和月报表上报公司和业主备案。

3）对项目进度、工期、成本、费用和质量等进行有效控制，做好计划与实际的对比分析，发现问题及时处理。

4）对设计方及业主方提出的设计变更、工程项目增减和合同变动按时上报，及时对工作范围作相应调整，对各方面工作作出相应安排。

5）制定文件管理制度以保存完整的工程档案、会议纪要、洽商函、通知单及各类重要文件。

6）审查批准与工程有关的采购和现场行政支出。

7）向业主发出阶段检查验收及完工通知，取得对方认可的正式接受文件。

8）严格按设计图纸、施工规范及施工程序组织施工，按质量检验评定标准主持检查，不合格者决不交付使用。

（3）项目技术负责人的职责

作为项目技术负责人，项目总工程师负责本项目的技术、质量、安全管理的全面工作，具体职责包括：

1）严格遵守和贯彻各项技术及安全规章制度。

2）组织职工学习安全技术规范、标准和安全操作规程，对安全技术及操作规程进行交底，认真落实施工组织设计中的安全技术措施，随时检查实施情况。

3）组织对工程施工工期、工程质量及施工方案中技术措施的落实。负责对职工进行技术及规程的交底及培训，做好各工序的技术复核、检查与交接。对工程存在的质量问题进行核实与整改，抓好工程技术内业资料及建档工作。

（4）项目其他管理人员的职责（略）

3. 施工总体安排

（1）施工原则

1）基础施工阶段：先地下、后地上。将临湖挡土墙、裙楼、主楼三部分分别组织施工，重点是抢建临湖挡土墙，裙楼和主楼的桩帽、地梁按先深后浅的原则组织内部流水施工。

2）主体结构施工阶段：主楼和裙楼采用平面分段、立面分层，先结构、后围护、再装修的原则组织施工。裙楼围护墙体在主体封顶后施工，主楼围护墙体则在五层主体结构完成后插入施工，为缩短工期，主体中检安排二次验收，以及时插入内抹灰打底。

3）装饰工程阶段：装饰工程在屋面防水施工后进行，抹灰施工先外墙后内墙，先顶棚、墙面后地面，外装饰工程自上而下连续作业，一次完成；内装饰工程先房间后走廊、再楼梯和门厅。

（2）施工准备

1）施工进场准备

①组织精干的管理班子，劳动力按需分批进场搭建施工及生活用房及清理场地。

②做好施工现场水通、电通、路通、通信和场地平整工作；按照消防要求，设置足够数量的消防设施。

③施工用各种机具设备分批调度进场，根据平面布置就位并接通其用水用电。

④办妥各项有关施工证件手续，执行国家和当地有关规定、条例、办法，做到有准备开工，按规范施工。

⑤规划主材来源，各种材料、半成品在征得业主方同意后，订货、签约、办理手续，按施工进度计划提前进料，按指定地点堆放或入库。

2）施工技术准备

①图纸会审。认真熟悉图纸，组织技术交底，项目总工程师及有关技术管理人员参加施工图纸和施工方案的会审，根据施工经验对其中的问题提出建议。

②编制专项施工方案。本工程拟编制的专项施工方案共20种（其中：需要组织专家论证的16项）。

③制订有关材料试验、检验计划。
④施工图翻样并编制材料加工计划。
⑤测量定位准备：根据建设单位提供的基准点和水准点，建立适合本工程的测量定位和标高控制网络。

3）施工材料准备

①材料、构（配）件、预制品是保证施工顺利进行的物资基础，这些物资的准备工作必须在开工之前完成，根据各种物资的需求计划，分别落实货源，提前订货，安排运输和储备，确保满足连续施工的需求。

②主材供应商在开工之前确定。供应商应是与本公司长期合作的正规生产厂家。

4）劳动力的组织准备

建立工程现场项目经理部，在公司内择优选取、调集精干施工队伍进场。组织技术和安全交底，落实技术责任制，建立、健全各项管理制度，办理有关证件。

5）施工机械设备准备

①施工机械设备的准备工作必须在开工之前完成，根据施工总平面布置图进行布置和定位。

②根据需用计划，分别落实设备来源，提前订货、安排运输和储备，使之能够满足连续施工的需要。

（3）工作段的划分

为优化劳动组合，实现缩短工期、均衡施工的目的。本工程施工段竖向以层分段；平面划分为四个施工段，即报告厅为第一施工段、扇形裙楼为第二施工段、圆形裙楼为第三施工段、主楼为第四施工段。各施工段内组织节拍流水施工。

（4）施工顺序及流向

1）基础施工阶段：临湖挡土墙优先施工，基础工程按先深后浅的原则，按报告厅→扇形裙楼→圆形裙楼→主楼的施工顺序组织流水施工，如图5-5所示。

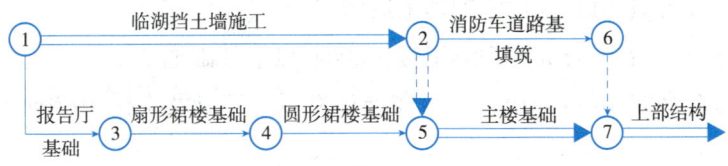

图5-5　基础施工流程图

2）主体施工阶段：以主楼为主线组织报告厅、扇形裙楼、圆形裙楼的平行流水施工，主楼小节拍流水，其他施工段穿插流水，如图5-6所示。

3）装饰施工阶段：采取装饰工程与安装工程的立体交叉施工作业方法，如图5-7所示。

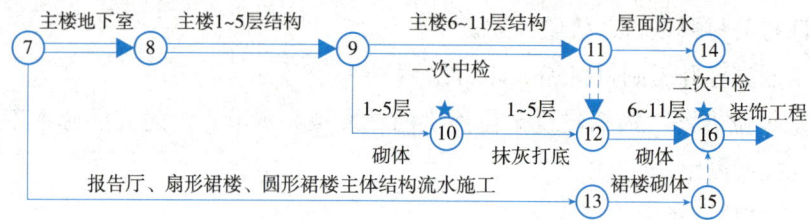

图 5-6 主体施工流程图

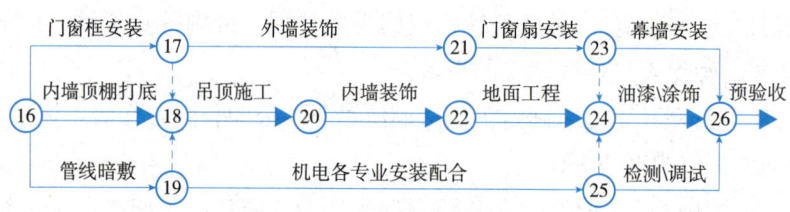

图 5-7 装饰施工流程图

4. 任务划分及队伍安排

（1）自行完成任务：基础及地下室工程、混凝土主体结构工程、砌体工程、脚手架及垂直运输工程、初装饰工程、给水排水及强电安装工程等均由项目部组织劳务队伍自行完成。

（2）专业队伍：钢筋的对焊竖焊、三元乙丙及 SBS 防水卷材施工由公司专业作业队承包完成，玻璃幕墙工程由公司下属幕墙公司承包完成。

（3）分包工程安排：网架制安、电梯安装、采暖通风、火灾自动报警系统及室内电视、电话、宽带网络系统等由项目部会同监理、业主进行招标，择优选定具备资质的专业队伍承包施工。

5.7.5 施工进度计划

本工程定额工期 562 天，合同要求工期 480 天，根据各项因素最后确定施工总工期为 470 天。主要的工期控制点如下：

（1）2016 年 2 月 10 日完成临湖挡土墙施工；

（2）2016 年 2 月 10 日完成扇形裙楼 -4.00m 以下基础施工；

（3）2016 年 3 月 10 日完成圆形裙楼 ±0.00 以下基础及主楼 +0.30m 以下地下室底板施工；

（4）2016 年 7 月 10 日主楼主体结构封顶；

（5）2017 年 1 月 30 日完成内外装饰工程施工；

（6）2017 年 2 月 28 日完成室外工程施工；

（7）2017 年 3 月 12 日预验收；

（8）2017 年 3 月 30 日竣工验收。

根据以上工期安排，绘出时标网络进度计划，如图 5-8 所示。

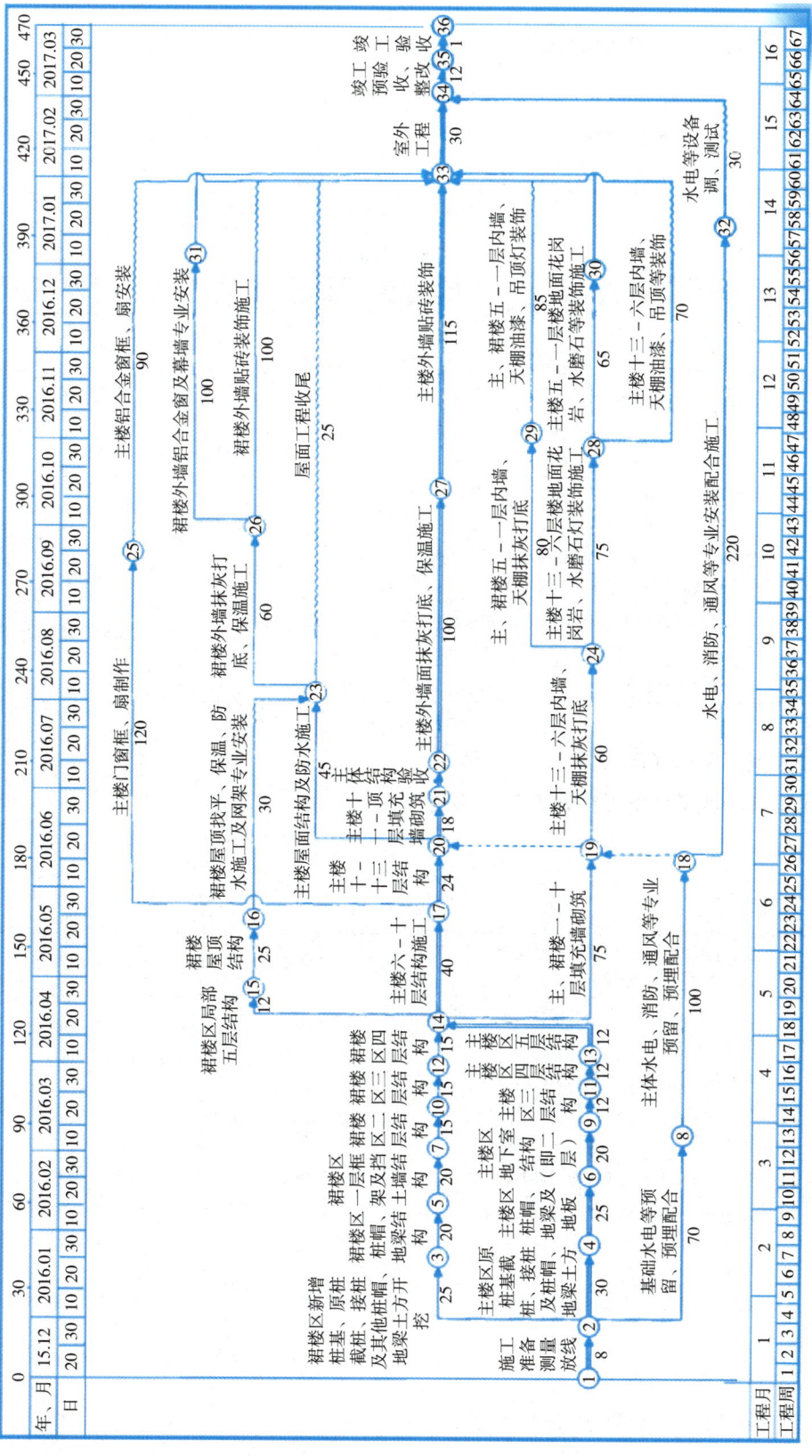

图 5-8 时标网络进度计划图

5.7.6 施工准备与资源配置计划

1. 施工准备工作

（1）施工前期准备工作

施工前期准备工作如表 5-18 所示。

施工前期准备工作　　　　　　　　　　表 5-18

序号	工作内容	责任人	完成时间
1	设计交底及图纸会审	总工程师	2015 年 12 月 15 日
2	施工组织设计的编制、报审	总工程师	2015 年 12 月 20 日
3	坐标桩、水准点的移交、引测和保护，建立测量控制网，进行桩基础轴线、标高的验收，对超规范的误差制订处置方案	总工程师	2015 年 12 月 20 日
4	进行混凝土、砂浆的试拌试配，出具配合比通知单	试验员、质检员	2015 年 12 月 20 日
5	按流水施工段的划分，计算分层分段工程量，提出材料供应计划和劳动力进场计划	总工程师、总经济师	2015 年 12 月 20 日
6	沿湖钢筋混凝土挡土墙专题施工方案的编制、交底	总工程师	2015 年 12 月 25 日
7	工人进场安全教育	项目经理、安全员	2015 年 12 月 20 日

（2）施工现场准备工作

施工现场施工准备工作如表 5-19 所示。

施工现场准备工作　　　　　　　　　　表 5-19

序号	工作内容	责任人	完成时间
1	生产性临建设施（混凝土及砂浆搅拌站、钢筋及木模板加工、仓库等）的搭设	生产经理	2015 年 12 月 20 日
2	生活性临建设施（办公、宿舍、食堂、浴室、厕所等）的搭设	生产经理	2015 年 12 月 10 日
3	清理施工场地、修筑场内道路及排水沟，引入并敷设供水、供电管线至施工用水、用电地点	施工员	2015 年 12 月 20 日
4	安排大宗地方材料、施工周转材堆场位置	材料主管	2015 年 12 月 20 日
5	塔式起重机基础施工，施工设备就位并调试	设备主管	2015 年 12 月 25 日
6	现场围墙封闭、施工入口设置门头及大门，安排五牌一图、洗车槽、污水沉淀池、工地消防设施	生产经理	2015 年 12 月 25 日
7	截桩或接桩，桩头锚固钢筋的剥露	施工员	2015 年 12 月 25 日

（3）施工条件准备工作

施工条件准备工作如表 5-20 所示。

施工条件准备工作　　　　　　　　　　　　　　　　　表 5-20

序号	工作内容	责任人	完成时间
1	建设工程意外伤害保险办理	技术员、安全员	2015 年 12 月 15 日
2	建设工程安全受监手续办理	技术员、质检员	2015 年 12 月 15 日
3	施工许可证办理	项目经理	2015 年 12 月 10 日
4	先期开工的分部分项工程所需劳动力、材料、设备就位	生产经理	2015 年 12 月 20 日

注：1. 本工程由于在校区内施工，无需办理交通道路开口（交通部门）、临街工程占道（城管部门）、消防通道（消防部门）、污水排放（市政部门）的申请和审批手续；

2. 本工程桩基础已施工完毕，定位验线（规划部门）、渣土外运（环卫部门）、用电增容（供电部门）、开口及装表（供水部门）等手续业主已经办理完毕。

2. 资源配置计划

（1）劳动力需用计划

劳动力需用计划如表 5-21 所示。

劳动力需用计划表　　　　　　　　　　　　　　　　　表 5-21

序号	工种	各施工阶段劳动力需用情况			
		施工准备	基础阶段	主体阶段	装饰阶段
1	石工	20	5	—	—
2	钢筋工	2	40（两班制）	40（两班制）	5
3	木工	2	80（两班制）	80（两班制）	10
4	混凝土工	—	20（两班制）	20（两班制）	5
5	普工	15	50（两班制）	40（两班制）	30
6	防水工	—	10	—	10
7	泥工	8	20	50	50
8	架子工	—	10	20	20
9	机械操作工	2	6	10	10
10	抹灰工	2	—	30	70
11	装修工	—	—	—	60
12	油漆工	2	2	5	15
13	机修工	1	2	2	2
14	电焊工	1	4	6	6
15	水电工	4	6	10	30
16	合计	59	255	313	323

（2）施工机械设备使用计划

施工机械设备使用计划如表 5-22 所示。

施工机械设备使用计划表 表5-22

序号	设备名称	型号规格	数量	功率（kW）	生产能力
1	塔式起重机	TC5616型 臂长56m	2台	31.7	80t·m
2	门式升降机	SSE100	5台	9.5	起重量1.0t
3	混凝土输送泵	三一重工 HBT-60	2台	55	70m³/h
4	混凝土搅拌机	柳工 JS500C	4台	21.6	21~25m³/h
5	砂浆搅拌机	200L	4台	5	10m³/h
6	装载机	徐工 ZL50E	1台	—	—
7	配料机	PL1200	2台	11	56m³/h
8	插入式振动器	φ50/30	15/8	2.2	25m³/h
9	平板振动器	ZW B2.2	4台	2.2	50m²/h
10	交流电焊机	KD_2–50	6台	38.6	—
11	电渣压力焊机	HYS–630	2台	22	φ14–36
12	闪光对焊机	UN2–100	2台	100	—
13	钢筋调直机	GJ4-4/14	2台	7.5	54m/min
14	钢筋切断机	GQ40	2台	2.2	32次/min
15	钢筋弯曲机	GW40-1	2台	7.5	11r/min
16	卷扬机	1t/2t	各2	16/21.6	—
17	木工平刨床	MB504A	2台	2.2	—
18	木工圆锯	MJ104	2台	2	—
19	木工开榫机	MX2112	2台	1.1	—
20	泥浆泵	DN100	4台	2.3	—
21	污水泵	DN50	4台	1.2	—
22	高压泵	山东双轮 25LG3–10×6	2台	2.2	扬程46~62m
23	电锤	HYS–630	3把	0.5	—
24	柴油发电机	玉柴 GF–120	1台	120	—
25	振动夯土机	HZD250	2台	12	—
26	直流电焊机	ZXG–500	3台	7.5	—
27	手电刨	锐奇 KEN	6台	0.6	—
28	手电锯	博世 GBM350	6台	1.1	—
29	电动套丝机	SQ-100	1台	0.5	—
30	砂轮切割机	BX2–500	2台	1.0	—
31	全站仪	索佳 SET220K	1台	—	精度2″
32	电子经纬仪	南方 DT-02	1台	—	精度2″
33	水准仪	南方 NL–24（自动安平）	3台	—	精度2mm/km

（3）主要材料、构件使用计划

主要材料、构件使用计划如表5-23所示。

主要材料、构件使用计划表 表 5-23

序号	材料、构件名称	型号规格	单位	数量	进场时间
1	钢筋	$\varphi 6.5 \sim \varphi 32$	t	1980.6	15.12~16.6
2	水泥	P.O 32.5/42.5	t	7987.9	15.12~16.12
3	中砂	中砂、中粗砂	m^3	9753.6	15.12~16.12
4	卵石	5~40mm	m^3	12452	15.12~16.6
5	页岩砖	240mm × 115mm × 53mm	千块	1250.8	15.12~16.6
6	红青砖	240mm × 115mm × 53 mm	千块	132.6	15.12~16.6
7	混凝土小型空心砌块	390mm × 190mm × 190mm	m^3	1536.6	16.2~17.6
8	轻质墙板	按设计	m^2	3756	16.6
9	花岗石板	300mm × 600mm	m^2	8320	16.7
10	外墙面砖	300mm × 450mm	m^2	7865	16.8
11	铝合金型材	按设计	t	15.3	16.8
12	块料石板	各规格	m^2	5002.1	16.10
13	广场砖	$\varphi 6.5 \sim \varphi 32$	m^2	4358.2	16.12
14	防滑地砖	P.O 32.5/42.5	m^2	1462.6	16.10
15	铝合金扣板	按设计	m^2	1601.1	16.10
16	铝板	1200 mm × 300mm	m^2	572.2	16.8
17	石棉吸声板	240 mm × 115 mm × 53 mm	m^2	50.8	16.9
18	防水卷材	SBS、三元乙丙	m^2	5632.6	16.1~16.5
19	PVC 塑料排水管	各规格	m	536.6	16.11
20	防火门	各规格	樘	97	16.8
21	平板玻璃	6mm	m^2	4320	16.8
22	石膏板	12mm	m^2	1475.3	16.10
23	焊接钢管	各规格	t	137.3	16.8
24	乳胶漆	—	kg	3430	16.9

5.7.7 施工总平面布置

1. 主体施工阶段平面布置

主体施工阶段平面布置如图 5-9 所示。

2. 施工现场临时用水设计

（1）一般施工用水 q_1

工程施工用水以混凝土养护用水为主，主楼地下室底板混凝土约 320m^3，养护用水 300L/m^3，考虑季节因素 K_1 取 1.35。则工程施工用水为：

$$q_1 = 1.1 \times \frac{\sum Q_1 N_1 K_1}{t \times 8 \times 3600}$$
$$= 1.1 \times \frac{320 \times 300 \times 1.35}{1 \times 8 \times 3600}$$
$$= 5.03 \text{L/s}$$

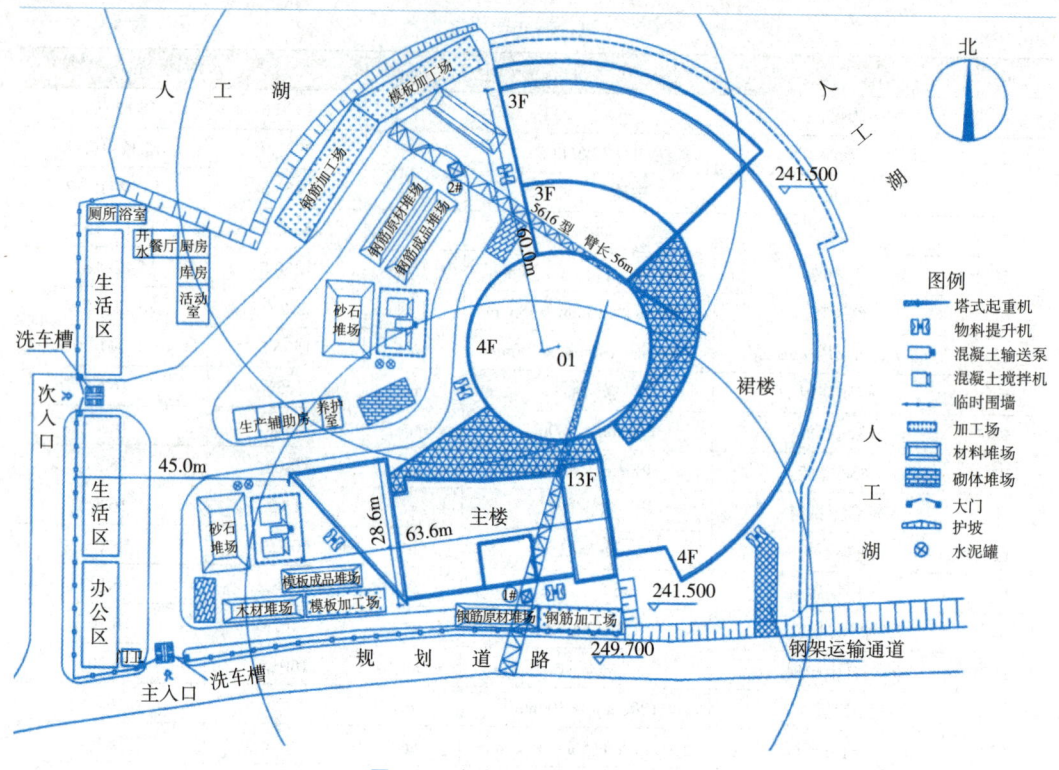

图 5-9 主体施工阶段平面布置图

（2）施工机械用水 q_2

以高峰期 3 台混凝土搅拌机同时用水计算，搅拌机生产能力 126m³/台，C35 混凝土搅拌用水 200L/m³，K_2 取 1.4。则施工机械用水为：

$$q_2 = 1.1 \times \frac{\sum Q_2 N_2 K_2}{8 \times 3600}$$
$$= 1.1 \times \frac{3 \times 126 \times 200 \times 1.4}{8 \times 3600}$$
$$= 4.04 \text{L/s}$$

（3）生活用水 q_3

现场高峰期工地人数为 350 人，考虑到农民工不在现场住宿，生活用水按生活福利区生活用水考虑。N_3 取 40L/（人·日），K_3=1.5。则生活用水为：

$$q_3 = 1.1 \times \frac{P_1 N_3 K_3}{24 \times 3600}$$
$$= 1.1 \times \frac{350 \times 40 \times 1.5}{240 \times 3600}$$
$$= 0.27 \text{L/s}$$

（4）消防用水 q_4

取 q_4 =10L/s

（5）总用水量：

因 $q_1+q_2+q_3$=9.34L/s ＜ q_4=10L/s，故

Q=q_4+1/2（$q_1+q_2+q_3$）=14.67L/s

（6）配水管径计算

$$d=\sqrt{\frac{4Q}{1000\pi v}}=\sqrt{\frac{4\times14.67}{3.14\times1.5\times1000}}=\sqrt{0.0124}=0.112\text{m}$$

故现场总用水量为 14.67L/s，选用 DN125 镀锌管即可。

3. 施工现场临时供电设计

（1）现场勘探及初期设计

1）本工程所在施工现场范围内无给水排水管道，无各种埋地管线。现场临时用电电源由业主的总箱式变压器提供，现场设临时总配电柜（A 柜）2 套、分配电箱（B 箱）16 套以及开关箱（C 箱）68 只。

2）本设计方案只考虑总箱以下的线路及电器开关的选择。

3）因生活区不在施工现场，本设计未予考虑。

4）根据《施工现场临时用电安全技术规范》JGJ 46—2005 规定，本供电系统采用 TN-S 系统（三相五线制）供电。

（2）施工用电负荷计算

施工现场所需的电动机设备为 466kVA，电焊机设备为 592kVA，室外照明为 22kW。

回路用电分配在 10 个分回路上，并根据所分配的用电设备量计算用电量和载流，各分回路选用铜芯橡皮线。

需要系数 K_1=0.5，K_2=0.6，K_4=1.0。安全系数取 1.05，电动机平均功率系数 $\cos\varphi$ 取 0.78，总用电量计算如下：

$$S_j=1.05\times（K_1P_1/\cos\varphi+K_2P_2+K_4P_4）=710\text{kVA}$$

（3）变压器用量计算

业主从现场北侧提供 1kV 高压线路引入现场，可设变压器降至 380V/220V。所需变压器容量 P_2 为：

$$1.05\times\left(\frac{S_j}{\cos\phi}\right)=1.05\times(710/0.75)=993.9\text{ kVA}$$

选择一台 1000kVA 的变压器能满足现场施工用电要求。

（4）配电设计

总配电箱进线采用三相五线制，总配电箱到各分配电箱之间采用五芯铜电缆。各分配电箱至用电设备采用相应的五芯电缆。采用 TN-S 接零保护系统，并重复接地，接地电阻不大于 10Ω。

配电箱均采用正规厂家生产的标准配电箱,并在箱体上标识和编号。分配电箱设在用电量相对集中的地方,分配电箱与设备开关箱的距离不超过30m,开关箱与其所控制的用电设备水平距离不大于3m。

现场配电线路以架空线为主,塔式起重机工作半径以内采用埋地电缆。导线截面须满足截流量的要求,同时满足线路末端电压降不超过5%。相线、N线和PE线的颜色标记依序为黄、绿、红、蓝和绿黄双色线。架空线路与脚手架周边最小安全距离不小于4m,与施工道路的最小垂直距离不小于6m。

埋地电缆敷设深度不小于0.7m,尽量避免穿越建构筑物、道路与管沟,出地面时须敷设保护套管,接头应在地面的专用接线盒内。

(5)防雷与接地

1)施工现场的塔式起重机设置防雷接地用$\varphi 40\times 3.5$的镀锌钢管打入土中不小于2.5m,每台塔式起重机用两根相距6m的40×4的镀锌扁钢与塔身进行电气连接。

2)在线路的末端应设置重复接地。塔式起重机处、钢筋加工场、搅拌站等处作重复接地。塔式起重机、脚手架应作防雷接地。

3)在主体基础接地完毕后,塔式起重机、施工电梯及与靠近楼基坑的二级箱,分别用—40×4的镀锌扁钢进行可靠连接。

(6)安全技术档案

现场要设专职电气管理负责人,对现场用电安全及安全技术档案进行管理。现场施工用电安全技术档案主要内容包括:临时用电施工组织设计的全部资料;临时用电检查验收记录;电气设备的合格证、试验、检验凭证和调试记录;临时用电接地电阻测试记录;临时用电定期检查复查表;临时用电电工维修记录;绝缘电阻测试记录、检查复查记录;安全用电管理制度。以上资料要及时积累,专人负责收集、整理、归档。

4. 安全文明施工布置

(1)围墙

现场沿建筑物周围用2.5m高围墙封闭。工地大门设置在南侧。

(2)施工场地硬化

因本工程施工场地一般化,须分阶段进行道路及地面硬化。在桩基工程施工阶段,根据桩机运行路线及工程桩的运输,道路采用200mm道渣铺设;主体结构施工第一阶段,采用150mm厚C20混凝土硬化;主体结构施工第二阶段,地下车库及人防工程的开挖,采用150mm厚C20混凝土硬化,施工道路需保证畅通并兼作消防通道。

施工便道路面向两侧做成1%坡度,在便道一侧开设排水沟并设置集水井,确保施工区域及临近道路无积水。

为保护地下管线的安全,在工地大门口浇筑200mm厚素混凝土。

(3)生活设施

在场地西侧空地内设置彩钢活动板房2座,分别设置各职能办公室、会议室、监理办公室、卫生间及管理人员宿舍等；食堂、娱乐室、小卖部、厕所和浴室等设在现场西北角，采用 1 层砖砌房屋；配电房、标养室等生产辅助用房设置在现场中部；农民工宿舍统一安排在业主提供的新教学楼 1000m^2 地下室内。

（4）施工用电

工程前期业主提供 2 个变压器，分别为 500kW 和 1200kW。根据本工程特点，生活区用电与施工区用电分开布置。从建设单位提供的电源接入场内，其中生活区使用 500kW 变压器，生产区使用 1200kW 变压器。

（5）施工用水

甲供 2 路总管，分别在西北角和西南角。现场分 2 路，根据业主提供的出水头位置并沿施工道路布置。

（6）施工排水

1）雨水排放：雨水通过排水沟汇入二级沉淀池，达到排放要求后，可直接排入市政管网。

2）污水排放：在场内沿生活区的管道布置设置化粪池，污水经沉淀后，排入甲方指定的市政污水排放点。

（7）其他文明施工规划

1）施工现场大门内设置项目的"五牌两图"，标明本工程施工总平面布置、机构组织及本工程质量、安全、工期、文明等施工方针目标。

2）大门处设置挡水沟、冲洗池和 1 台冲洗设备，车辆驶离工地时在大门前清洗车身、车轮，检查装物是否符合要求，以防污染市政道路。

3）施工现场设置临时厕所，供现场施工人员使用，派专人负责清理。

4）设专人清扫施工现场道路，进出施工区的路口上方标识安全通道，施工现场均按文明施工标准进行围护。

5）规范现场各项管理，按照标准化进行施工现场管理，确保文明安全施工。

5.7.8 工程综合管理计划

1. 进度管理计划

进度管理计划应按照项目施工的规律和顺序进行编制，保证各工序在时间上和空间上的顺利衔接。一般包括下列内容：

（1）对施工进度计划进行逐级分解，通过阶段性目标的实现保证最终工期目标的完成；

（2）建立进度管理的组织机构并明确职责，制定相应管理制度；

（3）针对不同施工阶段的特点，制订进度管理的相应措施，包括施工组织措施、技术措施和合同措施等；

（4）建立施工进度动态管理机制，及时纠正施工过程中的进度偏差，并制订特殊情况下的赶工措施；

（5）根据项目周边环境特点，制订相应的协调措施，减少外部因素对施工进度的影响。

2. 质量管理计划

质量管理计划参照《质量管理体系要求》GB/T 19001，在施工单位质量管理体系的框架内编制。质量管理计划应包括下列内容：

（1）按照项目具体要求确定质量目标并进行目标分解，质量指标应具有可测量性；

（2）建立项目质量管理组织机构并明确职责；

（3）制订符合项目特点的技术保障和资源保障措施，通过可靠的预防控制措施，保证质量目标的实现；

（4）建立质量过程检查制度，并对质量事故的处理作出相应规定。

3. 安全管理计划

（1）制定项目职业健康安全管理目标；

（2）建立项目安全管理组织机构并明确职责；

（3）根据项目特点进行职业健康安全方面的资源配置；

（4）制定安全生产管理制度和职工安全教育培训制度；

（5）确定项目重要危险源，针对高处坠落、机械伤害、物体打击、坍塌倒塌、火灾爆炸、触电、窒息中毒等七类建筑施工易发事故制订相应的安全技术措施；对超过一定规模的危险性较大的分部（分项）工程的作业制订专项安全技术措施；

（6）制订季节性施工的安全措施；

（7）建立现场安全检查制度，对安全事故的处理作出规定。

4. 环境管理计划

保证实现项目施工环境目标的管理计划。应在企业环境管理体系的框架内，针对项目的实际情况，可参照《环境管理体系 要求及使用指南》GB/T 24001进行编制。应包括下列内容：

（1）制定项目环境管理目标；

（2）建立项目环境管理组织机构并明确职责；

（3）根据项目特点进行环境保护方面的资源配置；

（4）确定项目重要环境因素，针对大气污染、建筑垃圾、噪声及振动、光污染、放射性污染、污水排放等六类污染源进行识别、评价，制订相应的控制措施和应急预案；

（5）建立现场环境检查制度，对环境事故的处理作出规定。

5. 成本管理计划

保证实现项目施工成本目标的管理计划。包括成本预测、实施、分析、采取的必要措施和计划变更等。成本管理计划应以项目施工预算和施工进度计划为依据编制。

成本管理计划应包括下列内容：

（1）根据项目施工预算，制定施工成本目标；

（2）根据施工进度计划，对施工成本目标进行分解；

（3）建立成本管理组织机构并明确职责，制定管理制度；

（4）采取合理的技术、组织和合同等措施，控制施工成本；

（5）确定科学的成本分析方法，制订必要的纠偏措施和风险控制措施；

（6）正确处理成本与进度、质量、安全和环境等目标之间的关系。

本章小结

本章系统阐述了如下几方面内容：施工组织总设计的基本概念、内容、作用、编制依据和程序；工程项目总体施工部署和施工方案选择；施工总进度计划及施工准备、资源供应计划的编制方法；施工组织总设计中各种业务量的计算内容与方法；工程施工组织总设计案例。

复习思考题

1. 简述施工组织总设计的概念、作用及主要内容。
2. 简述施工组织总设计的编制依据与程序。
3. 施工组织总设计有哪些主要技术经济指标？
4. 简述工程项目施工部署与施工方案的拟定过程与方法。
5. 简述施工总平面图设计基本内容及编制原则。
6. 简述施工准备工作计划的主要内容。
7. 简述工程施工运输业务的计算与组织方法。
8. 简述临时给水设计中确定用水量的基本步骤。
9. 简述临时供电设计基本步骤。
10. 简述施工现场安全与文明施工的基本内容。

6 单位工程施工组织设计

【本章要点】
　　单位工程施工组织设计的编制程序与步骤；单位工程施工组织设计的基本内容；施工方案的选择；施工进度计划的编制；资源需要量计划的编制；单位工程现场施工平面图的布置。

【学习目标】
　　了解单位工程施工组织设计的编制依据；熟悉单位工程施工组织设计的编制内容、步骤与方法，资源需要计划的编制方法；掌握施工方案的选择与确定，施工进度计划的编制方法，施工现场平面图的设计内容、步骤与方法。

6.1 概述

6.1.1 单位工程施工组织设计编制的任务与依据

1. 任务

单位工程施工组织设计是由施工企业编制的，用以指导建筑工程投标、签订承包合同、施工准备和施工全过程的技术、经济文件。它的主要任务是根据施工组织设计编制的基本原则、施工组织总设计和其他有关原始资料，结合实际施工条件，从整个工程施工的全局出发，制订科学合理的施工方案，合理安排施工顺序和进度计划，有效利用施工场地，优化配置和节约使用人力、物力、资金、技术等生产要素，协调各方面工作，使施工在一定的时间、空间和资源供应条件下，有组织、有计划、有秩序地进行，实现工期短、质量好、成本低的目标。

2. 依据

单位工程施工组织设计的编制依据主要有：

（1）施工组织总设计，主要指施工组织总设计对本单位工程的工期、质量和成本控制的目标要求及提供的条件。

（2）单位工程全部施工图纸及其标准图集。

（3）单位工程的工程地质勘探报告、地形图和工程测量控制网。

（4）承包单位年度施工计划对本工程开竣工的时间要求。

（5）合同文件，包括：①协议书；②中标通知书；③投标书及其附件；④专用条款；⑤通用条款；⑥标准、规范及其有关技术文件；⑦图纸；⑧具有标价的工程量清单；⑨工程报价单或施工图预算书。

（6）法律、法规、技术规范文件,指本工程所涉及的国家、行业、地方主要法律、法规、技术规范、规程和企业技术标准及质量、环境、职业安全健康管理体系文件。

（7）其他有关文件，指本工程有关的国家批准的基本建设计划文件，建设地区主管部门的批文，施工单位上级下达的施工任务书等。

6.1.2 单位工程施工组织设计的分类与内容

1. 单位工程施工组织设计的分类

根据单位工程施工组织设计所处的阶段不同可以分为两类：一类是投标前编制的施工组织设计（简称标前设计），另一类是签订工程承包合同后编制的施工组织设计（简称标后设计）。

标前设计是为了满足编制投标书和签订承包合同的需要而编制的，是承包单位进行合同谈判、提出要约和进行承诺的根据和理由，是拟订合同文件中相关条款的基础资料。标后设计是为了满足施工准备和指导施工全过程的需要而编制的。这两类施工组织设计的特点见表 6-1。

两类施工组织设计的特点　　　　　表 6-1

种类	服务范围	编制时间	编制者	主要特性	追求目标
标前设计	投标与签约	投标书编制前	经营管理层	规划性	中标
标后设计	施工准备至工程验收	签约后开工前	项目管理层	操作性	施工效益

2. 内容

单位工程施工组织设计，根据设计阶段、工程性质、规模和复杂程度，其内容、深度和广度要求不同，不强求一致，但内容必须简明扼要，从实际出发，确定各种生产要素，如材料、机械、资金、劳动力等，使其真正起到指导工程投标，指导现场施工的目的。单位工程施工组织设计较完整的内容一般包括：

（1）工程概况及施工特点分析。

（2）施工方法与相应的技术组织措施，即施工方案。

（3）施工进度计划。

（4）劳动力、材料、构件和机械设备等需要量计划。

（5）施工准备工作计划。

（6）施工现场平面布置图。

（7）保证质量、安全，降低成本等技术措施。

（8）各项技术经济指标。

3. 各项内容的作用与相互关系

在编制单位工程施工组织设计基本内容中，劳动力、材料、构件和机械设备等需要量计划、施工准备工作计划、施工现场平面布置图，用于指导施工准备工作的进行，为施工创造物质技术条件。施工方案和进度计划则主要是指导施工过程的进行，规划整个施工活动。工程能否按期完工或提前交工，主要决定于施工进度计划的安排，而施工进度计划的制订又必须以施工准备、场地条件，以及劳动力、机械设备、材料的供应能力和施工技术水平等因素为基础。反过来，各项施工准备工作的规模和进度、施工平面的分期布置、各种资源的供应计划等，又必须以施工进度计划为依据。因此，在编制时，应抓住关键环节，同时处理好各方面的相互关系，重点编制好施工方案、施工进度计划和施工平面布置图。抓住这三个重点，突出技术、时间和空间三大要素，其他问题就会迎刃而解。

6.1.3　编制程序

单位工程施工组织设计编制程序如图 6-1 所示。

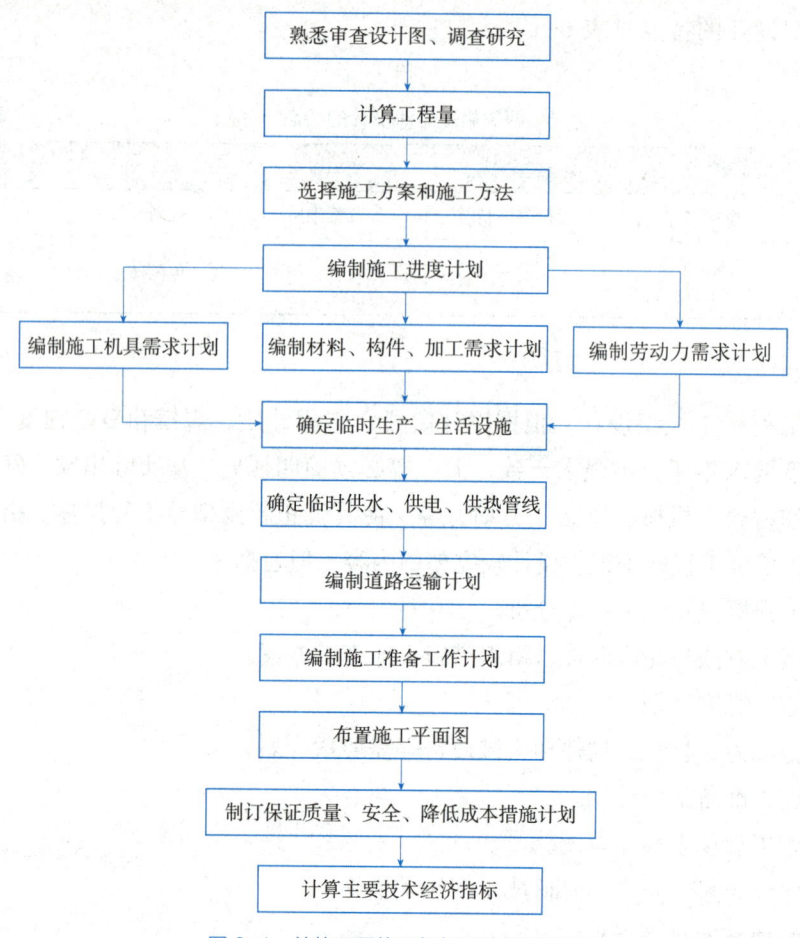

图 6-1 单位工程施工组织设计编制程序

6.2 工程概况与自然条件

工程概况与施工特点分析是对拟建工程的工程特点、现场情况、施工条件等所作的一个简要的、突出重点的文字介绍，也可采用表格形式简洁明了地表达。必要时附以平面图、立面图、剖面图以及主要分部（项）工程一览表。

6.2.1 工程建设概况

主要介绍拟建工程的建设单位、工程名称、性质、用途、投资额、开竣工日期、设计单位、施工单位、监理单位、主管部门的有关文件和要求，组织施工的指导思想等。可采用表 6-2 的形式表达。

工程项目概况一览表　　　　　表 6-2

工程名称		工程地址	
工程类别		占地总面积	

续表

建设单位		勘察单位	
设计单位		监理单位	
质量监督部门		质量要求	
总包单位		主要分包单位	
建设工期		合同工期	
总投资额		合同工期投资额	
地下水位		施工道路	
施工用水		施工用电	
工程主要功能和用途			

6.2.2 工程建筑设计概况

工程平面组成、层数、层高、建筑面积，装饰装修主要做法，工程各部位防水做法，保温节能、绿化及环境保护等概况，并应附以平面、立面和剖面图。内容表达可采用表6-3。

工程建筑设计概况一览表　　　　　表6-3

		占地面积		首层建筑面积		总建筑面积	
层数	地上		层高	首层		地上面积	
	地下			标准层		地下面积	
				地下			
装饰装修	外墙						
	楼地面						
	墙面						
	顶棚						
	楼梯						
	电梯厅	地面：		墙面：		顶棚：	
防水	地下	防水等级：		防水材料：			
	屋面	防水等级：		防水材料：			
	厕浴间						
	阳台						
	雨篷						
保温节能							
绿化							
环境保护							
其他需要说明的事项：							

6.2.3 工程结构设计概况

地基基础结构设计概况，主体结构设计概况，抗震设防等级，混凝土、钢筋等材料要求等。内容表达可采用表6-4。

工程结构设计概况一览表　　　　　　　　　　　　　　　表6-4

地基基础	埋深		持力层		承载力标准值	
	桩基	类型：		桩长：	桩径：	间距：
	箱、筏	底板厚度：		顶板厚度：		
	条基					
	独立					
主体	结构形式			主要柱网间距		
	主要结构尺寸	梁：	板：	柱：		墙：
抗震与抗震设防等级				混凝土抗渗等级		
混凝土强度等级	基础		墙体		其他	
	梁		板			
	柱		楼梯			
钢筋	类别：					
特殊结构	（钢结构、组合结构、预应力、网架、索膜）					
其他需要说明的事项：						

6.2.4 建筑设备安装概况

给水、排水设计情况，强电、弱电设计概况，通风空调、采暖供热、消防系统以及电梯等设计概况。内容表达可采用表6-5。

建筑设备安装概况一览表　　　　　　　　　　　　　　　表6-5

给水	冷水		排水	污水	
	热水			雨水	
	消防			中水	
强电	高压		弱电	电视	
	低压			电话	
	接地			安全监控	
	防雷			楼宇智能	
	照明			综合布线	
中央空调系统					
通风系统					
采暖供热系统					

续表

消防系统	火灾报警系统			
	自动喷水灭火系统			
	消火栓系统			
	防、排烟系统			
	气体灭火系统			
电梯	人梯：台	货梯：台	消防梯：台	自动扶梯：台
其他需说明的事项：				

6.2.5 自然条件

（1）气象条件

当地气象条件和变化情况。包括冬季开始时间，一般平均温度、最低温度、极端最低温度和降雪量情况；夏季开始时间、一般平均温度、最高温度和极端最高温度情况；雨季时间、平均降水量和日最大降水量情况。当地主导风向和最大风力情况。

（2）工程地质及水文条件

建筑物所处位置的地下各层土质情况，地下水水质、水位标高及地下水流向、流速等。

（3）地形条件

建筑物所在位置的场地绝对标高、相对标高、场地平整情况等。

（4）周边道路及交通条件

施工现场周边道路状况、运输道路是否畅通等。

（5）场区及周边地下管线

施工现场及周边是否有地下给水排水、供热、电缆、天然气、液化气等管道，各类管道埋置位置、深度等情况。

6.3 施工方案

施工方案是施工组织设计的核心内容。施工方案的选择是否合理，将直接影响到工程进度、施工质量、安全生产和工程成本。其内容包括：施工展开程序、确定施工起点流向、主要分部（项）工程的施工方法和施工机械。

6.3.1 确定施工展开程序

单位工程的施工展开程序是指不同施工阶段、分部工程或专业工程之间所固有的、密不可分的先后施工次序，它既不可颠倒，也不能超越。施工中通常应遵守的程序有以下几种。

（1）先地下后地上

工程施工时通常应首先完成地下管道、管线等设施，其次进行土方工程和基础工程，然后开始地上工程施工。但是，特殊工程采取逆作法施工除外。

（2）先主体后围护

通常是指框架结构和排架结构的建筑工程中，应先施工主体结构，后施工围护结构。高层建筑工程为了有效地节约时间、缩短工期，可以采取适当的合理搭接施工。

（3）先结构后装饰

施工时先进行主体结构施工，然后进行装饰工程施工。为了缩短施工工期，也有结构工程先进行一段时间后，装饰工程随后搭接进行施工。例如，有些临街工程采用在上部主体结构施工时，下部数层先行装修后即开门营业的做法，使装修与结构搭接施工，加快了进度，提高了投资效益。但其缺点是：垂直交叉作业多，成品保护难，需要采取一定的技术组织措施来保证工程质量和安全。对于多层民用建筑工程，结构与装修以不搭接施工为宜。

（4）先土建后设备

是指土建施工应先于水、暖、电、卫等建筑设备的施工。但也可安排穿插施工，尤其是在装修阶段，要从进度、质量、安全等多角度处理好土建和设备的关系。

6.3.2 确定施工起点流向

确定施工起点流向，就是确定单位工程在平面或竖向上施工开始的部位和展开的方向。它牵涉到一系列施工活动的开展和进程，是组织施工活动的重要环节。确定单位工程施工起点流向时，一般应考虑如下因素：

（1）车间的生产工艺流程，往往是确定施工起点流向的关键因素。因此，从生产工艺上考虑，影响其他工段试车投产的工段应该先施工。如A车间生产的产品受B车间生产的产品影响，B车间划分为三个施工段，Ⅱ、Ⅲ段的生产又受到Ⅰ段的约束，故其施工起点流向应从B车间的Ⅰ段开始，依次进行Ⅱ、Ⅲ段，再进行A车间施工，如图6-2所示。

（2）建设单位对生产和使用的需要。一般应考虑建设单位对生产或使用急的工段或部位先施工。

（3）施工的繁简程度。一般技术复杂、施工进度慢、工期较长的区段或部位应先施工。

（4）房屋高低层或高低跨。如柱子的吊装应从高低跨并列处开始；屋面防水施工应按先高后低的方向施工，同一屋面则由檐口到屋脊方向施工；基础有深有浅时，应按先深后浅的顺序施工。

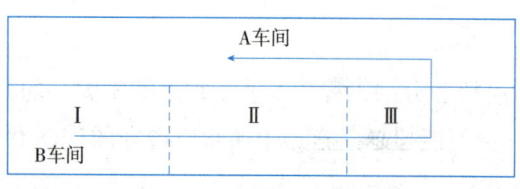

图6-2 施工起点流向示意图

（5）施工现场条件和施工方案。施工场地的大小、道路布置和施工方案中采用的施工方法和施工机械是确定施工起点和流向的主要因素，往往要受到施工现场条件的制约。如土方工程边开挖边余土外运，则施工起点应确定在离道路远的部位和由远及近的进展方向。

（6）分部分项工程的特点及相互关系。如室内装修工程除平面上的起点和流向外，在竖向上还要决定其流向，而竖向的流向确定更显得重要。密切相关的分部分项工程的流向，一旦前导施工过程的起点流向确定之后，则后续施工过程也便随其而定了。

应当指出，在流水施工中，施工起点流向决定了各施工段的施工顺序。因此，确定施工起点流向的同时，应当将施工段的划分和编号也确定下来。

下面以多层建筑物装饰工程为例加以说明。根据装饰工程的工期、质量和安全要求，以及施工条件，其施工起点流向一般分为：

（1）室外装饰工程一般按自上而下的顺序组织流水施工。

（2）室内装饰工程分为自上而下、自下而上和自中而下再自上而中的三种顺序组织流水施工。

室内装饰工程自上而下的流水施工方案，通常是主体结构工程封顶、做好屋面防水层（或防水基层做好，但防水层尚未完成）后，从顶层开始，逐层往下进行。其施工流向如图6-3所示，又分为水平向下、垂直向下两种情况。通常采用图6-3（a）所示的水平向下的流向较多。

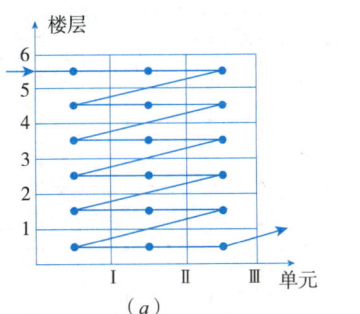 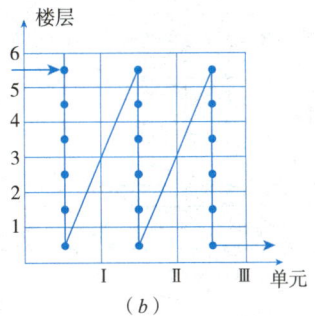

图6-3 室内装饰工程自上而下的流向
（a）水平向下；（b）垂直向下

这种起点流向的优点是主体结构完成后，有一定的沉降时间，能保证装饰工程的质量。做好屋面防水层后，可防止在雨期施工时因雨水渗漏而影响装饰工程的质量。并且自上而下的流水，同时垂直交叉作业少，便于组织施工，有利于保证施工安全，从上往下清理垃圾方便。其缺点是不能与主体结构施工搭接，因而工期较长。

室内装饰工程自下而上的流水施工方案，是指当主体结构工程的墙体施工到2~3层以上时，装饰工程从一层开始逐层向上进行（或从二层开始逐层向上进行，一层最后施工），其施工流向如图6-4所示，有水平向上和垂直向上两种情况。

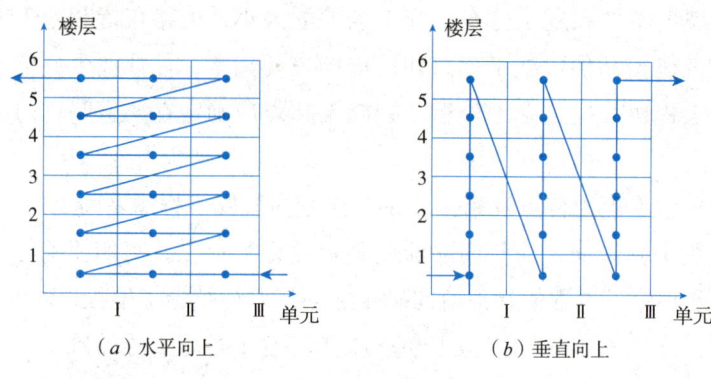

图 6-4 室内装饰工程自下而上的流向

这种起点流向的优点是可以和主体结构工程进行交叉施工，故工期较短。其缺点是工序之间交叉较多，需要很好地组织施工，并采取安全措施。当采用预制楼板时，由于板缝填灌不实，以及靠墙一边较易渗漏雨水和施工用水，影响装饰工程质量，为此在上下两相邻楼层中，应首先抹好上层地面，再做下层顶棚抹灰。

自中而下再自上而中的流水施工方案，如图 6-5 所示，综合了上述两者的优缺点，适用于中、高层建筑的装饰工程。

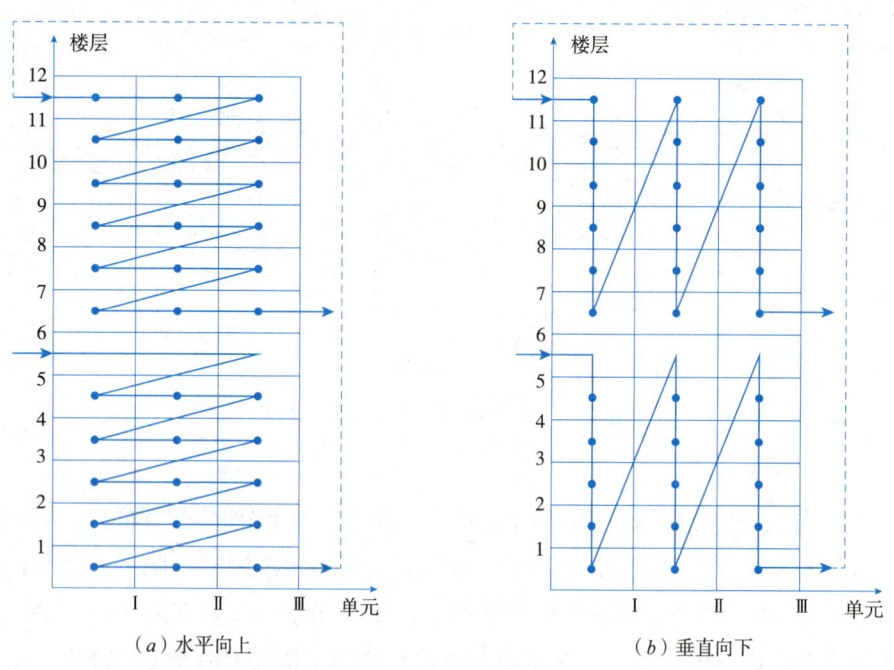

图 6-5 室内装饰工程自中而下再自上而中的流向

室外装饰工程一般总是采取自上而下的起点流向，如图 6-3 所示。

6.3.3 确定施工顺序

施工顺序是指分部分项工程施工的先后次序。确定施工顺序时，一般应考虑以下几项因素：

（1）遵循施工程序；

（2）符合施工工艺要求；

（3）与施工方法一致；

（4）按照施工组织的要求；

（5）考虑施工安全和质量；

（6）考虑当地气候的影响。

现将多层现浇式结构房屋、多层装配式结构房屋和装配式钢筋混凝土单层工业厂房的施工顺序分别叙述如下。

1. 多层混合结构房屋施工顺序

多层混合结构房屋的施工，可分为基础工程、主体结构工程、屋面及装修工程三个阶段。图 6-6 为现浇式结构三层居住房屋施工顺序示意图。

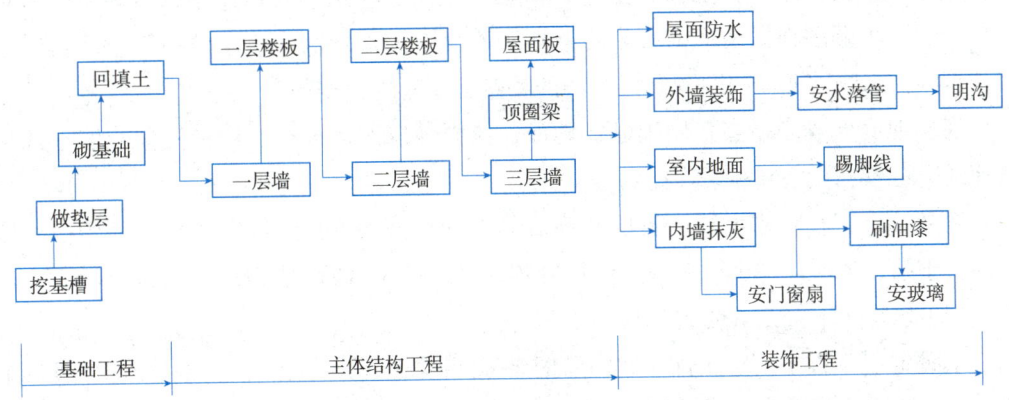

图 6-6 多层混合结构房屋施工顺序示意图

（1）基础工程的施工顺序

基础工程施工阶段是指室内地坪(±0.00)以下的所有工程内容施工阶段,其顺序是：挖土→做垫层→砌（浇）基础→铺防潮层→回填土。如果地下有障碍物、坟穴、防空洞等，需先进行处理。

如有桩基础，应先进行桩基础施工；如有地下室，则在基础完成或完成一部分后，砌（浇）筑地下室墙；在做完防潮层后安装地下室顶板，最后回填土。

（2）主体结构工程的施工顺序

主体结构工程施工阶段的工作,通常包括搭设脚手架、砌（浇）筑墙体、安装门窗框、安预制过梁、安预制楼板、现浇卫生间楼板、安装楼梯或浇筑楼梯、安屋面板等工程，其中墙体砌筑与安装楼板为主导施工过程，各层预制楼梯段的安装必须与砌墙和安楼板紧密配合，否则由于养护时间的影响将使后续工作不能及早进行。砌（浇）筑墙体和安装门窗可以采用"先塞口"或"后塞口"两种顺序。前者是先安装门窗框，再砌（浇）筑墙体，最后在装修阶段安装门窗扇；后者是先砌（浇）筑墙体，最后在装修阶段安装门窗框扇。

（3）屋面和装饰工程的施工顺序

这个阶段的施工具有内容多、劳动消耗量大、且手工操作多、需要的时间长等特点。屋面工程的施工顺序分为找平层→隔气层→保温层→找平层→防水层。刚性防水屋面的现浇钢筋混凝土防水层，分隔缝施工应在主体结构完成后开始并尽快完成，以便为室内装饰创造条件，一般情况下，屋面工程可以和装饰工程搭接或平行施工。

装饰工程可分室外装饰和室内装饰。室内外装饰工程的施工顺序有先内后外，先外后内，内外同时进行三种顺序。具体确定哪种顺序应视施工条件和气候而定。通常室外装饰应避开冬期和雨期。如果为了加速脚手架周转或要赶在冬雨期到来之前完成外装修，则应采取先外后内的顺序。

同一层的室内抹灰施工顺序有：地面→顶棚→墙面和顶棚→墙面→地面两种。前一种顺序便于清理地面，地面质量易于保证，且便于收集墙面和顶棚的落地灰，节省材料；后一种顺序在做地面前必须将顶棚和墙面上的落地灰和渣子清扫干净后再做面层，否则会影响地面面层同预制楼板间的粘贴，引起地面空鼓。

底层地面一般多是在各层顶棚、地面、楼面做好之后进行，门窗安装一般在抹灰之前或后进行，视气候和条件而定。

室外装饰工程在由上往下每层装饰、落水管等分项工程全部完成后，开始拆除该层的脚手架，逐层往下进行。最后进行勒脚、散水坡及台阶的施工。

（4）水暖电卫等工程的施工顺序

水暖电卫工程不同于土建工程，往往不能明显地划分先后施工顺序。它一般与土建工程中有关分项工程之间进行交叉施工，紧密配合。

1）在基础工程施工时，先将相应的给水排水管沟和暖气管沟的垫层、管沟墙做好，然后回填土。

2）在主体结构施工时，应在砌墙或现浇钢筋混凝土楼板的同时，预留给水排水管和供暖供冷立管的孔洞、孔槽或桥架、支架等以及其他预埋件。

3）在装饰工程施工前，安设相应的各种管道和电气照明用的附墙暗管、接线盒等。水暖电卫安装一般在楼地面和墙面抹灰前后穿插施工。

2. 装配式混凝土结构房屋的施工顺序

多高层混凝土结构房屋可以利用柱墙梁板等构件形成框架结构、框剪结构、剪力墙结构等不同结构体系。目前，国内高层混凝土结构房屋的结构形式以框剪结构、剪力墙结构居多。这种结构房屋的柱墙梁板等混凝土构件可以采用现浇工艺或预制装配工艺实现。在构建"资源节约型"和"环境友好型"社会背景下，国家大力提倡采用预制装配式混凝土结构体系建造各类建筑工程。图 6-7 为装配式混凝土结构房屋的施工顺序示意图。

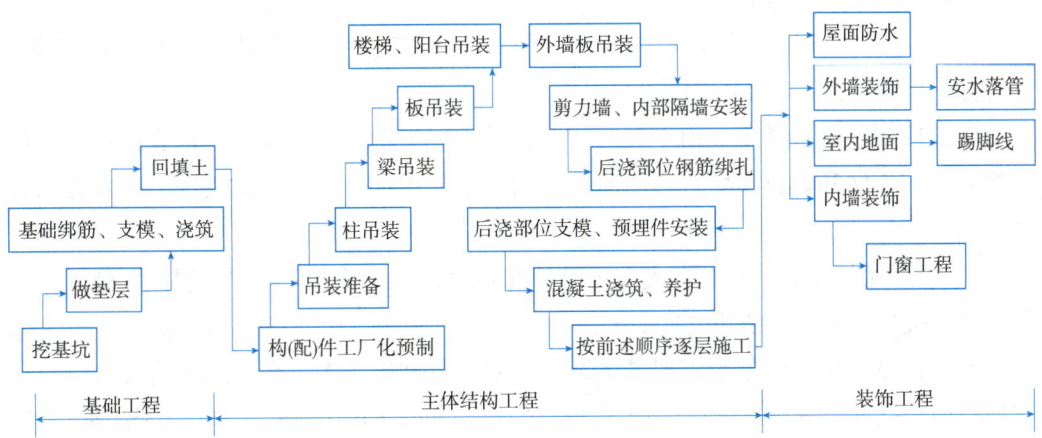

图 6-7　装配式混凝土结构房屋施工顺序示意图

由图 6-7 可以看出，装配式混凝土结构房屋的基础工程和装饰工程施工阶段的施工内容与施工顺序与图 6-6 所示的多层混合结构房屋基本相同，其主要不同在于主体结构施工阶段。装配式混凝土结构房屋施工中大量的柱墙梁板等结构件采用工厂化预制，运至施工现场后，采取机械吊装的方式装配起来，完成房屋主体结构工程的施工过程。此外，在装配式混凝土构件吊装过程中，构件的固定、构件间的连接，要根据结构设计的套筒、浆锚、叠合、焊接等工艺完成，施工使用的脚手架、支撑等需与预制结构件吊装的需要配合进行。

3. 装配式混凝土结构单层工业厂房的施工顺序

装配式混凝土结构单层工业厂房的施工可分为基础工程、预制工程、结构安装工程、围护工程和装饰工程等五个施工阶段，图 6-8 所示为装配式混凝土结构单层工业厂房的施工顺序。

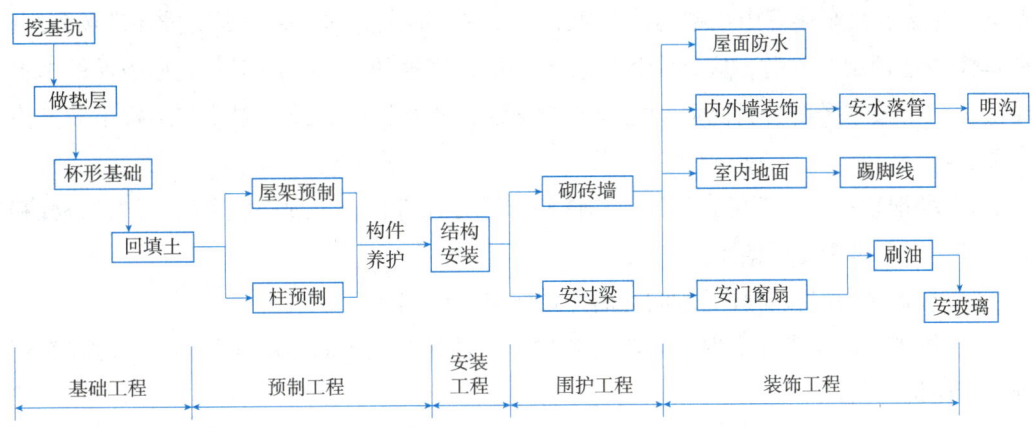

图 6-8　装配式混凝土结构单层工业厂房施工顺序

（1）基础工程施工顺序

基础工程的施工顺序通常是基坑挖土→垫层→绑筋→支基础模板→浇基础混凝土→养护→拆模→回填土。

当中、重型工业厂房建设在土质较差地区时，一般需要用桩基础。此时为缩短工期，常将打桩工程安排在准备阶段进行。

对于厂房的设备基础，由于其与厂房柱基础施工顺序的不同，常常会影响到主体结构的安装方法和设备安装投入的时间，因此需要根据不同的情况决定。通常有三种方案：

1）当厂房柱基础的埋置深度大于设备基础埋置深度时，采用"封闭式"施工，即厂房柱基础先施工，设备基础后施工。

通常，当厂房施工处于雨期或冬期时，或设备基础不大，在厂房结构安装后对厂房结构稳定性并无影响时，或对于较大较深的设备基础采用了特殊的施工方法（如沉井）时，可采用"封闭式"施工。

2）当设备基础埋置深度大于厂房基础的埋置深度时，通常采用"开敞式"施工，即厂房柱基础后施工和设备基础先施工。

3）同时施工，只有当设备基础较大较深，其基坑的挖土范围已经与柱基础的基坑挖土范围连成一片或深于厂房柱基础，以及厂房所在地点土质不佳时，方采用厂房柱基础与设备基础同时施工的顺序。

在单层工业厂房基础施工前，和民用房屋一样，也要先处理好其下部的松软土、洞穴等，然后分段进行施工。在安排各分项工程之间的搭接时，应根据当时的气温条件，加强对钢筋混凝土垫层和基础的养护，在基础混凝土达到拆模强度后方可拆模，并及早进行回填土，从而为现场预制工程创造条件。

（2）预制工程的施工顺序

单层工业厂房构件的预制方式，一般采用加工厂预制和现场预制相结合的方法。通常对于重量较大或运输不便的大型构件，可在施工现场就地预制，如中小型柱、托架梁、屋架、吊车梁等中小型构件在加工厂预制，而大型柱、屋架等安排在现场预制。在具体确定预制方案时，应结合构件技术特征、当地的生产、施工、运输条件等多方面因素进行技术经济分析之后确定。一般来说，预制构件的施工顺序与结构吊装方案有关。

1）场地狭小、工期又允许时，构件制作可分别进行。先预制柱和吊车梁，待柱和梁安装完毕后再进行屋架预制。

2）场地宽敞时，可柱、梁制完后即进行屋架预制。

3）场地狭小工期又紧时，可将柱和梁等构件在拟建车间内就地预制，同时在车间外进行屋架预制。

现场后张法预应力屋架的施工顺序为：场地平整夯实→支模→扎筋→预留孔道→

浇筑混凝土→养护→拆模→预应力筋张拉→锚固→放张→灌浆。

（3）结构安装工程的施工顺序

结构安装工程的施工顺序取决于吊装方法。采用分件吊装法时，顺序为第一次开行吊装柱，校正并临时固定，然后浇筑柱脚灌缝混凝土；待灌缝混凝土强度达到设计强度等级的70%后，第二次开行吊装吊车架、连系梁和基础梁；第三次开行吊装屋盖构件。采用综合吊装法时，顺序依次为吊装第一节间四根柱，校正固定后安装吊车梁及屋盖等构件，如此至整个车间安装完毕。

（4）围护工程的施工顺序

围护工程阶段的施工包括内外墙体砌筑或安装、搭脚手架、安装门窗和屋面工程等。在厂房结构安装工程结束后，或安装完一部分区段后即可开始内外墙砌筑或安装的分段施工。脚手架应配合墙体和屋面工程搭设，在室外装饰之后，散水坡施工前拆除。屋面工程的顺序同混合结构房屋的屋面施工顺序。

（5）装饰工程的施工顺序

具体分为室内装饰和室外装饰。

一般单层厂房的装饰工程与其他施工过程穿插进行。水暖电气安装工程与混合结构居住房屋的施工顺序基本相同，但应注意空调设备安装的安排。

这些仅适用于一般情况。由于结构、现场条件、施工环境不同，均会对施工过程和顺序产生不同影响，因此须根据施工特点和具体情况，合理确定施工顺序。

6.3.4 选择施工方法和施工机械

由于建筑产品的多样性、地区性和施工条件的差异性，所以一个单位工程的施工过程、施工机械和施工方法的选择也是多种多样的。正确地拟定施工方法和施工机械，是选择施工方案的核心内容，它直接影响施工进度、质量和安全及成本费用。

1. 选择施工方法

选择施工方法时，应重点解决影响整个工程施工的分部（项）工程的施工方法。如在单位工程施工中占重要地位的、工程量大的分部（项）工程，施工技术复杂或采用新材料、新结构、新工艺及对质量起关键作用的分部（项）工程，特种结构工程或由专业施工单位施工的特殊专业工程的施工方法。而对于人们熟悉的、工艺简单的分项工程，仅加以概括说明，提出应注意的特殊问题即可，不必拟定详细的施工方法。选择主要分部（项）工程的施工方法应包括以下内容：

（1）土石方工程

1）计算土石方工程量，确定开挖或爆破方法，选择相应的施工机械。当采用人工开挖时应按工期要求确定劳动力数量，并确定如何分区分段施工。当采用机械开挖时应选择机械挖土的方式，确定挖掘机型号、数量和行走线路，以充分利用机械能力，达到最高的挖土效率。

2）地形复杂的地区进行场地平整时，确定土石方调配方案。

3）当基坑较深时，应根据土壤类别确定边坡放坡坡度、土壁支护方法，确保安全施工。

4）基坑深度低于地下水位时，应选择降低地下水位的方法，确定降低地下水所需设备。

（2）基础工程

1）基础需设施工缝时，应明确留设位置、技术要求。

2）确定地基处理、基础垫层、混凝土和钢筋混凝土基础施工的技术要求或有地下室时的防水施工技术要求。

3）确定桩基础的施工方法和施工机械。

（3）砌筑工程

1）明确砖墙的砌筑方法和质量要求。

2）明确砌筑施工中的流水分段和劳动力组合形式等。

3）确定脚手架与安全网搭设方法和技术要求。

（4）混凝土及钢筋混凝土工程

1）确定混凝土工程施工方案，如滑模法、爬升法或其他方法。

2）确定模板类型和支模方法，重点应考虑提高模板周转利用次数，节约人力和降低成本，对于复杂工程还需进行模板设计和绘制模板放样图或排列图。

3）钢筋工程应选择恰当的加工、运输和绑扎、焊接或安装方法，如果钢筋作现场预应力张拉时，还应详细制定预应力钢筋的张拉、锚固和检测方法。

4）选择混凝土的制备方案，是采用商品（预拌）混凝土，还是现场制备混凝土。确定搅拌、运输及浇筑顺序和方法，选择泵送混凝土和普通垂直运输混凝土机械。

5）选择混凝土搅拌、振捣设备的类型和规格，确定施工缝的留设位置。

6）如采用预应力混凝土应确定预应力混凝土的施工方法、控制应力和张拉设备。

（5）结构吊装工程

1）根据选用的机械设备确定结构吊装方法，安排吊装顺序、机械位置、开行路线及构件的制作、拼装场地。

2）确定构件的运输、装卸、堆放方法，所需的机具、设备的型号、数量和对运输道路的要求。

（6）装饰工程

1）围绕室内外装修，确定顶棚、墙面、地面、屋面等施工方法。

2）确定工艺流程和劳动组织，组织流水施工。

3）确定所需机械设备，确定材料堆放、平面布置和储存要求。

（7）现场垂直、水平运输

1）确定垂直运输量（有标准层的要确定标准层的运输量），选择垂直运输方式，选择脚手架的形式及搭设方式。

2）水平运输方式及设备的型号、数量，配套使用的专用工具、设备（如混凝土车、灰浆车、料斗、砖车、砖笼等），确定地面和楼层水平运输的行驶路线。

3）合理布置垂直运输设施的位置，综合安排各种垂直运输设施的任务和服务范围及装卸料方式。

2.选择施工机械

选择施工机械时应注意以下几点：

（1）首先选择主导工程的施工机械。如地下工程的土方挖运机械，主体结构工程的垂直、水平运输机械，结构吊装工程的起重吊装机械等。

（2）在选择辅助施工机械时，必须充分发挥主导施工机械的生产效率，要使两者的台班生产能力协调一致，并确定出辅助施工机械的类型、型号和数量。例如，土方工程中自卸汽车的载重量应为挖掘机斗容量的整数倍，自卸汽车的数量应保证挖掘机连续工作，使挖掘机的效率充分发挥。

（3）为便于施工机械化管理，同一施工现场的机械型号尽可能少些，当工程量大而且集中时，应选用专业化施工机械；当工程量小而分散时，可选择多用途施工机械。

（4）尽量选用施工单位的现有机械，以减少施工的投资额，提高现有机械的利用率，降低成本。当现有施工机械不能满足工程需要时，则购置或租赁所需新型机械。

6.3.5 拟定技术组织措施

技术组织措施是通过采取技术方面和组织方面的具体措施，达到保证工程施工质量、按期完成施工进度、有效控制工程成本的目的。

（1）保证工程质量措施。保证质量的关键是正确设置质量控制点。对所涉及的工程中容易发生的质量问题的作业制订防治措施，从全面质量管理的角度，建立质量管理保证体系，把措施落到实处。例如，对采用新工艺、新材料、新技术和新结构，需制订有针对性的技术措施。认真制订放线定位正确无误的措施，确保地基基础特别是特殊、复杂地基基础正确无误的措施，保证主体结构关键部位的质量措施，复杂工程的施工技术措施等。

（2）安全施工措施。各专业施工作业必须认真贯彻安全操作规程，对施工中可能发生安全问题的环节进行预防，其主要内容包括：

1）预防自然灾害措施。包括防台风、防雷击、防洪水、防地震等。

2）预防火灾爆炸措施。包括大风天气严禁施工现场明火作业，明火作业要有安全保护，氧气瓶防振、防晒和乙炔罐严禁回火等措施。

3）劳动保护措施。包括施工用电、高空作业、交叉施工保护措施，防暑降温、防冻防寒和防滑防坠落，以及防有害气体等措施。

4）安全专项施工方案。对于达到一定规模的危险性较大的分部分项工程要单独编制安全专项施工方案；对于超过一定规模的危险性较大的分部分项工程安全专项施工方案，要组织有关专家进行论证，论证通过后才可付诸实施。

（3）文明施工措施。包括施工人员管理、场容场貌管理、现场图牌管理、现场办公区和生活区管理、现场卫生管理、车辆交通管理、文明施工检查、施工现场监控等措施。

（4）降低成本措施。降低成本措施包括节约劳动力、材料、机械设备费用，节约工具用具使用费用，节约现场临时设施费用，节约现场管理和经营管理等费用。针对工程量大、有降低成本潜力的项目，拟定有效措施，计算出经济效果指标，加以分析、评价、决策。一定要正确处理降低成本、提高质量和缩短工期三者的关系。

（5）保证工期措施。根据经验分析，工程变更、工程量增减、材料物资供应不及时、劳动力和机械供应不及时、恶劣自然条件发生等都会影响工程进度，保证措施可以从组织、管理、技术、经济等方面进行设计，抓住重点，制订有效措施。

（6）季节性施工措施。当工程施工跨越冬期或雨期时，要制订冬、雨期施工措施，要在防冻、防淋、防潮、防泡，以及防拖延工期等方面分别采用保温、遮盖、疏导、合理储存、改变施工顺序等措施，尽可能消除或降低冬、雨期对施工的不利影响。

（7）环境保护措施。为了保护环境，防止在城市施工中造成污染，在编制施工方案时应提出防止对环境造成影响的措施，包括防止垃圾和粉尘排放、有毒有害气体排放、现场生产污水和生活污水排放、噪声和强光排放等措施，以及现场树木和绿地保护等环境保护措施。主要应对以下方面提出措施：

1）防止施工污水污染环境的措施。如搅拌机冲洗废水、灰浆水、食堂污水等。

2）防止有毒有害气体污染环境的措施。如熟化石灰、涂料、油漆等作业产生的有害气体。

3）防止垃圾、粉尘污染环境的措施。如运输土方与垃圾、粉状和细颗粒材料堆放等。

4）防止噪声污染措施。如混凝土搅拌、振捣等。

5）防止强光污染措施。如钢筋、型钢和其他金属材料制品焊接、夜间施工照明等。

6.3.6　施工方案评价指标

任何一个分部（项）工程，都有若干个可行的施工方案，评价其优劣的标准是技术性和经济性，但最终标准是综合效益。为了避免施工方案的盲目性、片面性，在方案付诸实施前就应分析出其效益，保证所选方案的技术可行性、经济合理性，达到提高工程质量、缩短工期、降低成本的目的，进而提高工程施工的综合效益。施工方案评价常用的技术经济指标包括定性和定量两个方面。

1. 定性分析评价指标

（1）施工操作难易程度和安全可靠性。

（2）为后续工程创造有利条件的可能性。

（3）利用现有或取得施工机械的可能性。

（4）施工方案对冬、雨期施工的适应性。

（5）为现场文明施工创造有利条件的可能性。

（6）消除或降低对环境产生不利影响的可能性。

2. 定量分析评价指标

（1）工期指标。当要求工程尽快完成以便尽早投入生产或使用时，选择施工方案就要在确保工程质量、安全和成本较低的条件下，优先考虑缩短工期。

（2）劳动量指标。这是体现施工机械化程度和劳动生产率水平的重要指标。通常，劳动量消耗越小，机械化和劳动生产率越高。劳动量消耗指标以工日数计算。

（3）主要材料消耗指标。用其反映施工方案的主要材料节约情况。

（4）投资额指标。当选定的施工方案需要增加新的投资时，则需设增加投资额的指标进行比较。

（5）成本指标。反映施工方案的成本高低，需计算方案实施所需的作业费用和管理费用。作业费用是指方案实施中所涉及的分部分项工程基本作业和与之相关的其他作业（为保证工程质量、安全和文明施工等采取的技术组织措施等）所需的人工、材料、机械费用，一般通过逐项计算的方法求得。施工方案的成本指标除了作业费用之外，还应包括管理费用。施工方案的成本指标可以采用两种方法计算，一是费率计算法，即以作业费用乘以（1+管理费率）；二是分别计算法，即根据管理组织、人员规模等因素，测算出每天需要的管理费用数量，然后用施工方案的工期天数乘以每天管理费用数量计算出管理费用。作业费用与管理费用之和即为施工方案的成本指标。

采用费率计算法时，施工方案的成本指标 C 可以采用式（6-1）计算：

$$C = 作业费用 \times (1+管理费率) \quad (6-1)$$

【例6-1】现欲开挖大型公共建筑工程基坑，其平面尺寸为147.5m×124.46m，坑深为3.71m，土为二类土，土方量为9000m^3，因场地狭小，挖出的土除就地存放1200m^3准备回填之用外，其余土需用翻斗汽车及时运走。根据现有劳动力和机械设备条件，可以采用以下两种施工方案。每天一班制，管理费率为现场作业费用的10%。

方案1：W1-100型反铲挖土机挖土，翻斗汽车运土。

用反铲挖土机挖基坑不需开挖斜道，基坑修整需普工劳动量51工日。W1-100型反铲挖土机的台班生产率为529m^3，每台班租赁费828.80元（含两名操作工人工资在内）。采用拖车拖运挖土机进出场，进出场时间按0.5台班考虑，拖车台班费为956.00元。配合挖土每天需普工2人，普工工资标准为60.00元/工日。除现场挖土基本作业费用外，考虑与之相关的其他作业费用为1500.00元。

（1）工期指标：9000/529=17天

（2）劳动量指标：（2+2）×17+51=119工日

（3）成本指标：

作业费用 =（17+0.5）× 828.80+0.5 × 956.00+（2 × 17+51）× 60.00+1500.00
　　　　= 21582.00 元

成本指标 = 21582.00 ×（1+10%）=23740.20 元

方案 2：采用 W -50 正铲挖土机，翻斗汽车运土。

该方案需先开挖一条供挖土机及汽车出入的斜道，斜道土方量约为 120m³，W -50 正铲挖土机台班生产率为 521m³，每台班租赁费为 812.00 元（含两名操作工人工资在内）。基坑修整需普工 51 工日，斜道回填安排普工 33 工日需要 1 天时间。配合挖土需普工 2 人，普工工资标准、拖车使用及费用与方案 1 相同。除现场基本作业费用外，考虑与之相关的其他作业费用为 1800.00 元。

（1）工期指标：（9000+120）/521+1=17.5+1=18.5 天

（2）劳动量指标：2 × 17.5+2 × 18.5+51+33=156 工日

（3）成本指标：

作业费用 =（17.5+0.5）× 812.00+0.5 × 956.00+（2 × 18.5+51+33）× 60.00+1800.00
　　　　= 24154.00 元

成本指标 = 24154.00 ×（1+10%）=26569.40 元

上述两种方案有关指标计算结果汇总见表 6-6。

基坑开挖两种方案的技术经济指标比较　　　　表 6-6

开挖方案	工期指标（天）	劳动量指标（工日）	成本指标（元）	方案说明
方案 1	17	119	23740.20	反铲挖土机 W1-100 型
方案 2	18.5	156	26569.40	正铲挖土机 W-50 型

从表 6-6 中的指标值可以看出，方案 1 各指标均较优，故采用方案 1。

6.4　施工进度计划

单位工程施工进度计划是在已确定的施工方案的基础上，根据规定工期和各种资源供应条件，遵循各施工过程合理的施工顺序，用横道图或网络图描述工程从开始施工到全部竣工各施工过程在时间和空间上的安排和搭接关系。在此基础上，可以编制劳动力计划、材料和成品半成品计划、机械设备计划等。因此，施工进度计划是施工组织设计中一项非常重要的内容。

6.4.1　编制依据

编制进度计划主要依据下列资料：

（1）施工工期要求及开、竣工日期。

（2）经过审批的建筑总平面图、地形图、单位工程施工图、设备及基础图、采用的标准图及技术资料。

（3）施工组织总设计对本单位工程的有关规定。

（4）施工条件、劳动力、材料、构件及机械条件，分包单位情况等。

（5）主要分部（项）工程的施工方案。

（6）劳动定额、机械台班定额及本企业施工水平。

（7）其他有关要求和资料。

6.4.2 编制程序

单位工程施工进度计划的编制程序如图6-9所示。

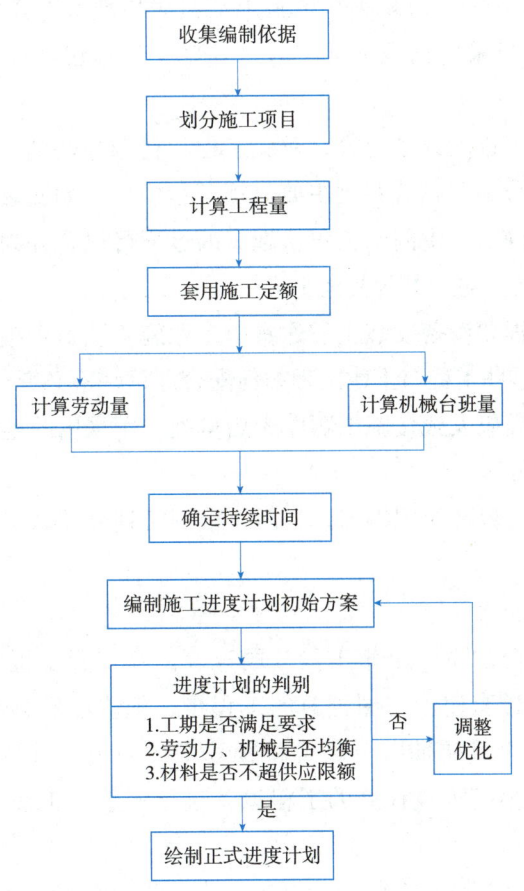

图6-9 单位工程施工进度计划的编制程序

6.4.3 编制步骤

1. 划分施工过程

施工过程是进度计划的基本组成单元。根据结构特点、施工方案及劳动组织确定拟建工程的施工过程，它包括直接在建筑物（或构筑物）上进行施工的所有分部（项）

工程，一般不包括加工厂的构、配件制作和运输工作。

在确定施工过程时，应注意以下几个问题：

（1）施工过程划分的粗细程度，主要取决于施工进度计划的客观需要。编制控制性进度计划，施工过程可划分得粗一些，通常只列出分部工程名称。如单层厂房的控制性施工进度计划，只列出土方工程、基础工程、预制工程、吊装工程和装修工程。编制实施性施工进度计划时，项目要划分得细一些，特别是其中的主导工程和主要分部工程，应尽量详细而且不漏项，以便于指导施工。如上述的单层厂房的实施性进度计划中，预制工程可分为柱子预制、吊车梁预制等，而各种构件预制又分为支撑模板、绑扎钢筋、浇筑混凝土等。

（2）施工过程的划分要结合所选择的施工方案。施工方案不同，施工过程名称、数量和内容也会有所不同。如某深基坑施工，当采用放坡开挖时，其施工过程有井点降水和挖土两项；当采用钢板桩支护时，其施工过程包括井点降水、打板桩和挖土三项。

（3）适当简化施工进度计划内容，避免工程项目划分过细、重点不突出。编制时可考虑将某些穿插性分项工程合并到主要分项工程中去，如安装门窗框可以并入砌墙工程；对于在同一时间内，由同一工程队施工的过程可以合并为一个施工过程，而对于次要的零星分项工程，可合并为其他工程一项。

（4）水暖电卫工程和设备安装工程通常由专业施工队负责施工。因此，在施工进度计划中只要反映出这些工程与土建工程如何配合即可，不必细分。

（5）所有施工过程应大致按施工顺序先后排列，所采用的施工项目名称可参考现行定额手册上的项目名称。

总之，划分施工过程要粗细得当。最后，根据所划分的施工过程列出施工过程一览表。

2. 计算工程量

工程量应针对划分的每一个施工段分段计算。在实际工程中，一般先编制工程预算书，工程量可直接套用施工图预算的工程量，但应注意某些项目的工程量应按实际情况调整。如"砌筑砖墙"一项要将预算中按内墙、外墙，以及按不同墙厚、不同砌筑砂浆品种和强度等级计算的工程量，进行汇总。工程量计算时应注意以下几个问题：

（1）各分部（项）工程的工程量计算单位应与现行定额手册所规定的单位一致，避免计算劳动力、材料和机械台班数量时须进行换算，由此而产生错误。

（2）结合选定的施工方法和安全技术要求计算工程量。

（3）结合施工组织要求，分区、分段和分层计算工程量。

（4）计算工程量时，尽量考虑编制其他计划时使用工程量数据的方便性，做到一次计算，多次使用。

3. 确定劳动量和机械台班数量

计算劳动量或机械台班数量时，可根据各分部（项）工程的工程量、施工方法和现行的劳动定额，结合实际情况加以确定。一般应按下式计算：

$$P=\frac{Q}{S} \tag{6-2}$$

或

$$P=Q \cdot H \tag{6-3}$$

式中　P——劳动量（工日）或机械台班数量；
　　　Q——某分部（项）工程的工程量；
　　　S——产量定额，即单位工日或台班完成的工程量；
　　　H——时间定额。

例如：某工程一层砖墙砌筑工程量为 855m³，时间定额为 0.83 工日 /m³，则可求得砌墙消耗劳动量为

$$P=Q \cdot H=855 \times 0.83=709.65 \approx 710 \text{工日}$$

若已知砌筑砖墙产量定额为 1.205m³/ 工日，则完成砌筑量 855m³ 所需的总劳动量为

$$P=\frac{Q}{S}=\frac{855}{1.205}=709.54 \approx 710 \text{工日}$$

S、H 最好采用本施工单位的实际水平，也可以参照施工定额水平。

使用定额时，会遇到施工进度计划中所列施工过程的工作内容与定额中所列项目不一致的情况，这时应予以调整。通常有下列两种情况：

（1）施工进度计划中的施工过程所含内容为若干分项工程的综合，此时可将定额作适当扩大，求出加权平均产量定额，使其适应施工进度计划中所列的施工过程，其计算公式如下：

$$S=\frac{Q_1+Q_2+\cdots+Q_n}{\frac{Q_1}{S_1}+\frac{Q_2}{S_2}+\cdots+\frac{Q_n}{S_n}}=\frac{\sum_{i=1}^{m} Q_i}{\sum_{i=1}^{m} \frac{Q_i}{S_i}} \tag{6-4}$$

式中　Q_1、Q_2、…、Q_n——同一性质各个不同类型分项工程的工程量；
　　　S_1、S_2、…、S_n——同一性质各个不同类型分项工程的产量定额；
　　　S——综合产量定额。

（2）有些新技术或特殊的施工方法，无定额可遵循。此时，可将类似项目的定额进行换算，或根据试验资料确定，或采用三点估计法。三点估计法的计算公式如下：

$$S=\frac{1}{6}(a+4m+b) \tag{6-5}$$

式中 S——综合产量定额；

a——最乐观估计的产量定额；

b——最保守估计的产量定额；

m——最可能估计的产量定额。

4. 确定各施工过程的持续时间

计算各施工过程的持续时间一般有两种方法：

（1）根据配备在某施工过程上的施工工人数量及机械数量来确定作业时间，计算公式如下：

$$t=\frac{P}{R \cdot N} \qquad (6-6)$$

式中 P——劳动量或机械台班数量；

t——完成某施工过程的持续时间；

R——该施工过程所需的劳动量或机械台班数量；

N——每天工作班数。

例如，某工程砌筑砖墙，需要总劳动量160工日，一班制工作，每天施工人数为23人，则施工天数为

$$t=\frac{P}{R \cdot N}=\frac{160}{23 \times 1}=6.956 \approx 7 \text{天}$$

确定施工持续时间，应考虑施工人员和机械所需的工作面。增加施工人数和机械数量可以缩短工期，但它有一个限度，超过了这个限度，工作面不充分，生产效率必然会下降。

（2）根据工期要求倒排进度。根据规定总工期、定额工期及施工经验，确定各施工过程的施工时间，然后再按各施工过程需要的劳动量或机械台班数，确定各施工过程需要的机械台数或工人数。计算公式如下：

$$R=\frac{P}{t \cdot N} \qquad (6-7)$$

式中符号含义同前。

计算时，首先按一班制考虑，若算得的机械台班数或工人数超过工作面所能容纳的数量时可增加工作班次或采取其他措施，使每班的机械数量或人数减少到可能与合理的范围。

5. 编制施工进度计划的初始方案

各施工过程的施工顺序和施工天数确定之后，应按照流水施工的原则，根据施工方案划分的施工段组织流水施工，找出并安排控制工期的主导施工过程，使其尽可能连续施工，而其他施工过程根据工艺合理性尽量穿插、搭接或平行作业。最后

将各施工段的流水作业图表最大限度地搭接起来，即得到单位工程施工进度计划的初始方案。

6. 施工进度计划的检查与调整

无论采用流水作业法还是网络计划技术，对施工进度计划的初始方案均应进行检查、调整和优化。其主要内容有：

（1）各施工过程的施工顺序、平行搭接和技术组织间歇是否合理。

（2）编制的工期能否满足合同规定的工期要求。

（3）劳动力和物资方面是否能保证均衡、连续施工。

根据检查结果，对不满足要求的进行调整，如增加或缩短某施工过程的持续时间；调整施工方法或施工技术组织措施等。总之，通过调整，在满足工期的条件下，达到使劳动力、材料、设备需要趋于均衡，主要施工机械利用率合理的目的。

此外，在施工进度计划执行过程中，往往会因人力、物力及现场客观条件的变化而打破原定计划，因此在施工过程中，应经常检查和调整施工进度计划。近年来，计算机已广泛应用于施工进度计划的编制、优化和调整，尤其是在优化和快速调整方面更能发挥其计算迅速的优势。

6.4.4 资源需要量计划

施工进度计划确定之后，可根据各工序及持续期间所需资源编制出材料、劳动力、构件、加工品、施工机具等资源需要量计划，作为有关职能部门按计划调配的依据，以利于及时组织劳动力和技术物资的供应，确定工地临时设施，以保证施工进度计划的顺利进行。

1. 劳动力需要量计划

将各施工过程所需要的主要工种劳动力，根据施工进度的安排进行叠加，就可编制出主要工种劳动力需要量计划，见表6-7。它的作用是为施工现场的劳动力调配提供依据。

劳动力需要量计划　　　　　　　　　　　表6-7

序号	工种名称	总劳动量（工日）	每月需要量（工日）					
			1	2	3	4	5	6

2. 主要材料需要量计划

材料需要量计划主要为组织备料、确定仓库或堆场面积、组织运输之用。其编制方法是，将施工预算中工料分析表或进度表中各施工过程所需的材料，按材料名称、规格、使用时间并考虑到各种材料消耗进行计算汇总而得，见表6-8。

主要材料需要量计划表 表6-8

序号	材料名称	规格	需要量	供应时间	备注

3. 构配件和半成品需要量计划

建筑结构构件、配件和其他加工半成品的需要量计划主要用于落实加工订货单位，并按照所需规格、数量、时间，组织加工、运输和确定仓库或堆场，可根据施工图和施工进度计划编制，见表6-9。

构配件和半成品需要量计划 表6-9

序号	构件、配件及半成品名称	规格	图号	需要量		使用部位	加工单位	供应日期	备注
				单位	数量				

4. 施工机械需要量计划

根据施工方案和施工进度计划确定施工机械的类型、数量、进场时间。其编制方法是将施工进度计划表中每个施工过程、每天所需的机械类型、数量和施工日期进行汇总，以得出施工机械需要量计划，见表6-10。

施工机械需要量计划 表6-10

序号	机械名称	类型、型号	需要量		货源	使用起止时间	备注
			单位	数量			

6.4.5 计划管理软件及其应用

借助各类计算机软件进行工程计划管理是现代工程项目信息化管理的科学方法。其优势在于：①国际通用，表达精准；②降低计划绘制难度；③便于各组计划整合，进而统一协调；④成果输出精美，易于接受、便于沟通。下面介绍几种建设工程领域常用的软件及其应用。

1. 常用软件

（1）Microsoft Office Project（MsP），是由Microsoft公司开发的项目管理软件，凝集了许多成熟的项目管理现代理论和方法，可以实现时间、资源、成本的计划、控制。其特点是：①充足的任务节点处理数量。可以处理的任务节点数量多少是一个工程项目管理软件能否胜任大型复杂工程项目管理的最基本的条件。②能满足大型复杂工程项目管理的需求，提供比较完善的解决方案。③易学易用，有利于文档完备，易于推广。④强大的扩展和兼容能力。该软件内置了 Visual Basic for Application（VBA），用户可以利用 VBA 进行二次开发，一方面可以帮助用户实现工作自由化，另一方面还可以开发该软件所没有提供的功能。

（2）Primavera Project Planner（P3），是由美国 Primavera 公司开发的项目管理软件，主要应用于项目进度计划、动态控制、资源管理和费用控制的综合进度计划管理软件。其特点是：①拥有较为完善的大型复杂建设工程项目的管理手段；②拥有完善的编码体系，包括 WBS（工作分解结构）编码、作业代码编码、作业分类码编码、资源编码和费用科目编码等；③可从多个角度对工程进行有效管理；④可同时管理多个工程；⑤可以通过开放数据库与其他系统结合；⑥提供了上百种各类报告标准模板。

（3）Welcom Open Plan，是由 Welcom 公司研发的一个企业级的项目管理软件。其软件特点：①采用自上而下的方式分解工程。拥有无限级别的子工程，每个作业都可分为子网络、孙网络，无限分解，这一特点为大型、复杂建设工程项目的多级网络计划的编制和控制提供了便利。②资源分解结构（RBs）可结构化地定义数目无限的资源，拥有资源强度非线性曲线、流动资源计划。③提供了几十种基于美国项目管理学会（PMI）专业标准的管理模板，帮助用户自动应用项目标准和规程进行工作，例如每月工程状态报告、变更管理报告等。④集成了风险分析和模拟的工具，可以直接使用进度计划数据计算所需时间参数和作业危机程度指标，不需要再另行输入数据。⑤开放的数据结构，全面支持 Excel 等 Windows 应用软件的拷贝和粘贴。

（4）PKPM，是由中国建筑科学研究院研发的工程管理软件。其特点是：①可读取概预算数据，自动生成带有工程量和资源分配的施工工序，自动计算关键线路提供了多种优化、流水作业方案及里程碑和前锋线功能；②自动实现横道图、单代号图、双代号图转换等功能；③实现计划、合同、实际时间的比较分析；④可以导入 P3 数据及 MsP 数据。

（5）清华斯维尔项目管理软件，以国内建设行业普遍采用的横道图双代号时标网络图作为项目进度管理与控制的主要工具，通过挂接各类工程定额实现对项目资源、成本的精确分析与计算。其特点是：①软件设计严格遵循《工程网络计划技术规程》JGJ/T121 等国家标准；②以树形结构的层次关系组织实际项目并允许同时打开多个项目文件进行操作；③可随时切换横道图、双代号、单代号、资源曲线等视图界面。

2. 应用案例

由于现行建筑工程市场占有率比较高的计划软件是 MsP，本书以某机关传达室工程为例进行基于该软件的施工进度计划编制。

（1）项目简况。本项目为某机关传达室，总建筑面积 56m^2，基础为独立基础 + 条形基础；主体结构为框架 + 砌体。四个功能房间，工期 1 个月。

（2）前提条件。为简化约定如下前提条件：①水电工程穿插安排时间、作业面充足；②工人不分工种且效率固定；③起始时间2019年4月1日，工期内无休息日。

（3）计划编制。在甘特图模式下进行进度计划编制，输入任务名称后梳理其逻辑关系，包括前后置任务、工作隶属级等，利用MsP软件形成进度计划表（甘特图，也可以转换成网络图，本例略），如表6-11所示。

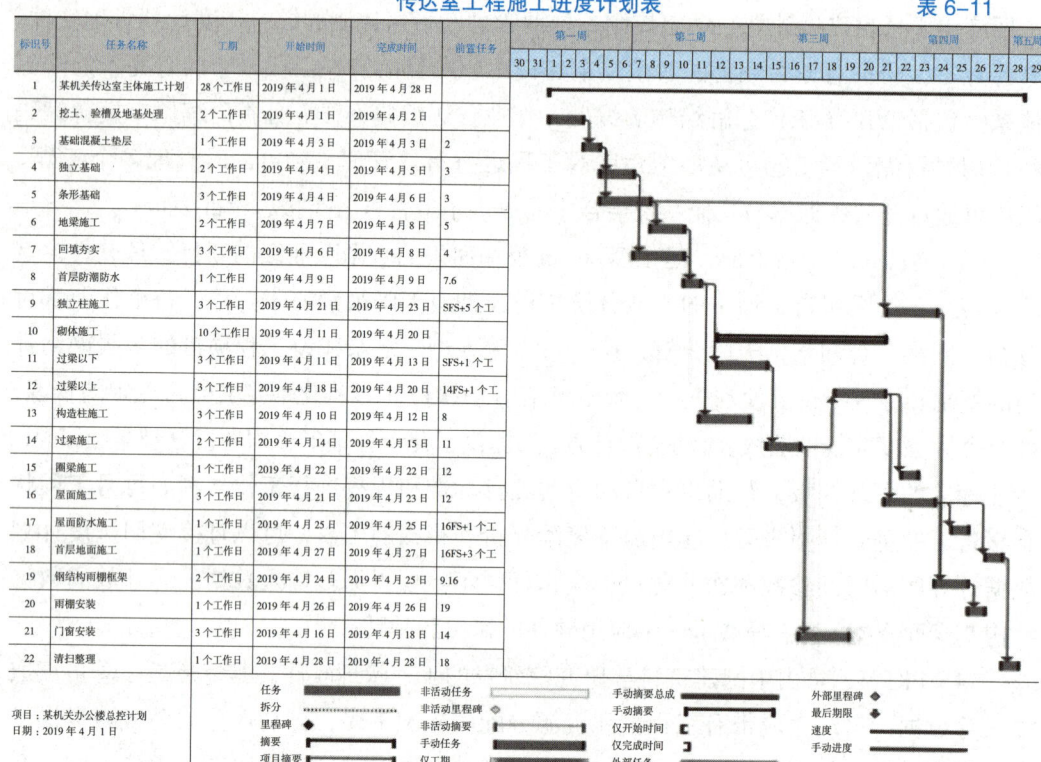

传达室工程施工进度计划表　　　　　　表6-11

（4）资源需求计划。根据进度计划和各项任务的资源配置情况，利用软件自动统计资源需要量。表6-12所示为本工程劳动力资源需要计划。

劳动力需求计划表　　　　　　表6-12

日期	1	2	3	4	5	6	7	8	9	10	11	12	13	14
人数（工日）	3	3	3	6	6	6	6	6	6	6	6	6	3	3
日期	15	16	17	18	19	20	21	22	23	24	25	26	27	28
人数（工日）	3	3	6	6	3	3	6	6	6	6	6	3	3	3

6.4.6　技术经济指标分析

为检验施工进度计划是否满足规定要求以及判别计划编制质量，在完成计划编制后需进行技术经济分析。参考指标如下。

(1) 时间相关指标

$$提前时间 = 合同工期 - 计划工期$$

本工程提前时间为 2 天（即 30 天 – 28 天）。

(2) 劳动力不均衡系数

$$劳动力不均衡系数 = \frac{高峰人数}{平均人数}$$

其中，平均人数为计划每日人数总和除以总工期，高峰人数为每日人数最大值。劳动力不均衡系数在 2 以内为好，超过 2 则不正常。

本工程劳动力不均衡系数为 $\frac{6}{126 \div 28} = 1.2$。

(3) 单位工程单方用工数

$$单位工程单方用工数 = \frac{总用工数(工日)}{建筑面积(m^2)}$$

本工程单方用工数为 3 工日（即 126 ÷ 42）。

(4) 大型机械单方台班用量（以吊装机械为主）

$$大型机械单方台班用量 = \frac{大型机械台班用量(台班)}{建筑面积(m^2)}$$

(5) 建安工人日产值

$$建安工人日产值 = \frac{计划施工工程工作量(元)}{进度计划日期 \times 每日平均人数(工日)}$$

根据实际工程项目施工管理的需要，可以增设其他指标。

6.5 单位工程施工平面图

施工平面图是对一个建筑物或构筑物的施工现场的平面规划和空间布置图。它是根据工程规模、特点和施工现场的条件，按照一定的设计原则来正确地解决施工期间所需的各种暂设工程和其他设施等同永久性建筑物和拟建建筑物之间的合理位置关系问题，是进行施工现场布置的依据，是施工准备工作的一项重要依据，也是实现文明施工、节约土地、减少临时设施费用的先决条件。其绘制比例一般为 1∶200～1∶500。

6.5.1 单位工程施工平面图设计的内容

施工平面图是以一定的比例和图例，按照场地条件和需要的内容进行设计的，其内容包括：

(1) 建筑总平面图上已建和拟建的地上和地下的一切房屋、构筑物及其他设施的位置和尺寸。

（2）测量放线标桩位置、地形等高线和土方取弃场地。

（3）起重机的开行路线和（或）垂直运输设施的位置。

（4）材料、加工半成品、构件和机具的仓库或堆场。

（5）生产、生活用临时设施。如搅拌站、高压泵站、钢筋棚、木工棚、仓库、办公室、供水管、供电线路、消防设施、安全设施、道路以及其他需搭建或建造的设施。

（6）场内施工道路与场外交通的连接。

（7）临时给水排水管线、供电管线、供气供暖管道及通信线路布置。

（8）一切安全及防火设施的位置。

（9）必要的图例、比例尺、方向及风向标志。

上述内容可根据建筑总平面图、施工图、现场地形图、现有水源、场地大小、可利用的已有房屋和设施、施工组织总设计、施工方案、进度计划等经科学的计算、优化，并遵照国家有关规定进行设计。

6.5.2 单位工程施工平面图的设计原则

（1）在保证工程顺利进行的前提下，平面布置应力求紧凑，以节约用地。

（2）尽量减少二次搬运，最大限度地缩短工地内部运距，各种材料、构件、半成品应按进度计划分批进场。

（3）力争减少临时设施的数量，并采用技术措施使临时设施装拆方便，能重复使用，节省资金。

（4）符合环保、安全和防火要求。

6.5.3 单位工程施工平面图的设计步骤

单位工程施工平面图设计的一般步骤如图6-10所示。

1. 垂直运输机械的布置

垂直运输机械的位置直接影响仓库、搅拌站、各种材料和构件等的位置及道路和水电线路的布置等，因此它是施工现场布置的核心，必须首先确定。

由于各种起重机械的性能不同，其布置方式也不相同。

（1）塔式起重机的布置

塔式起重机具有起重、垂直提升、水平输送三种功能。按其在工地上使用架设的要求不同可分为固定式、附着式、内爬式、有轨式等四种。

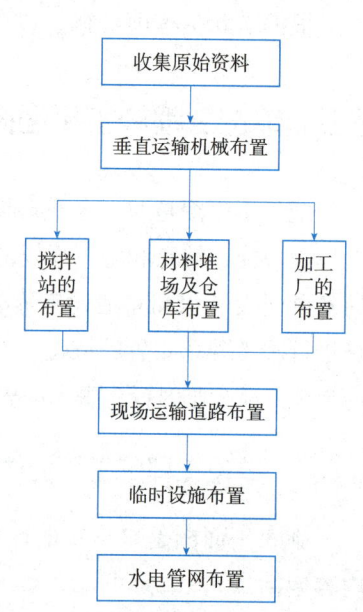

图6-10 单位工程施工平面图设计步骤

1）固定式塔式起重机不需铺设轨道，其作业范围取决于臂杆的长度。

2）附着式塔式起重机占地面积小，且起重量大，可自行升高，但对建筑物有附着力。

3）内爬式塔式起重机布置在建筑物中间，且作用的有效范围大。

4）有轨式塔式起重机一般沿建筑物长向布置，其位置、尺寸取决于建筑物的平面形状、尺寸、构件重量、起重机的性能及施工场地四周的条件等。有轨式塔式起重机的轨道布置方式有：单侧布置、双侧布置或环形布置等形式。

对于总高度不大的多层建筑物结构施工宜选择有轨式塔式起重机，可沿轨道两侧全幅作业区内进行吊装，但占用施工场地大，铺设路基工作量大。对于高层建筑结构施工应选择固定式、附着式、内爬式塔式起重机。

当起重机类型、位置和尺寸确定后，要复核起重量、起重高度和回转半径三项工作参数是否满足建筑物吊装要求，保证起重机工作幅度能将材料和构件直接运送到任何施工地点，尽可能不出现"起重死角"。施工时应注意基础或路基的平整、坚实。

（2）自行无轨式起重机械的布置

此类起重机有履带式、轮胎式和汽车式三种。它们一般用作构件装卸和起吊构件之用，还适用于装配式单层工业厂房主体结构的吊装，其吊装的开行路线及停机位置主要取决于建筑物的平面布置、构件重量、吊装高度和吊装方法，一般不用作垂直和水平运输。

（3）井架、龙门架、施工电梯等固定式垂直运输设备的布置

要结合建筑物的平面形状、高度、施工段的划分情况、材料的来向、已有运输道路情况等而定。这类设备的布置原则是充分发挥起重机械的能力，并使地面和楼面的水平运距最小。布置时应考虑以下几点：

1）当建筑物的各部位高度相同时，应布置在施工段的分界线附近。

2）当建筑物各部位高度不同时，应布置在高低分界线较高部位一侧。

3）这类设备位置以布置在窗口处为宜，以避免墙体施工留槎和减少井架拆除后的修补工作。

4）这类设备的数量要根据施工进度、垂直提升的构件和材料数量、台班工作效率等因素计算确定，其工作范围一般为 50～60m。

5）为这类设备配置的卷扬机的位置不应距离提升机太近，以便操作者能够看到整个升降过程，一般要求此距离大于或等于建筑物的高度，外脚手架与卷扬机的水平距离应在 3m 以上。

6）这类设备应设置在外脚手架之外，并应有一定距离为宜。

在一个单位工程施工过程中，如果需要同时使用塔式起重机和固定式垂直运输设备时，要注意两者之间的位置关系。固定式垂直运输设备应尽量保证布置在塔式起重机臂杆回转范围之外，如果因条件限制不能保证，应加装塔式起重机臂杆回转限位装置。图 6-11 为塔式起重机与固定式垂直运输设备配合布置示意图。

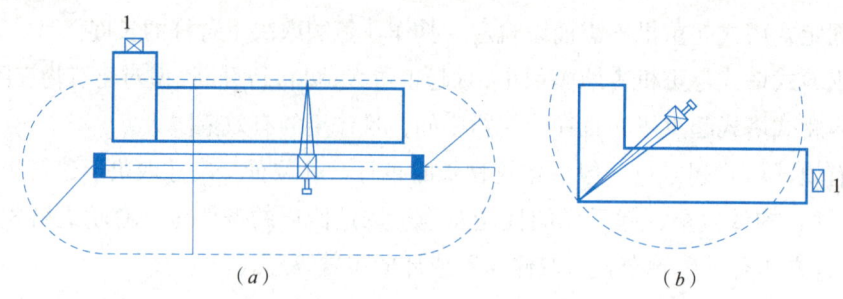

图 6-11　塔式起重机与固定式垂直运输设备配合布置示意图
1—固定式垂直运输设备

2. 搅拌站、加工厂、仓库、材料和构件堆场的布置

搅拌站、加工厂、仓库、材料和构件堆场要尽量靠近使用地点或在起重机能力范围内，运输、装卸要方便，避免二次搬运，以提高生产效率，节约成本。平面布置应根据施工阶段、施工位置的标高和使用时间的先后确定，一般有以下几种布置方式：

（1）建筑物基础和第一层施工时所用的材料应尽量布置在建筑物的附近，并根据基坑（槽）的深度、宽度和放坡坡度确定堆放地点，与基坑（槽）保持一定的安全距离，以免造成土壁塌方事故。

（2）第二层以上施工材料、构件等应布置在垂直运输机械附近。

（3）如果现场设置搅拌站，则要与砂、石堆场及水泥库一起考虑，既要靠近，又要便于大宗材料的运输装卸，石灰、淋灰池要接近灰浆搅拌站布置。为保证混凝土制备质量和避免对环境的不利影响，国内许多大中城市禁止设现场搅拌站，而采用商品混凝土。

（4）当多种材料同时布置时，对大宗的重量较大的和先期使用的材料，应尽量靠近使用地点或垂直运输机械；少量的和后期使用的则可布置在稍远处，易受潮、易燃和易损材料应布置在仓库内，易燃、易爆品仓库位置的确定必须遵守防火、防爆安全距离的要求。

（5）在同一位置上按不同施工阶段先后可堆放不同的材料。如混合结构基础施工阶段，建筑物周围可堆放毛石，而在主体结构施工阶段时可在建筑物四周堆放标准砖。

（6）木工棚、钢筋加工棚可离建筑物稍远，但应有一定的堆放木材、钢筋和成品的场地。仓库、堆场的布置，应进行计算，能适应各个施工阶段的需要。

3. 运输道路的修筑

应按材料和构件运输的需要，沿着仓库和堆场进行布置，使之畅通无阻。宽度要符合规定，单行道不小于 3.5m，消防车道或通道的净宽和净高尺寸不小于 4m，双车道不小于 6m。路基要经过设计，转弯半径要满足运输要求。要结合地形在道路两侧设排水沟。总的来说，现场应设环形路，在易燃品附近也要尽量设计成进出容易的道路。木材场两侧应有 6m 宽通道，端头处应有 12m×12m 回车场。施工现场最小道路宽度如表 6-13 所示。

施工现场道路最小宽度　　　　　　　　　　　　表6-13

序号	车辆类型及要求	道路宽度（m）
1	汽车单行道	≥3.5
2	汽车双行道	≥6.0
3	平板拖车单行道	≥4.0
4	平板拖车双行道	≥8.0
5	消防车道	≥4.0

4. 临时设施的布置

临时设施分为生产性临时设施（如木工棚、钢筋加工棚、水泵房等）和非生产性临时设施（如办公室、工人休息室、开水房、食堂、厕所等）。布置时应考虑使用方便、有利施工、合并搭建、符合安全的原则。

（1）生产设施（木工棚、钢筋加工棚）的位置，宜布置在建筑物四周稍远位置，且应有一定的材料、成品堆放场地。

（2）易飞扬的细颗粒和粉状材料（如白灰、大白等），其堆放与加工的位置应设在下风向。

（3）防水卷材及胶结料的位置应远离易燃仓库或堆场，宜布置在下风向。

（4）办公室应靠近施工现场，设在工地入口处；工人休息室靠近工人作业区；宿舍应布置在安全的上风侧；收发室宜布置在入口处等。

临时宿舍、文化福利、行政管理房屋面积参考表，如表6-14所示。

临时宿舍、文化福利、行政管理房屋最少面积参考表　　　　表6-14

序号	行政生活福利建筑物名称	单位	最少面积（m²）
1	办公室	m²/人	3.5
2	单层宿舍	m²/人	2.6~2.8
3	食堂兼礼堂	m²/人	0.9
4	医务室	m²/人	0.06（≥30m²）
5	浴室	m²/人	0.10
6	俱乐部	m²/人	0.10
7	门卫室	m²/人	6~8

5. 水电管网的布置

（1）施工水网的布置

1）施工用的临时给水管，一般由建设单位的干管或自行布置的干管接到用水地点。布置时应力求管网总长度短，管径的大小和水龙头数量需视工程规模大小通过计算确定，其布置形式有环形、枝形、混合式三种。

2）供水管网应按防火要求布置室外消火栓，消火栓应沿道路设置，距路边应不大于2m，距建筑物外墙不应小于5m，也不应大于25m，消火栓的间距不应大于120m，工地消火栓应设有明显的标志，且周围 3m 以内不准堆放建筑材料。

3）为了排除地面水和地下水，应及时修通永久性排水道，并结合现场地形在建筑物周围设置排泄地面水集水坑等设施。

（2）临时供电设施

1）为了维修方便，施工现场一般采用架空配电线路，且要求现场架空线与施工建筑物水平距离不小于 10m，架空线与地面距离不小于 6m，跨越建筑物或临时设施时，垂直距离不小于 2.5m。

2）现场线路应尽量架设在道路的一侧，且尽量保持线路水平，在低压线路中，电杆间距应为 25～40m，分支线及引入线均应由电杆处接出，不得由两杆之间接线。

3）单位工程施工用电应在全工地性施工总平面图中统筹考虑，包括用电量计算、电源选择、电力系统选择和配置。若为独立的单位工程，应根据计算的用电量和建设单位可提供电量决定是否选用变压器，变压器的设置应将施工期与以后长期使用结合考虑，其位置应远离交通要道口处，布置在现场边缘高压线接入处，在 2m 以外四周用高度大于 1.7m 的钢丝网围住，以保安全。

图 6-12 所示为某单位工程施工平面图实例。

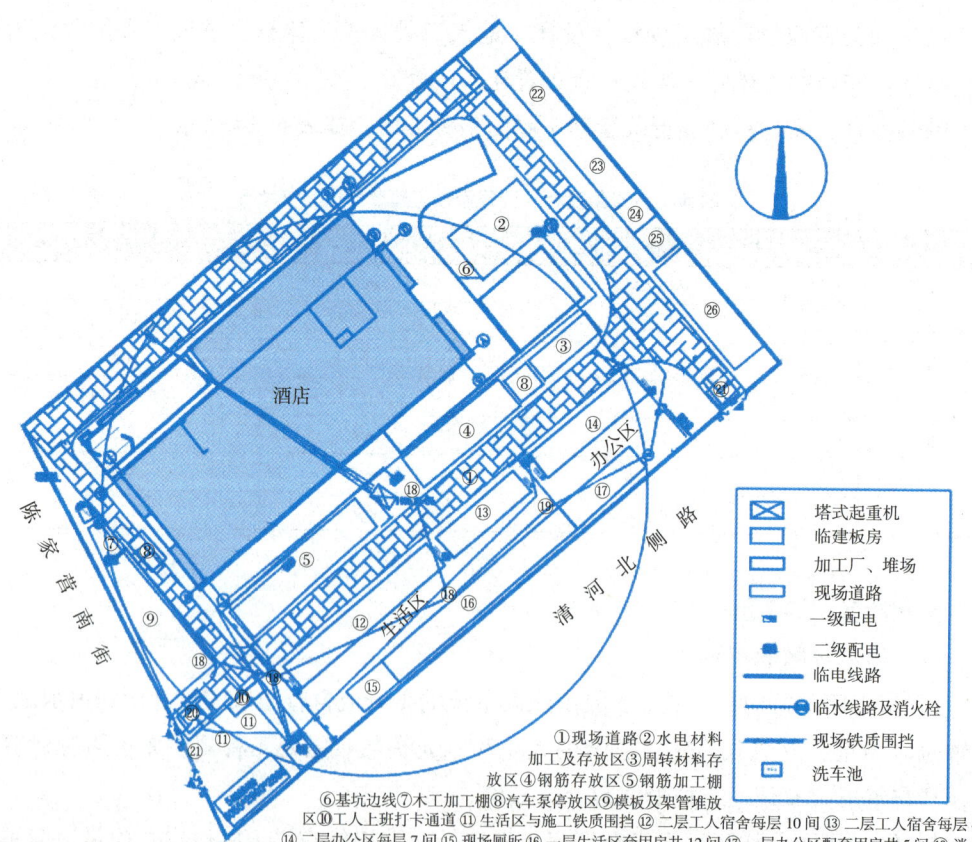

①现场道路 ②水电材料加工及存放区 ③周转材料存放区 ④钢筋存放区 ⑤钢筋加工棚 ⑥基坑边线 ⑦木工加工棚 ⑧汽车泵停放区 ⑨模板及架管堆放区 ⑩工人上班打卡通道 ⑪生活区与施工铁质围挡 ⑫二层工人宿舍每层 10 间 ⑬二层工人宿舍每层 4 间 ⑭二层办公区每层 7 间 ⑮现场厕所 ⑯一层生活区套用房共 12 间 ⑰一层办公区配套用房共 5 间 ⑱消火栓 ⑲水源 ⑳洗车池 ㉑垃圾站 ㉒水电库房 4 间 ㉓土建库房 6 间 ㉔标养室 ㉕厕所 ㉖空心板填充材料存放区

图 6-12 施工平面布置图实例

6.5.4 单位工程施工平面图的评价指标

为评价单位工程施工平面图的设计质量，可以计算下列技术经济指标并加以分析，以确定施工平面图的最终方案。

（1）施工占地系数

$$\text{施工占地系数} = \frac{\text{施工占地面积}(m^2)}{\text{建筑面积}(m^2)} \times 100\%$$

（2）施工场地利用率

$$\text{施工场地利用率} = \frac{\text{施工设施占用面积}(m^2)}{\text{施工用地面积}(m^2)} \times 100\%$$

（3）临时设施投资率

$$\text{临时设施投资率} = \frac{\text{临时设施费用总和}(元)}{\text{工程总造价}(元)} \times 100\%$$

6.6 单位工程施工组织设计实例

6.6.1 工程概况

本工程为某机关办公楼工程施工组织设计。

1. 工程建设概况

办公楼平面呈L形，全长67.66m，宽12.48m，最宽处21.8m。建筑面积为4842.4m^2，首层层高为3.2m，二~六层层高为3.0m，±0.00绝对标高为48.60m，室内外高差为600mm，檐顶标高18.80m，北外墙距红线1.2m，南端距招待所围墙11m，东外墙离路边排水沟2m。建筑平面布置如图6-13所示。

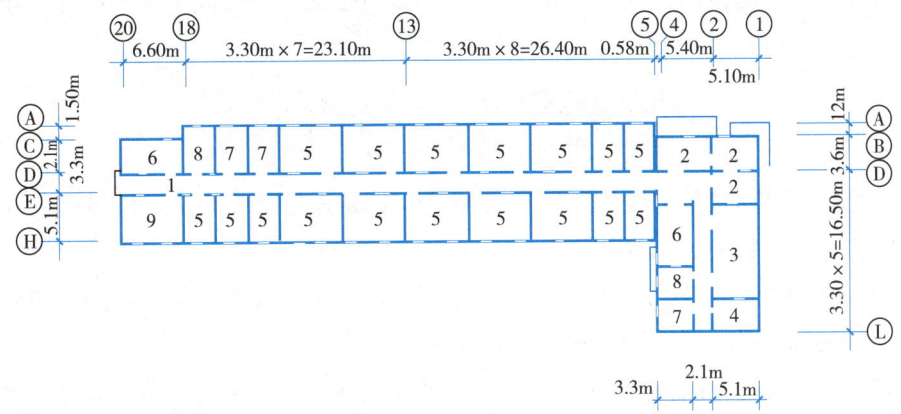

图6-13 建筑平面布置图（二层平面）

1—走廊；2—接待室；3—阅览室；4—资料室；5—办公室；6—楼梯；7—厕所；8—盥洗室；9—会议室

2. 建筑设计概况

门厅、楼梯间、走廊及陈列室、会议室、接待室等公共用房为大理石地面；厕所、浴室、盥洗间为锦砖地面、瓷砖墙面，其他房间为预制水磨石地面，墙面抹灰、刮白、喷涂料，顶棚为刮腻子、喷涂料；塑钢窗，预制水磨石窗台板；装饰木门，包门框；屋顶做法为水泥焦渣找平，200mm厚加气混凝土保温层，水泥砂浆找平，改性沥青卷材防水，外墙面水泥砂浆抹灰，喷进口外墙涂料。

3. 结构设计概况

（1）基础底标高 −2.80m（绝对标高为 45.80m）。由勘察报告得知：地下水位为 45.80~46.20m，基底为粉质黏土，局部可能有薄淤泥，地下水无侵蚀性。设计要求基底落在老土层上，f=130kN/m^2。基础垫层为 C15 混凝土，厚 300mm，宽 1.5 ～ 2.2m，构造配筋。经与设计商洽，下加 200mm 厚级配砂石，作为压淤、排水和分散压力措施。砖砌大放脚，基础墙厚 370mm，−2.12m 及 −0.06m 标高处各有 370mm × 120mm 钢筋混凝土圈梁，构造柱筋锚于 −2.12m 标高处圈梁内。

（2）结构按 8 度抗震设防。内外墙混合承重，外墙 370mm，内墙 240mm，大开间以 C25 钢筋混凝土进深梁支承楼板。一至六层的拐角阳台及其后部的楼板和厕所、浴室、盥洗间楼板为现浇钢筋混凝土，其余楼板、屋面板均为预应力圆孔板。楼梯为预制构件，每层设圈梁。所有现浇混凝土均为 C20。砖等级为 MU10 和 MU7.5。砌筑砂浆：首层、二层、三层为 M7.5，四层以上为 M5.0。

4. 施工条件

（1）施工期限。本工程自 4 月 1 日开工，以工期定额确定的工期作参考。按部颁定额规定，本工程工期按三个因素考虑：

1）五层和六层部分，分别依照面积比例，套用相应的工期定额。

2）基础深度为 2.80-0.60=2.20m，超过定额规定不足 1m，按 1m 计算，增加工期 10 天。

3）按 8 度抗震设防，定额规定工期应乘以 1.02 系数。因此，本工程的定额工期应为

$$\left(\frac{250\times1355.8+230\times3486.6}{4842.4}+10\right)\times1.02=251\text{天}$$

与建设单位协商后，合同工期定为 235 天，比定额工期缩短 16 天，故本工程自 4 月 1 日开工，于 11 月 21 日竣工。

（2）场地平整已由建设单位完成。测量用基准点由建设单位提供。根据市容管理部门规定，在场地东、北、西三面安装施工围栏。

（3）建设单位已向招待所借 12 间平房，作为施工用房，并允许在招待所空地北部搭设工具棚和小车库。因此，需在原有围墙上拆出通道，并在招待所院内拉刺网分隔。

这些刺网和围墙缺口,必须在工程交付建设单位前恢复原状。

(4)本工程施工用水、电均由南侧接入,单独装表计量。

(5)构件供应。所有混凝土预制构件由公司构件厂提供。水磨石制品和半成品向水磨石厂订货。塑钢窗、瓷砖、地砖、锦砖由建设单位供货,其规格、数量应在订货前与施工单位共同核实。

5. 主要工程量

主要分部(项)工程量见表6-15。

主要分部(项)工程量　　　　表6-15

序号	分部(项)工程名称	单位	工程量	序号	分部(项)工程名称	单位	工程量
1	挖土	m^3	1694	12	预制预应力圆孔板	块	845
2	填土	m^3	1205	13	现浇钢筋混凝土过梁	根	962
3	挖室内暖气沟	m	97.3	14	安装塑钢窗	樘	314
4	级配砂石	m^3	251	15	安装木门	樘	182
5	浇筑C15混凝土	m^3	232	16	内墙抹灰	m^2	5180
6	基础砌筑	m^3	422	17	外墙抹灰	m^2	1242
7	浇筑基础部分混凝土	m^3	68	18	屋面防水	m^2	920
8	±0.00m以上结构砌筑	m^3	2105	19	铺锦砖楼地面	m^2	103
9	现浇混凝土	m^3	323	20	预制水磨石地面	m^2	3104
10	浇筑SL5.1梁	根	34	21	预制大理石地面	m^2	526
11	浇筑SL4.8梁	根	20	22	墙贴瓷砖	m^2	424

6.6.2 施工方案

1. 施工段划分

本工程分三个施工段。Ⅰ段为1~4轴,Ⅱ段为5~13轴,Ⅲ段为13轴以西到20轴。其中Ⅰ、Ⅲ段现浇混凝土量较大。

2. 施工顺序

(1)基础阶段:放线→挖土→地基处理→铺级配砂石→垫层混凝土→大放脚砌筑→-2.12m处地圈梁→基础墙砌筑→基础构造柱和-0.06m处圈梁→-1.10m以下回填土→室内暖气沟→上部房心回填土。

(2)主体阶段:放线→内外墙分步架砌筑→构造柱→预制梁安装→圈梁硬架及现浇板支模→圈梁、现浇板绑钢筋→安装预制楼板并加固→板缝钢筋→混凝土浇筑→养护→上层放线→逐层至顶。

（3）外墙装修：屋面保温防水→外墙抹灰→水落管安装→拆井架、补砌进料口墙体并抹灰、勾缝→内外管线交接→散水、台阶。

（4）内装修：放设各层标高线→立门窗口→楼、地面垫层→铺贴预制水磨石、大理石地面→顶棚修整、打底→内墙抹灰→贴厕、浴墙面砖→门窗安装及装修木活→墙面、顶棚刮白、喷涂料→修整、清理。

3. 施工方法

（1）基础工程

土方工程采用机械挖土，浇筑混凝土和基础砌筑分段流水施工。室内暖沟在回填土过程中施工。由于基底接近地下水位，挖土时采用槽边明沟集水井排水方式。为了缩短晾槽时间，施工中应组织分段打钎，并抓紧验槽和地基处理工作。

1）土方工程。依照本地区附近工程的施工经验，地下水头来自西北方位，据此决定土方从西向东开挖。先在西北端布置集水井，直径4m，深3.5m，一次挖成，井内放置木制挡土集水箱笼，三班抽水，保证槽内无滞水。基槽边坡1∶0.33，槽底宽度为垫层每侧加宽250mm。挖土用0.5m^{3}反铲挖掘机，自卸汽车配合运土，表层杂土和饱和土外运，好土留在楼南侧，供回填用，存土约600m^3。挖掘机挖土时，基底留土200mm，用人工清底修平，防止超挖扰动基底，随清底逐段打钎，验槽后及时组织力量按设计要求处理基底。铺级配砂石时，应再次清尽槽底的被扰土。

2）基础。垫层混凝土两侧支模，溜槽下料，混凝土坍落度20~40mm，用振动棒捣实。基础大放脚砌筑时，注意两侧收分一致，并保证基础墙轴线的位置正确。第一次砌到-2.12m处，以大放脚砌体作模板浇筑基础圈梁。继续砌上部基础腔前，应先调整好构造柱的竖筋。

3）回填。基础砌至±0.00后应回填土方。回填土应过筛，基槽两侧均匀下料，分层夯填，不能机夯的边角处，采用人工夯实。第一次填土到暖气沟垫层底面，完成室内暖气沟及支护沟壁后继续回填。为使填土有较长时间沉实，地面垫层混凝土于结构完成后浇筑。

（2）结构工程

1）垂直运输。垂直运输采用QT1-6塔式起重机，并辅以卷扬机井架上料。塔道按工艺标准夯实地面，场地挖好排水沟。塔式起重机高30m，臂长20m，最大回转半径19.4m，最大半径时起重能力为20kN。塔式起重机布置在楼南侧，轨道中心线距楼4.2m，距A~D轴间的梁SL4.8的中点为14.04m，该处起重能力为31kN，满足构件自重（11kN）要求。拐角处，塔式起重机中心距楼5.0m，此点距1~2轴间的SL5.1的中点为13.19m，该处起重能力为29.5kN，考虑偏转，仍能吊起SL5.1（重11.8kN）。分析东北角塔式起重机回转半径之外的盲区，可用勾股定理计算，如图6-14所示。

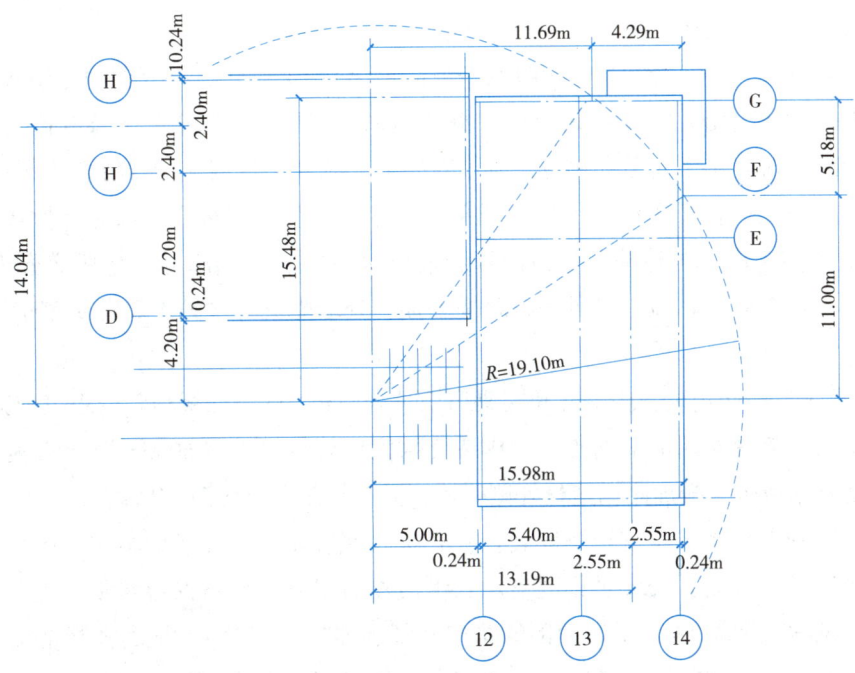

图 6-14 塔式起重机对角部的覆盖范围

由于该盲区在 B ~ D 轴间为现浇楼板，可用人工辅助运输方法解决。在 D ~ F 轴间，塔式起重机最大回转半径尚可满足最靠近 1 轴的圆孔板的吊装。QT1-6 塔式起重机的最小回转半径是 8m，以轨道中心距楼 4.2m 投影到 H 轴上为 $\sqrt{8^2-4^2}$ =6.8m，为了保证 H 轴上不出现起重盲区，塔轨的最短距离应为 5×2+6.8×2=23.6m（塔中心距轨道端以 5m 计），按楼南 56.68m 长度布置，足以满足需要。本工程没有大的重物需使用最小回转半径，为了减少塔臂调幅，并适应轨长 12.5m 的模数，本工程布置轨道长度 12.5×4=50m，并在西端保留适当空地，留作拆塔用。塔式起重机配用 0.7m³ 容量的混凝土吊斗，吊斗自重 3kN，起吊总质量为 0.7×25+3=20.5kN，塔式起重机最大回转半径的起重能力基本可满足需要。

2）脚手架工程。基础施工时，按需要架木排，铺脚手板，作为小推车运料通道。

结构阶段采用组装平台，内架砌筑，外架用桥式架作为防护措施。桥架立柱的位置应预留出卷扬机井架的面宽。桥架按工艺规程要求，随层上升，并做好每层立柱与外墙墙体的拉结。二层三段完成砌筑时，开始立西侧卷扬机井架，为四至六层砌筑提供垂直运输手段。桥架首层顶处外挂 3m 安全网。

由于南侧贴楼立塔，塔道边侧、顶端的外架用单排钢管脚手架，满挂立张安全网作为防护。单排外架距外墙 0.4m。

装修前，单排管架改为双排装修架，并立北侧第二个卷扬机井架。桥式架及管架随外墙装修进展而逐层下落。

3）墙体砌筑工程。砌筑工程采用移动作业平台内架砌筑。砌筑前用水浇砖，先用干砖试摆，保证竖缝均匀，组砌合理。本工程采用一顺一丁砌筑法。竖缝位置应保持全楼高一致，避免游丁走缝和错缝。砌370砖墙必须双面挂线，挂线符合皮数杆层次，并应拉紧，每层砖都要跟线，保证灰缝平直，厚度均匀。每班收工前应将桥式架桥面外墙溅灰清扫干净。构造柱、预留洞槽和墙体锚拉配筋按图施工。马牙槎五进五退，先退后进，左右对齐。施工段留槎，斜槎到顶。外墙圈梁外侧的120mm墙于圈梁拆模后补砌。

4）模板与构件安装。构造柱和圈梁用工具式模板，现浇楼板和阳台用组合钢模板，板缝用木模。支柱均用活动钢支柱。构造柱两侧砖墙每米高留60mm×60mm洞口，穿螺栓，用方木或脚手板加固构造柱外侧砖墙，防止浇筑混凝土时被挤动。

预应力圆孔板用硬架支模法安装。圆孔板板底应调平，支座处填实，板缝宽度按设计要求调准、调匀。安装过梁时支承长度应左右对称，梁身保持水平。进深梁的安装应保证轴线、标高准确，梁端两侧的构造柱竖筋要先调直校准，梁底坐浆密实、平整。施工层楼板下每间加一道支撑，用3根活动钢支柱顶撑，进深梁下每1.5m加1根活动钢支柱，作为施工荷载的临时支撑。楼梯构件安装的关键是控制好各层梯梁的标高和水平位置，从第一段起就要严格控制，梯段安装整平后，应随即焊接钢板，并用砂浆灌缝。

5）钢筋与混凝土工程。绑扎的钢筋规格、数量、位置及搭接长度，均应符合设计要求和操作规程，浇筑混凝土前放置好保护层垫块。构造柱砌筑前先调整竖筋插铁，绑扎钢筋骨架，封闭构造柱模板前彻底清理柱根杂物，并调整钢筋位置，浇筑圈梁混凝土以前，再次校正伸向上层的竖筋位置。圆孔板的板端锚固筋安装前应先扳起，楼板就位校正后，将锚固筋复位，缝内加$\varphi 6$通长筋，每块板的板端应有不少于3根锚固筋与$\varphi 6$筋绑扎。

拌制混凝土做到材料逐项计量准确，定量加水，机械搅拌时间不小于规范要求。搅拌好的混凝土应按规范要求检查均匀性及和易性，如有异常情况，应检查配合比和搅拌情况，及时予以纠正。浇筑时用振动棒捣实，振动棒操作时要做到快插慢拔，避免碰撞钢筋。构造柱应分层下料，振捣适度，防止挤动外墙。混凝土浇筑时，上表面均应预先做好标高控制。

(3) 装饰工程

1）室内外抹灰。外墙抹灰前，应先堵实脚手架留洞。在各阴阳角、窗口处，从顶层挂线，按垂直找齐、做灰饼，并在窗口上下弹水平控制线。各抹灰基层均要粘结牢固，不得空鼓，面层不得有裂缝。

内墙抹灰前做好水泥护角，按垂直找规矩，做灰饼、冲筋，抹灰时做到阴阳角方直。

2）地面水磨石安装。各层楼地面应按50cm线控制面层标高。先做内廊的通长预制水磨石地面，再分别做各房间的水磨石地面，以保证地面在门口处接缝平整。预制水磨石铺设后应养护 3 天，水磨石地面上严禁拌合和直接堆放砂浆，刮白、喷涂料后，再对地面进行清理、整光、打蜡。

3）防水做法。屋面及厕浴间的找平层应抹光，阴角和穿板管道周围抹八字圆角。

金属管道抹八字前，须先刷掺胶粘剂的素水泥浆作结合层。对屋面找平层应适当养护，有一定强度时再铺贴防水层，女儿墙根部防水应特殊处理，泛水高度及节点必须按图施工到位。依据厕所的地面厚度和蹲台高度防水层裹边不低于 300mm，小便池不低于 1m，高于水管 100mm，防水层施工后按规范要求试水，试水合格后，方可做屋面豆石或室内混凝土地面。

4. 技术组织措施

（1）质量措施

1）施工前做好技术交底工作。遵照设计图、施工规范、操作规程和工艺标准的各项相应要求施工。如设计变更、材料替换或由于施工原因需要变更原设计时，应先由施工单位技术部门与设计单位洽商办理。混凝土应按实验室下达的配合比拌制。进场的建筑材料均应有合格证，需要复试的应及时送实验室，取得质量证明后再使用。

2）严格执行质量控制和保障制度。施工前，对各分项工程制定质量指标，由技术部门下达分部（项）的预检计划，并严格监督执行。施工过程中推行全面质量管理，班组在加强自检、互检和健全原始记录的基础上，按施工阶段定期开展质量管理活动。工序或施工阶段交接时，应由上一级主管人员主持，做好交接验收检查，并迅速做好交接项目的修补工作。

3）除上述要求外，本工程尚应注意以下几个方面：

①测量。施工前应做好轴线和标高控制桩。每层主要控制轴线用经纬仪测量，标高用水平仪控制。装修用的 50cm 线，要保持同楼层面水平。

②基础处理应严格按设计要求清除软弱土和扰动土。挖土加深部分应按 1：2（高：长）全断面做阶梯留槎。

③各种构件运输和堆放要符合操作规程，现场堆放位置要正确，尽量减少二次搬运。

④每一构件安装时必须保证位置的正确性，误差不得超过规范要求，严防误差积累超差。

⑤屋面、厕所等部位的防水工作一定要严把质量关。

⑥做好装修样板间。

⑦做好成品保护。

（2）安全措施

1）防坠落、防坍塌措施如下：

①按安全操作规程规定，支搭完善的防护装置。护身栏应保持高出操作面 1m。

②架木搭设后，应由安全员、工长验收合格后方可使用。除架子工外，其他操作人员不准自行搭设或更改架木。

③基础及外线施工时，开挖的坑槽边 1m 内不准堆重物或行驶车辆。夜间应保证场地照明，坑槽边应设置警示红灯。基础处理时，对加深部分，应做好基坑支护。

2）机电设备必须由专职人员操作，按规定做好维修保养。机电设备均应做好接零线防护，并应做好防雨、防潮、防雷工作。

3）现场用火严格执行申请和动火手续。易燃物品与杂物应及时清理和妥善保管。消防通道随时保持畅通无阻。消火栓周围 3m 内不准堆放物件。

（3）季节施工措施

1）场地和道路按施工准备要求做好路基与排水沟。构件存放场地应事先夯实，并加两道枕木支垫。储存土方需随时堆好，保证填土干燥。严禁塔轨下积水浸泡。

2）卷扬机井架和塔式起重机做好避雷接地。

3）注意砂浆和混凝土的配合比调整。

6.6.3 施工进度计划

各段工程量，特别是砌筑量差别较小，故可简化成均衡节奏进行流水作业。砌筑工程持续时间长，应作为流水作业的主导工序。各施工流水段的砌筑量每层分别是 132～138m^3，配备 23 人的瓦工组（其中普工 6 人），考虑实际出勤率和效率因素，3 天可以完成一段，每层三个施工段，砌筑工期 9 天。每层钢筋绑扎 2.5 天，支模板 2.5 天，构件安装及加固 1 天，混凝土浇筑 0.5 天，混凝土初养护 1 天，放线 0.5 天，以上各工序可在 8 天内完成，与砌筑每层工期有 1 天差额，可作为调整不均衡工程量的作业时间机动安排。

如上部材料均由塔式起重机提运，则每段吊运次数是 380～450 次。塔式起重机每台班效率大约为 70 次，所以应立卷扬机和井架，分担部分砌筑材料的垂直运输。

根据工程量，施工进度计划见表 6-16。

6.6.4 资源需用量计划

（1）劳动力需要量计划。本工程需主要工种如下：

1）主体施工阶段：架子工 4～8 人，混凝土工 16 人，瓦工 23 人，木工 11 人，钢筋工 4 人。

2）装修阶段：抹灰工 42 人，油工 28 人，贴瓷砖、锦砖 14 人。

3）设计预算定额用工为 14864 工日，施工定额用工为 13260 工日，计划用工 11200 工日。

（2）本工程所需主要施工机械设备见表 6-17。

6　单位工程施工组织设计

施工进度计划表

表6-16

标识号	任务名称	工期	开始时间	完成时间	前置任务
1	某机关办公楼总控计划	235个工作日	2019年4月1日	2019年11月21日	
2	挖土、验槽及地基处理	20个工作日	2019年4月1日	2019年4月20日	
3	基础混凝土垫层	10个工作日	2019年4月21日	2019年4月30日	2
4	基础砌筑、构造柱和圈梁	16个工作日	2019年4月28日	2019年5月13日	
5	回填土	11个工作日	2019年5月10日	2019年5月20日	
6	室内暖气地沟	6个工作日	2019年5月15日	2019年5月20日	
7	结构砌筑	67个工作日	2019年5月21日	2019年7月26日	
8	一层	11个工作日	2019年5月21日	2019年5月31日	6、5
9	二层	10个工作日	2019年6月1日	2019年6月10日	8
10	三层	10个工作日	2019年6月11日	2019年6月20日	9
11	四层	10个工作日	2019年6月21日	2019年6月30日	10
12	五层	10个工作日	2019年7月1日	2019年7月10日	11
13	六层	3个工作日	2019年7月11日	2019年7月13日	12
14	女儿墙	6个工作日	2019年7月21日	2019年7月26日	28
15	预制构件安装	54个工作日	2019年5月24日	2019年7月16日	
16	一层	11个工作日	2019年5月24日	2019年6月3日	16
17	二层	10个工作日	2019年6月4日	2019年6月13日	17
18	三层	10个工作日	2019年6月14日	2019年6月23日	18
19	四层	10个工作日	2019年6月24日	2019年7月3日	19
20	五层	10个工作日	2019年7月4日	2019年7月13日	20
21	六层	3个工作日	2019年7月14日	2019年7月16日	
22	现浇钢筋混凝土	65个工作日	2019年5月27日	2019年7月30日	
23	一层	11个工作日	2019年5月27日	2019年6月6日	23
24	二层	10个工作日	2019年6月7日	2019年6月16日	24
25	三层	10个工作日	2019年6月17日	2019年6月23日	25
26	四层	10个工作日	2019年6月27日	2019年7月6日	26
27	五层	10个工作日	2019年7月7日	2019年7月16日	27
28	六层	4个工作日	2019年7月17日	2019年7月20日	14
29	女儿墙压顶	4个工作日	2019年7月27日	2019年7月30日	28
30	屋面保温、找平和防水层	19个工作日	2019年8月4日	2019年8月22日	
31	外墙抹灰和涂料	55个工作日	2019年8月7日	2019年9月30日	
32	室内防水层	19个工作日	2019年8月23日	2019年9月30日	
33	楼地面垫层	48个工作日	2019年8月24日	2019年10月10日	
34	铺设预制水磨石、大理石地面	35个工作日	2019年9月8日	2019年10月12日	
35	内墙抹灰、贴瓷砖	77个工作日	2019年8月26日	2019年11月10日	
36	顶棚修正、打底	41个工作日	2019年10月1日	2019年11月10日	
37	内墙刮白、喷涂料	26个工作日	2019年10月21日	2019年11月15日	
38	门窗安装以精装木活	10个工作日	2019年11月1日	2019年11月10日	
39	台阶、散水及勒脚	8个工作日	2019年11月9日	2019年11月16日	
40	修正、清理	5个工作日	2019年11月17日	2019年11月21日	39

主要施工机械设备　　　　　　　　　　　　　　表 6-17

序号	设备名称	规格	数量	用途
1	反铲挖掘机	0.5m³	1台	开挖基坑
2	自卸汽车	4~6t	3辆	运土方
3	推土机	55kW	1台	施工场地平整，土方堆积
4	蛙式打夯机	—	2台	回填土夯实
5	水泵	$\phi 65$	1台	—
6	塔式起重机	QT_1—6	1台	结构施工吊装
7	混凝土料斗	0.7m³	2个	装吊混凝土
8	小翻斗车	1t	2辆	现场运输混凝土、砂浆
9	混凝土搅拌机	400L 筒式	2台	搅拌混凝土和砂浆
10	砂浆机	200L	1台	搅拌装修砂浆
11	井架	包括卷扬机	2套	垂直运输
12	移动作业平台	3m×2.2m	18个	两步架砌筑平台用
13	桥架柱	4.2m/节	17节	结构砌筑时作防护架，外墙抹灰
14	桥架柱	3.0m/节	75节	结构砌筑时作防护架，外墙抹灰
15	桥架梁	4.0m/节	19节	结构砌筑时作防护架，外墙抹灰
16	桥架梁	3.0m/节	9节	结构砌筑时作防护架，外墙抹灰
17	电焊机	交流	2台	钢筋、铁件焊接
18	散装水泥罐	20t	2个	储存散装水泥
19	木工压刨	—	1台	—
20	木工圆盘锯	—	1台	—
21	喷浆空气压缩机	—	2台	—

6.6.5　施工现场平面布置

施工现场平面布置图，如图 6-15 所示。

本章小结

本章系统阐述了如下几方面内容：单位工程施工组织设计的编制依据、内容、程序与步骤；单位工程施工程序和施工起点流向与分部分项工程的施工顺序；施工方法与施工机械的选择；单位工程施工进度计划及资源需用计划的编制依据、程序、步骤与方法；单位工程施工平面图设计的内容、原则、步骤与方法；单位工程施工组织设计实例。

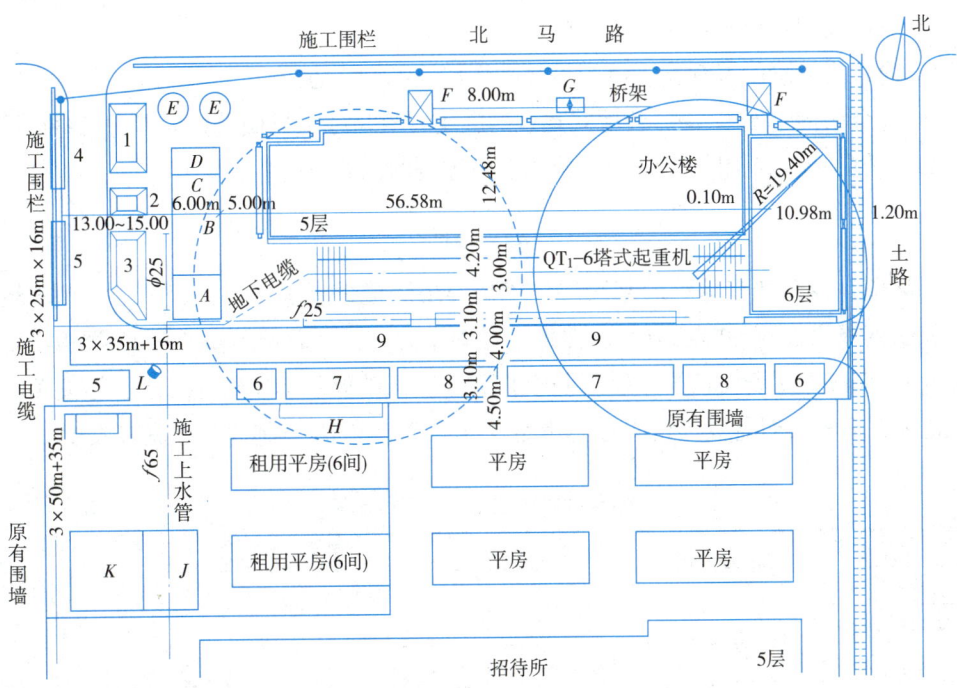

图 6-15 施工现场平面布置图

A—搅拌机棚；B—机电间；C—现场值班室；D—水泥库；E—水泥罐；F—卷扬机井架；G—卷扬机棚；
H—小车库；J—水电工棚；K—木工棚；L—消火栓
1—砂；2—豆石；3—石子；4—架木；5—钢筋；6—小型构件；7—圆孔板；8—进深梁；9—砖

复习思考题

1. 简述单位工程施工组织设计的编制依据与程序。
2. 单位工程施工组织设计编制的内容有哪些？
3. 工程概况和施工特点分析包括哪些内容？
4. 选择施工方法包括哪些内容？拟定施工技术组织措施包括哪几个方面？
5. 如何确定单位工程施工起点流向？
6. 什么是施工程序和施工顺序？确定施工流向应考虑哪些因素？
7. 简述单位工程施工进度计划编制的程序、步骤，如何调整工期？
8. 确定施工顺序应考虑哪些因素？
9. 简述资源需要量计划编制有哪些内容？如何编制？
10. 常用项目管理软件有哪几种？主要特点是什么？
11. 对施工进度的技术经济分析指标有哪些？
12. 简述单位工程施工平面图设计的内容、原则和步骤。
13. 简述塔式起重机布置的要求。
14. 施工平面图设计对现场道路的形状、路面宽度、转弯半径各有何要求？
15. 现场临时水电管线应如何布置？
16. 试述多层混合结构建筑的施工顺序。

17. 试述装配式结构建筑的施工顺序。

18. 简述投标阶段编制施工组织设计的作用及编制注意事项。

19. 混合结构、单层厂房、装配式建筑的施工方法与施工机械选择应考虑哪些内容？

20. 单位工程施工组织设计中，施工准备编制的内容有哪些？

习 题

1. 某项目经理部在承包的某高层住宅楼的现浇楼板施工中，提出拟采用钢木组合模板和小钢模模板两种施工方案。评价指标确定为：模板总摊销费（F_1）、楼板浇筑质量（F_2）、模板人工费（F_3）、模板周转时间（F_4）、模板装拆便利性（F_5）等五项。经专家论证，两方案对各项评价指标的满足程度得分（按10分制评分）见表6-18。

各项评价指标的满足程度得分表　　　　　　表6-18

评价指标	指标权重	钢木组合模板	小钢模模板
总摊销费用（F_1）	0.25	10	8
楼板浇筑质量（F_2）	0.35	8	10
模板人工费（F_3）	0.10	8	10
模板周转时间（F_4）	0.10	10	7
模板装拆便利性（F_5）	0.20	10	9

试采用加权综合指标分析方法评价两方案的优劣，并确定应采取的方案。

2. 某机械化施工公司承包了某工程的土方施工任务，坑深为-4.0m，土方工程量为9800m³，平均运土距离为8km，合同工期为10天。该公司现有WY50、WY75、WY100液压挖掘机各4、2、1台及5、8、15t自卸汽车10、20、10台，其主要参数见表6-19、表6-20。

挖掘机主要参数　　　　　　表6-19

型　号	WY50	WY75	WY100
斗容量（m³）	0.50	0.75	1.00
台班产量（m³）	401	549	692
台班单价（元/台班）	880	1060	1420

自卸汽车主要参数　　　　　　表6-20

载重能力	5t	8t	15t
运距8km时台班产量（m³）	28	45	68
台班单价（元/台班）	318	458	726

试求解：

（1）若挖掘机和自卸汽车按表中型号只能各取一种，且数量没有限制，如何组合最经济？相应的每立方米土方的挖运直接费为多少？

（2）若该工程只允许白天一班施工，且每天安排的挖掘机和自卸汽车的型号、数量不变，需安排几台何种型号的挖掘机和几台何种型号的自卸汽车？

（3）上述安排的挖掘机和自卸汽车的型号和数量，几天可完成该土方施工任务？每立方米土方的挖运直接费为多少？

3. 某房屋内外墙体砌筑工程，包括 370、240、120、60mm 等不同厚度的空心和实心砖墙，总工程量分别为 400、260、100、60m³，综合工日定额分别为 0.92、1.00、1.06、1.12 工日/m³，试确定该砌筑工程的综合工日定额。

4. 某两跨三层预制装配式钢筋混凝土框架结构轻型工业厂房，外包尺寸为：13.14m×55.14m，柱网 6.0m×6.0m。自然地面 -0.2m，各层标高分别为 4.50、9.00、13.50m。钢筋混凝土基础埋置深度为 -3.80m。围护结构为 370mm 砖墙，三楼附加内隔墙以 180mm 加气混凝土砌块砌筑。屋面为珍珠岩保温，卷材防水。底层地面采用水泥砂浆抹面，其他各层为水磨石。外墙抹灰采用水泥砂浆外刷无机涂料，底层窗台下做水刷石勒脚；内墙、顶棚均为混合砂浆打底刮白罩面。

主要施工方案：基础土方采用机械开挖，回填土现场堆放，余土机械外运；基础工程完成后，框架梁柱现场预制，其余梁板等构件加工场预制；楼梯及楼面整体面层为现浇；主体结构拟采用分层分件流水吊装法（或综合吊装法）；围护结构和室内外装修等施工拟按分层流水施工；各项施工过程均组织一个专业工作队。

试利用表 6-21 编制该工程施工进度计划（注意施工过程之间的技术组织间歇与合理搭接）。

某单位工程施工进度计划表　　　　　　　表 6-21

项次	分部分项工程名称	总工日数	工作天数	施工进度计划（月、旬）															
				4月			5月			6月			7月			8月			9月		
				上	中	下	上	中	下	上	中	下	上	中	下	上	中	下	上	中	下
1	挖土	100	10																		
2	垫层	24	2																		
3	基础	400	10																		
4	回填	20	2																		
5	构件制作	1050	24																		
6	吊装工程	236	18																		
7	砌砖	596	27																		
8	现浇混凝土	515	12																		
9	屋面保温找平	58	2																		
10	屋面防水	76	3																		
11	室内隔墙	54	4																		
12	楼地面抹灰	570	15																		
13	顶棚墙面抹灰	548	18																		
14	外墙抹灰	327	6																		
15	门窗工程	192	12																		
16	油漆	110	14																		

续表

项次	分部分项工程名称	总工日数	工作天数	施工进度计划（月、旬）															
				4月			5月			6月			7月			8月			9月	
				上	中	下	上	中	下	上	中	下	上	中	下	上	中	下	上	中	下
17	水暖电	910	—																		
18	其他	300	—																		

5. 在图 6-16 所示的某三层综合楼现场平面图上合理布置以下内容：

（1）井架及其卷扬机。

（2）混凝土及砂浆搅拌站 20m²。

（3）临时作业场（棚），包括：模板场（棚）110m²；钢筋场（棚）80m²；门窗等木作场（棚）180m²；水暖场（棚）60m²。

（4）主要材料、构件堆放（存放）场地,包括:构件场地 80m²；水泥场（棚）35m²；砂、石场地 70m²；红砖、空心砖场地 60m²；白灰场地 40m²；防水材料场地 35m²。

（5）临时房屋，包括：项目经理部及各职能部门办公用房 5 间（每间 12m²）；工人休息室 4 间（每间 25m²）；食堂 30m²；小型材料库、工具库 18m²；配电间 12m²；门卫 12m²；厕所 12m²。

（6）现场出入口、场内道路。

（7）水电管线。

（8）消防设施 2 处。

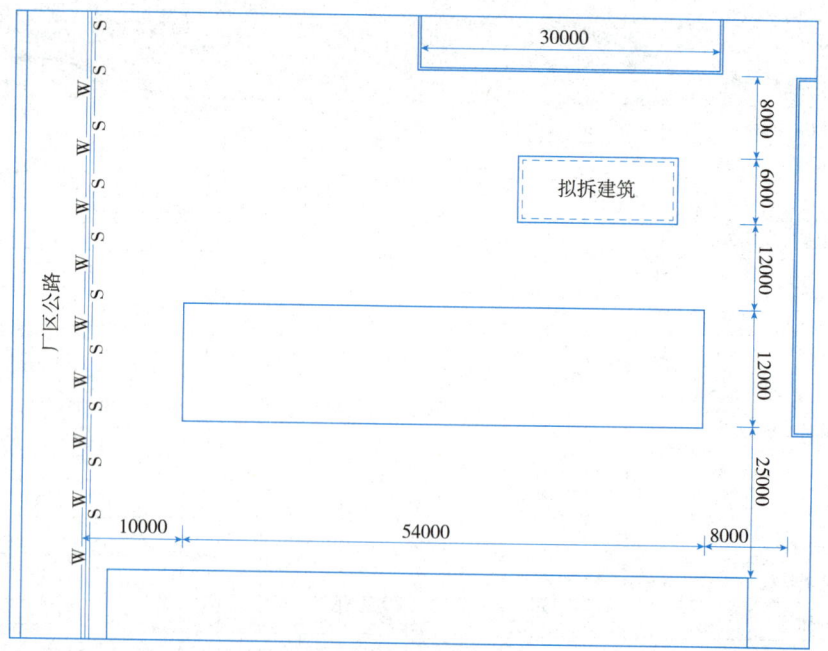

图 6-16　某三层综合楼施工现场平面图

7

工程施工组织设计的实施

【本章要点】

工程施工组织设计实施前的准备工作；工程施工组织设计实施中的进度、质量、成本、安全和环境管理；工程施工的组织协调。

【学习目标】

了解工程施工组织设计的实施过程，工程施工组织协调内容与方法；熟悉工程施工前的组织准备、技术准备、现场准备及资源准备的内容，工程施工进度、质量、成本、安全和环境管理的主要内容和方法。

7.1 工程施工准备

7.1.1 工程施工组织准备

在工程施工前，必须确定项目经理、组建施工项目经理部。项目经理的人选，在施工企业进行工程投标时，就已经在投标文件中明确。如无变化，一般由项目经理负责选聘各种管理人员，组建项目经理部，建立项目管理运行机制，开展各项施工准备及施工管理工作。

1. 项目经理部的组建

组建项目经理部，首先要根据所建工程的规模和施工难易程度，拟定项目经理部的管理模式、人员编制、人员分工和制定各项管理制度，然后按具体要求招聘有关管理人员，安排分工、开展工作。项目经理部组建应按照由大到小、从全局到局部的顺序进行。

项目经理部的组建，应注意以下问题。

（1）分工配套原则

项目经理部成员要有施工经验和创新精神，能够提高工作效率。项目经理部既合理分工又密切协作，相互补充。人员配置应满足施工项目管理的需要，如大中型工程项目经理部主要管理人员应由具有高级技术职称和一级注册建造师执业资格的人担任。项目经理部一般业务管理人员要熟悉相关业务技术，具有本业务管理能力，善于沟通交流，有较强的进取精神和团队工作合作精神。

（2）精干高效原则

施工管理要尽量压缩管理层次，因事设职，因职选人，做到管理人员精干、一职多能、人尽其才、恪尽职守，避免松散、重叠、人浮于事，以适应建筑市场化要求。要善于发现和用好真正有技术、懂管理、工作认真负责的人员，把他们放在更能够发挥作用的岗位上工作。

（3）管理跨度适当原则

管理跨度过大，管理人员负担过重，就会出现管理不到位的情况。管理跨度过小，则人员增多，造成工作重叠和资源浪费。应使每一个管理层面都保持适当工作幅度，以使其各层面管理人员在职责范围内，能够实施有效的控制和管理。

（4）系统化管理原则

建设项目是由许多子系统组成的有机整体，系统内部存在大量的"结合部"，各层次的管理职能的设计要形成一个相互制约、相互联系的完整体系。确定项目经理部人员分工，定人定岗，按照现代管理模式确定岗位责任制。

2. 项目经理部主要管理部门及其职能

除办公室、财务部及后勤等部门以外，根据公司管理具体情况，还应设置以下部门。

(1)经营预算部

主要负责招标投标业务、工程预决算以及施工成本分析等;协助进行物资采购、分包报价、劳务单位的遴选、合同签订及工程结算业务。

(2)物资采购供应部

主管设备和物资采购供应,机具设备的租赁调配,各类物资的保管、发放和盘点结算,参与物资供应合同的谈判及执行。

(3)生产管理部

主要负责施工计划、物资使用计划、劳务需用计划、安全施工技术交底、施工验收、安全生产检查等现场施工管理的相关业务。主管现场的全部施工活动,保证施工按照原定方案和原定计划有条不紊地进行。协调、解决施工中出现的矛盾和问题,使各项施工要素及时进场、顺利配合,高效完成施工任务。

(4)技术质量部

主要负责施工组织设计的理解和交底,专项施工方案的编制,材料和设备的质量检验,各种施工配合比的确定,施工质量检查评定,施工质量问题处理,新技术、新工艺、新材料使用的技术论证及方案编制,保证施工质量达到合同要求,负责施工质量验收工作。

(5)安全管理部

主要负责施工项目的安全工作,落实和贯彻国家和上级的安全生产方针、政策和法规,编制施工安全措施和安全防护方案,审查施工项目技术方案的安全性,组织项目部施工人员的安全教育,监督施工人员的施工行为,定期检查施工生产中的安全设施,填报相关安全记录和资料。

7.1.2 工程施工技术准备

1. 施工准备调查

在正式施工之前,需要对当地有关建筑市场配套、施工物资设备供应、劳动力技能、工资等供应状况,以及施工现场环境问题等情况进行调查。施工前期调查是在招标阶段调查基础上,由相关主管人员直接参与的更为深入和细致的调查,是项目施工顺利进行的必要保证。

施工准备调查的主要内容如下:

(1)待建项目工程使用性质、建设规模和生产能力,生产工艺流程,主要生产设备供货与进场时间,交工顺序与分项开工时间,工程试车要求与安排;

(2)建设场地地形地貌及测量数据,地下和地面附着物的赔偿与清理,坐标及高程点的布置;

(3)建设场地施工临时给水、用电、施工道路及场地地貌、无线通信、燃料及天然气、排水、供热及场地平整等"七通一平"情况;

（4）建设场地当地交通运输条件、电线电缆、各种架设及埋地管道、建设场地的环境准备情况，如周边单位及可能的施工关系、周边环境状况；

（5）各项建设要求，业主建设意图，各种报表的递送与审批程序，相关管理部门业务分工，通信联系方式等；

（6）建筑材料质量、性能、价格，及生产地点、供货方式等；

（7）工程设备品牌、性能、价格，及生产厂家、供货方式等；

（8）施工机械工具的使用性能、品牌、价格及生产厂家与供货方式；

（9）各种物资设备招标采购方式、质量价格控制办法及合同准备；

（10）劳务分包的供应方式、费用标准等。

2. 技术准备

项目开工之前，施工单位就要开展各项准备工作。其中，技术准备工作如下。

（1）设计文件识读

开始施工前，应由工程项目经理部组织有关工程技术人员认真熟悉设计文件，了解设计与建设单位的工程要求以及施工应达到的技术标准，掌握施工特点、难点和重点，明确工程施工流程。识读设计文件时，应对照建筑平面图、立面图、剖面图，明确建筑物长宽尺寸、轴线尺寸、标高、层高、总高等控制性信息。详细查看细部做法，核对总尺寸与细部尺寸、位置、标高是否相符，门窗表中的门窗型号、规格、形状、数量是否与结构相符等。核对在平面图、立面图、剖面图中标注的细部做法，与大样图的做法是否相符；所采用的标准构件图集编号、类型、型号，与设计图纸有无矛盾，索引符号有无漏标之处，大样图是否齐全等。此外，还需要注意一些特殊部位的设置和施工方法，如地基处理方法、后浇带、变形缝的设置、防水处理要求、抗震、防火、保温、隔热、防尘及特殊装修等技术要求。对照安装专业的图纸，明确土建专业预埋件、预留洞、沟、槽的位置和尺寸。

（2）图纸会审

图纸会审的组织工作，一般由建设单位或监理单位负责并主持图纸会审会议，工程设计、施工、监理等单位参加。重点工程或规模较大及结构、装修较复杂的工程，如有必要可邀请各城建主管部门、安检、消防及协作单位参加，会审的一般程序是：设计单位作设计交底，施工单位对图纸提出问题，有关单位发表意见，与会者讨论、研究、协商，逐条解决问题并达成共识，由组织会审的单位汇总成文，各单位会签，形成"图纸会审纪要"。会审纪要与施工图纸具有同等法律效力，作为施工单位指导施工、申请工程变更、结算工程款等活动的合法依据。在审查设计图纸及其他技术资料时，应注意以下问题：

1）设计是否符合国家有关方针、政策和规定。

2）设计规模和内容是否符合国家有关的技术规范要求，尤其是强制性标准的要求，是否符合环境保护和消防安全的要求。

3）建筑平面布置是否符合核准的按建筑红线划定的规划图和现场实际情况；是否提供了符合要求的永久水准点或临时水准点位置。

4）图纸及说明是否齐全、清楚、明确。

5）结构、建筑、设备等图纸本身及相互之间是否有错误和矛盾，图纸与说明之间有无矛盾，有无特殊材料（包括新材料）要求，其品种、规格、数量能否满足需要。

6）设计是否符合施工技术装备条件，如需要采取特殊技术措施时，技术上有无困难，能否保证安全施工。

7）地基处理及基础设计有无问题，建筑物与地下构筑物、管线之间有无矛盾。

8）建（构）筑物及设备的各部位尺寸、轴线位置、标高、预留孔洞及预埋件、大样图及做法说明有无错误和矛盾。

（3）其他技术准备工作

1）准备各种需要使用的标准图集和规范文本，准备符合管理规定的质量技术用表，查阅《地质勘察报告》，记录所用的各项地质数据等。

2）编制工程预算及工料分析，作为施工单位编制施工组织设计、施工计划、材料计划、成本支出、用工考核、签发施工任务书、限额领料、基层经济核算以及经济活动分析的依据。

3）编制施工进度计划，确定各工种按进度要求的使用人数、使用材料和机具数量，提出按阶段资金需求计划。就季节性施工、节假日安排标出指示，对工程施工部位及施工阶段进行相互调整。标注关键、特殊材料、机具及施工措施，搞好进场与配合。

4）绘制场地施工平面布置图，明确各分包单位之间、生活与生产之间的场地划分，确定材料设施堆放、加工场地、各类材料库房、变配电所、供水蓄水池及排水过滤池位置，划定工人食宿及办公等临时用房场地，运输道路、模板、脚手架堆放拼装位置，混凝土施工机械停放位置，垂直运输机械位置，文明管理设施及宣传设施用地，以及随着施工进程改变引起场地使用变化的动态调整等。

5）编制施工组织设计，确定施工方案及各类应急预案。根据对施工环境的调研和现有技术条件确定的施工方案，编制施工部署、施工方案、进度计划、质量计划、安全文明措施、成本目标等文件。

项目开工前，施工单位必须在约定的时间内完成施工组织设计的编制与报审工作，填写施工组织设计报审表，报送项目监理机构。总监理工程师应在约定的时间内，组织专业监理工程师审查，提出审查意见后，由总监理工程师审定批准。需要施工单位修改时，由总监理工程师签发书面意见，经施工单位修改后再次报审，由总监理工程师重新审定。已审定的施工组织设计由监理单位报送建设单位。施工单位应按审定的施工组织设计文件组织施工,如需对其内容作较大变更,应在实施前将变更内容书面报送项目监理机构重新审定。对规模大、结构复杂或属于新结构、特种结构的工程,专业监理工程师提出审查意见后,总监理工程师签发审查意见,必要时与建设单位协商,组织有关专家会审。

7.1.3 工程施工现场准备

工程施工的现场准备包括两个方面:一是建设单位负责完成的准备工作,二是施工单位需要完成的准备工作。建设单位的准备工作也可以委托给施工单位实施,但与地方政府及相关管理部门的手续报送和办理等工作,必须由建设单位自行完成。

(1)"七通一平"

所谓七通一平,是指建设场地经过一级开发后,具备给水、排水、通电、通路、通信、通暖气、通天然气或煤气、以及场地平整的条件。上述准备工作如果由建设单位自行完成,建设单位应该就上述准备工作内容逐一向施工单位进行验收交接。

(2)场地基准点

由于施工周期长,现场情况变化多,所以要预先确定好水准测量点位并做好基准点的永久性和临时性保护措施。确定测量控制点位要根据施工现场的地形地貌和场地障碍物情况,防止施工过程中出现点位被遮挡或被破坏情况的发生。

(3)施工场地平整及土方调配

在现场开挖前,施工单位应该根据施工方案制订施工现场内场地平整和土方挖填方案,进行场内土方调配,提前掌握土方挖填运量、运距等数据,努力将土方外运量减至最低程度,以节约施工成本。

(4)施工、生活、生产临时设施的搭建

应按照经过批准的施工总平面布置图进行搭设。各种临时设施要力争节约,合理布局,减少工程投入。要根据施工不同阶段做好阶段性安排,以满足不同的使用要求,提高临时设施的使用效率。

(5)现场安全文明施工规划及设施

包括施工现场的安全教育和警示标志、安全防护设施和环境保护设施等。具体而言,包括安全和文明施工宣传牌、场区绿化设施、各类围挡及防护设施、工地的生产和生活清洁设施、污水集中处理设施、扬尘控制设施、施工噪声控制设施等,这些设施的设置首先需要满足国家、地方相关法规、规范的规定,其次,还要参照建设单位的要求,依照施工总平面布置图进行搭设。

7.1.4 工程施工资源准备

施工项目施工所必备的资源主要包括劳动力资源、物质材料资源和机械设备资源三大类,即通常所称的"人、材、机"。工程施工资源准备得充分与否,会影响到施工项目的正常开展,也会对项目的工程质量、施工进度和成本造成直接影响,因此,在项目开工前,施工单位必须确保工程施工资源的及时、充分供应。

在正式施工开始前,施工单位按照计划将需要的施工物资运到工地现场,施工项目才具备必要的开工条件。为了做好施工准备工作,施工单位或项目经理部管理人员应尽早计算出各阶段材料、施工机械、设备、工具等的需用量,并明确供应单位、交货地点、运输方式等;特别是对预制构件,必须尽早地从施工图中整理出构件的规格、质量、品种和数量,向预制加工厂订货并确定分批交货清单、交货地点及时间;对大型施工机械、辅助机械、设备要准确计算出需要数量,提出性能要求,并确定进场时间,做到进场后立即使用,用毕后立即退场,提高机械设备的使用效率,节省机械台班费及闲置费;结合施工进度计划和施工预算中的工料分析,编制工程所需材料供应计划,拟定材料的购货申请、订货和采购工作,组织材料按计划进场,按施工平面图的相应位置堆放,并做好合理储备、保管工作。

(1)工程材料进场检查验收

对于进场材料要分别检查核对其数量和规格,施工单位质检人员应该做好材料质量试验和检验工作,对不符合要求的材料应坚决拒收,立即退出,以保证项目工程质量。施工单位质检人员应该检查工程材料的出厂证明,重要材料如防水材料、钢材、混凝土等,还需要进行质量复检;对于机械设备,施工单位质检人员应对照出厂证明的有关性能及服务说明对设备进行检查;施工单位质检人员应该检查商品砂浆和混凝土的出厂配比单,查看其质量情况,并留取样品制作试块,送检其抗压强度。

(2)施工机具准备

对于各种施工机具,如土方机械,混凝土、砂浆搅拌设备,垂直及水平运输机械,钢筋加工设备、木工机械、焊接设备、打夯机、排水设备等,施工单位技术人员应根据施工方案,提出对施工机具配备的要求、数量及进度安排,编制施工机具使用计划。需要外部租赁或购买的机具,相关人员要提前了解市场情况。对于由分包单位自行管理的大型施工机械,如起重机、挖土机、桩基设备等,应由分包单位编制施工方案,列出使用计划,并向总包方提出进出场条件及时间安排,总承包单位负责审核批准,并给予分包单位必要的配合。

(3)生产设备的准备

施工单位订购工业生产用的安装工程工艺设备,需要注意交货时间与土建进度密切配合,因为某些庞大设备的安装往往要与土建施工穿插进行,需要预留设备进出、吊装、运输就位的安装空间。土建全部完成或封闭后,安装可能会出现困难。施工单位应按照生产工艺流程及工艺设备的安装布置图,提出工艺设备的名称、型号、生产能力和需要量,确定分期分批进场时间和保管方式,编制工艺设备需要量计划,为组织运输、确定堆场面积提供依据,会同建设单位和监理方一起,对进场设备进行验收登记。

（4）运输准备

施工单位应根据上述物资需用计划，编制物资运输计划，组织落实运输工具，确保材料、构（配）件和机具设备按期进场，如果设备重量、尺寸庞大，或者运输距离遥远，或者涉及多种运输手段的配合，如火车、汽车、水运、空运和陆运等，应提前与建设单位进行协商，妥善安排。

7.2 工程施工综合管理

7.2.1 工程施工进度管理

1. 施工进度计划的实施

施工进度计划的实施实际上就是进度目标的过程管理。在这一阶段中主要应做好以下工作。

（1）编制并执行时间周期计划

时间周期计划包括年、季、月、旬、周施工进度计划。按照该计划落实施工进度计划，并以短期计划落实、调整并实施长期计划，做到短期保长期、周期保进度（计划）、进度（计划）保目标。

（2）用施工任务书把计划任务落实到班组

施工任务书是几十年来我国坚持使用的有效班组管理工具，是管理层向作业人员下达任务的好形式，可用来进行作业控制和核算，特别有利于进度管理，故应当坚持使用。它的内容包括：施工任务单，考勤表和限额领料单。

（3）坚持进度过程管理

应做好以下工作：跟踪监督并加强调度，记录实际进度，执行施工合同对进度管理的承诺，跟踪进行统计与分析，落实进度管理措施，处理进度索赔，确保资源供应进度计划实现等。

（4）加强分包进度管理

具体措施如下：由分包人根据施工进度计划编制分包工程施工进度计划并组织实施；项目经理部将分包工程施工进度计划纳入项目进度管理范畴；项目经理部协助分包人解决进度管理中的相关问题。

2. 施工进度检查

施工进度的检查与进度计划的执行是融汇在一起的。进度计划实施情况检查是施工进度跟踪、分析、调整的依据，因此是进度管理的关键步骤。

进度计划的检查方法主要是对比法，即利用横道进度计划或网络进度计划图表，将实际进度与计划进度进行对比分析，从而掌握进度进展情况，进而发现偏差，并分析偏差对后期施工进度和工期的影响，必要时采取调整措施。

(1) 利用横道进度计划的对比分析

表 7-1 所示为某工程横道进度计划，表中：粗实线表示计划进度，黑三角号表示施工进度检查时间点。该工程施工进行到第 9 天检查，工程实际进度用细实线表示在计划进度粗实线的下方。

某工程实际进度与计划进度对比分析　　　表 7-1

施工过程	施工进度计划（天）																								备注
	1	2	3	4	5	6	7	8	9	10	11	12	13	14	15	16	17	18	19	20	21	22	23	24	
挖土																									
垫层																									
基础																									
回填																									

对比分析表明：挖土施工过程已完成了第Ⅰ、Ⅱ施工段的全部工作量和第Ⅲ施工段 25% 的工作量；垫层施工过程已完成了第Ⅰ施工段的全部工作量和第Ⅱ施工段 50% 的工作量；基础施工过程尚未投入作业。偏差情况是，挖土施工过程已拖后 2 天，基础施工过程拖后 1 天，而垫层施工过程的进度没有出现进度偏差。

进一步分析出现的进度偏差对后续工作及工期的影响为：①挖土施工过程与其后续工作的制约关系如表中虚线所示。该制约关系表明，挖土施工过程的 2 天拖后，将会影响垫层施工过程的连续作业，但不会影响工期。②基础施工过程与其后续工作是紧密衔接的，它的拖后必然影响到工期。若该计划工期不允许拖延，则必须在基础施工过程上加快进度，抢回拖后的 1 天时间。

(2) 利用网络进度计划的对比分析

在工程中，通常是将网络计划绘制到时间坐标图表上，形成时标网络计划。表 7-2 所示为某工程施工网络进度计划。关键线路为图中粗线所示，工期为 20 周。

在网络进度计划实施过程中，按如下步骤与方法进行检查、对比，分析进度偏差及其影响，必要时采取措施调整。

1) 标出检查日期

如表 7-2 下边黑色三角所示，本例为施工进行到第 9 周末检查。

早时标网络进度计划　　　　　　　　表 7-2

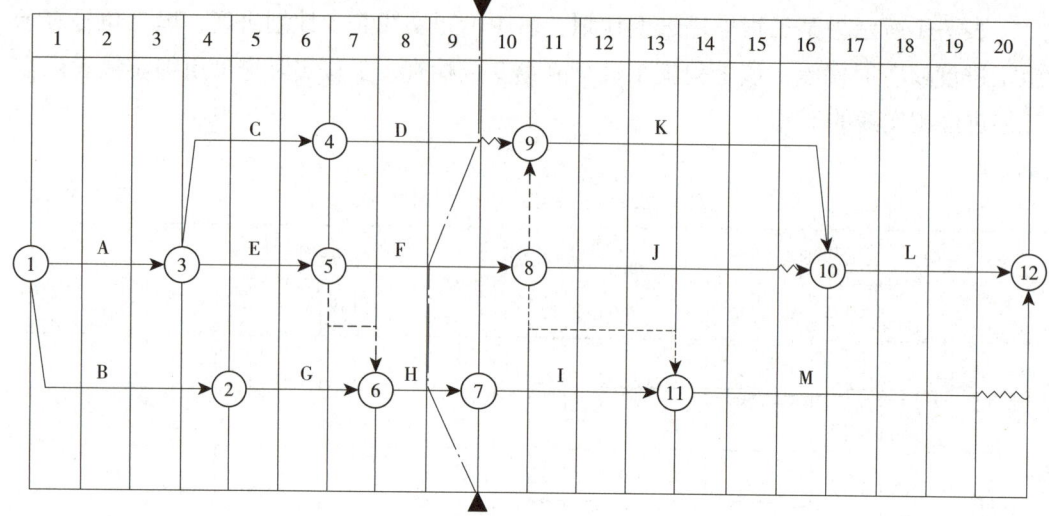

2）标出实际进度前锋线

所谓实际进度前锋线是指实际施工进度到达位置的连线。在本例第9周末检查发现，A、B、C、D、E、G等六工作已全部完成，F和H工作均已完成50%的工作量。据此绘出的实际进度前锋线如表7-2中点画线所示。在实际进度前锋线左侧的工作均已完成；在实际进度前锋线右侧的工作均未完成。

3）将实际进度与计划进度进行对比，分析是否出现进度偏差

通过对表7-2的分析可知：D工作进度正常；F工作进度拖后1周；H工作进度拖后1周。

4）分析出现的进度偏差对后续工作和工期的影响

通过分析可知：F工作的进度拖后1周，影响工期，因为该工作在关键线路上，导致工期延长1周，总工期将大于合同工期1周。H工作的进度拖后1周，不影响工期，因为该工作不在关键线路上，有1周的总时差，拖后的时间没有超过总时差。

5）分析是否需要作出进度调整

如果该工程项目没有严格规定必须在20周内完成，工期可以拖延，不必调整；如果该工程项目的计划工期不允许拖延，则必须作出调整。

6）采取进度调整措施

调整时需综合考虑增加人力、物力资源的可能性和对工程质量、安全的影响。调整的方法是，选择位于关键线路上的某些工作作为调整对象，压缩其作业时间，保证工程项目按原计划工期完成。本例选择工作M和工作R为调整对象，将其作业时间均压缩1天。

7.2.2 工程施工质量管理

1. 工程施工质量管理工作准备

（1）工程施工质量计划

1）工程施工质量计划的概念

工程施工质量计划是在施工组织设计的基础上，针对具体施工内容编制的规定专门的质量措施、资源和活动顺序的文件。其作用是，对外可作为针对具体施工作业成果的质量保证，对内作为针对具体施工作业过程质量管理的依据。

2）工程施工质量计划的主要内容

主要内容包括：①编制依据；②项目概述；③质量目标；④组织机构；⑤质量控制及管理组织协调的系统描述；⑥必要的质量控制手段，施工过程、服务、检验和试验程序及与其相关的支持性文件；⑦确定关键过程和特殊过程及作业指导书；⑧与施工阶段相适应的检验、试验、测量、验证要求；⑨更改和完善质量计划的程序。

3）工程施工质量计划的编制依据

编制依据有：①工程承包合同、设计文件；②施工企业的《质量手册》及相应的程序文件；③施工操作规程或规范；④各专业工程施工质量验收规范；⑤相关法律、法规的规定。

4）工程施工质量计划的编写要求

工程质量计划应由项目经理主持编制，应体现工程项目从检验批、分项工程、分部工程到单位工程的过程控制，同时也要体现从资源投入到完成工程质量最终检验和试验的全过程控制。

（2）工程施工质量控制点

1）质量控制点的概念

工程施工质量控制点是指在施工过程中要进行重点控制并确保其施工质量的重要施工内容、关键施工部位和薄弱的施工环节。在拟定施工质量计划时，应首先确定质量控制点，并分析其可能产生的质量问题，制订对策和有效措施加以预控。在工程施工前应列出质量控制点的名称或控制内容、检验标准及方法等，提交相关部门审查批准后，在此基础上实施质量预控。

2）质量控制点的设置，一般应符合下列原则：

①工程的重要部位和关键部位，即对工程的安全、正常使用和功能的发挥起重要和关键影响的部位；

②施工中的关键工序、关键环节和关键操作；

③施工中的薄弱环节，容易出现质量问题或产生质量不稳定的施工工序或部位；

④对工程的后续施工或后续工序的质量有重大影响的施工工序、施工部位、施工内容；

⑤施工难度比较大的施工环节、工序或部位；

⑥施工质量没有把握的施工内容、施工环节、工序和部位；

⑦某些必须克服的质量通病；

⑧施工中必须经常检查和严格控制的质量指标；

⑨采用新材料、新工艺、新技术的施工部位、工序或环节。

2. 工程施工质量检查验收

（1）工程施工质量检查验收的含义

工程施工质量检查验收是工程质量管理的重要环节。它包括两个方面：一是施工过程质量检查验收；二是工程施工竣工质量检查验收。前者是指在施工过程中对完成的检验批、分项工程、分部工程的质量检查验收；后者是指整个单位工程施工完成后对其质量的检查验收，即对整个单位工程进行的最终竣工验收。本章主要阐述施工过程质量检查验收。

工程施工质量检查验收的主要依据是《建筑工程施工质量验收统一标准》GB 50300—2013 和相关专业验收规范的规定。

（2）工程施工质量检查验收的基本要求

1）工程施工质量检查验收均应在施工单位自行检查评定合格的基础上进行。

2）隐蔽工程在隐蔽前应由施工单位通知有关单位进行验收，并应形成验收文件。对于隐蔽工程的地基与基础工程的隐蔽检查，勘察和设计单位也应派人参加。

3）涉及结构安全的试块、试件以及有关材料，应按规定进行见证取样检测，即在建设单位或监理单位人员见证下，由施工人员在现场取样，送至实验室进行检验。

4）对涉及结构安全和使用功能的重要分部工程应进行抽样检测。

5）工程观感质量应由验收人员通过现场检查，并应共同确认。

（3）工程施工过程质量检查验收

1）检验批质量检查验收

①检验批的划分。检验批是指按同一生产条件或按规定的方式汇总起来供检验用的，由一定数量样本组成的检验体。检验批是质量检查验收的最小单位，也是分项工程乃至整个工程质量验收的基础。房屋建筑工程检验批可根据施工及质量控制和专业检查验收需要按楼层、施工段、变形缝等进行划分；安装工程一般按一个设计系统或设备组别划分为一个检验批；室外工程统一划分为一个检验批。

②检验批质量合格标准。检验批质量检查验收合格应符合下列规定：a. 主控项目和一般项目的质量经抽样检查合格；b. 具有完整的施工操作依据和质量检查记录。

③检验批质量检查验收组织。检验批质量检查验收应由专业监理工程师组织施工单位项目专业质量检查员、专业工长等进行。

④检验批质量检查验收内容。主控项目的检查验收内容包括：建筑材料、构配件及建筑设备的技术性能；涉及结构安全、使用功能的检测项目。一般项目是指除主控

项目以外，对检验批质量有影响的检验项目。检验批质量检查验收记录表格如表7-3所示。

检验批质量检查验收记录　　　　　　　　表7-3

工程名称		分项工程名称		验收部位	
施工单位			专业工长	项目经理	
施工执行标准名称及编号					
	质量验收规范的规定		施工单位检查评定记录		监理（建设）单位验收记录
主控项目	1				
	2				
	3				
	4				
	5				
	6				
	7				
	8				
	9				
	10				
一般项目	1				
	2				
	3				
	4				
施工单位检查结果评定					
				项目专业质量检查员：　年　月　日	
监理（建设）单位验收结论					
				监理工程师：（建设单位项目专业技术负责人）　年　月　日	

2）分项工程质量检查验收

①分项工程的划分。分项工程应按主要工种、材料、施工工艺、设备类别等进行划分，如模板、钢筋、混凝土分项工程是按工种进行划分的。分项工程根据其规模大小，可包括一个或若干个检验批。

②分项工程质量合格标准。分项工程质量检查验收合格应符合下列规定：a.所含检验批的质量均应验收合格；b.所含检验批的质量验收记录应完整。

③分项工程质量检查验收组织。分项工程质量检查验收应由专业监理工程师组织施工单位项目专业技术负责人等进行。

④分项工程质量检查验收内容。分项工程验收在检验批的基础上进行。首先要核对检验批的部位、区段是否全部覆盖分项工程的范围，有没有缺漏的部位没有检查验收到。一些在检验批中无法检验的项目，在分项工程质量检查验收时进行。如砖砌体工程中的全高垂直度、砂浆强度的评定等。分项工程质量检查验收记录表格如表7-4所示。

_____分项工程质量检查验收记录　　　　　　　　　　　　　　表7-4

工程名称		结构类型		检验批数	
施工单位		项目经理		项目技术负责人	
分包单位		分包单位负责人		分包项目经理	
序号	检验批部位、区段	施工单位检查评定结果		监理（建设）单位验收结论	
1					
2					
3					
检查结论	项目专业技术负责人： 　　　　　　年　月　日		验收结论	监理工程师： （建设单位项目专业技术负责人） 　　　　　　年　月　日	

3）分部工程质量检查验收

①分部工程的划分。分部工程的划分应按专业性质、建筑部位确定。《建筑工程施工质量验收统一标准》GB 50300规定，房屋建筑单位工程划分为：地基与基础、主体结构、建筑装饰与装修、建筑屋面、建筑给水排水及采暖、建筑电气、智能建筑、通风与空调、电梯、建筑节能等十大分部工程。当分部工程较大或较复杂时，可以划分为若干子分部工程。

②分部工程质量合格标准。分部工程质量检查验收合格应符合下列规定：a.所含分项工程的质量均应验收合格；b.质量控制资料应完整；c.有关安全、节能、环境保护和主要使用功能的抽样检验结果应符合相应规定；d.观感质量应符合要求。

③分部工程质量检查验收组织。分部工程质量检查验收应由总监理工师组织施工单位项目负责人和项目技术、质量负责人等进行验收。勘察、设计单位项目负责人和施工单位技术、质量部门负责人应参加地基与基础分部工程的验收。设计单位项目负责人和施工单位技术、质量部门负责人应参加主体结构、建筑节能分部工程的验收。

④分部工程质量检查验收内容。分部工程质量检查验收在分项工程的基础上进行。由于各个分部工程是整个单位工程中相对独立的组成部分，因此，除了对所含分项工程的质量检查验收情况进行确认，对缺漏内容补充检查外，还必须对涉及安全和使用功能的地基基础、主体结构、有关安全及重要使用功能的安装分部工程进行有关见证取样送样试验或抽样检测，对观感质量进行检查验收。分部工程质量检查验收记录表格如表7-5所示。

_____ 分部（子分部）工程质量验收记录　　　　　　　　　表7-5

工程名称			结构类型		层数	
施工单位			技术部门负责人		质量部门负责人	
分包单位			分包单位负责人		分包技术负责人	
序号	分项工程名称	检验批数	施工单位检查评定		验收意见	
1						
2						
3						
4						
5						
6						
	质量控制资料					
	安全和功能检验（检测）报告					
	观感质量验收					
验收单位	分包单位		项目经理：　　年　月　日			
	施工单位		项目经理：　　年　月　日			
	勘察单位		项目负责人：　　年　月　日			
	设计单位		项目负责人：　　年　月　日			
	监理（建设）单位		总监理工程师： （建设单位项目专业负责人）　年　月　日			

3. 工程质量问题及其处理

（1）工程质量问题的概念与分类

1）工程质量问题的概念

根据国际标准化组织（ISO）和我国有关质量、质量管理和质量保证标准的定义，凡工程产品质量没有满足某个规定的要求，就称之为质量不合格，即出现了工程质量问题。

由于影响工程质量的因素众多而且复杂多变，工程在施工和使用过程中往往会出现各种各样不同程度的质量问题。

2）工程质量问题的分类

工程质量问题可划分为工程质量缺陷、工程质量通病和工程质量事故等三大类。

①工程质量缺陷，是指工程施工质量中不符合规定要求的检验项或检验点，按其程度可分为严重缺陷和一般缺陷。严重缺陷是指对结构构件的受力性能或安装性能有决定性影响的缺陷；一般缺陷是指对结构构件的受力性能或安装使用性能无决定性影响的缺陷。

②工程质量通病，是指各类影响工程结构、使用功能和外形观感的常见性质量损伤，犹如"多发病"一样，故称质量通病。

③工程质量事故，是指对工程结构安全、使用功能和外形观感影响较大，并造成人身伤亡或者重大经济损失的事故。工程质量事故又分为：一般事故、较大事故、重大事故、特别重大事故四个等级，具体标准如下：

a. 一般事故，是指造成3人以下死亡，或者10人以下重伤，或者100万元以上1000万元以下直接经济损失的事故；

b. 较大事故，是指造成3人以上10人以下死亡，或者10人以上50人以下重伤，或者1000万元以上5000万元以下直接经济损失的事故；

c. 重大事故，是指造成10人以上30人以下死亡，或者50人以上100人以下重伤，或者5000万元以上1亿元以下直接经济损失的事故；

d. 特别重大事故，是指造成30人以上死亡，或者100人以上重伤，或者1亿元以上直接经济损失的事故。

（2）工程质量问题的处理

1）工程质量问题的处理方式

在工程施工过程中如果发现质量问题，应根据其性质和严重程度按如下方式处理：

①当出现的工程质量问题尚处于萌芽状态时，或已发生的工程质量问题可以通过返修或返工弥补时，施工单位应尽快分析原因，采取纠正措施（如更换不合格材料、设备或调换不称职人员，或改变不正确的施工方法和操作工艺等），进行必要的补救处理，并采取足以保证施工质量的有效措施，防止工程质量问题的持续发生。

②当出现的工程质量问题需要通过加固补强才能处理时，施工单位应立即停止有

质量问题部位和与其有关联部位及下道工序的施工。必要时，应采取防护措施，写出质量问题调查报告，由设计单位提出处理方案，并征得建设单位同意，批复施工单位处理。处理结果应重新进行检查验收。

③当出现的工程质量问题性质恶劣、后果严重，已构成质量事故时，施工单位应当依据相关规定，严格履行相应的事故报告、调查和处理程序。

2）工程质量问题处理的基本要求

①处理应达到安全可靠、不留隐患、满足生产和使用要求、施工方便、经济合理的目的。

②重视消除事故原因。这不仅是一种处理方向，也是防止事故重演的重要措施。

③注意综合治理。既要防止原有事故的处理引发新的事故，又要注意处理方法的综合应用。

④正确确定处理范围。除了直接处理事故发生的部位外，还应检查事故对相邻区域及整个结构的影响，以正确确定处理范围。

⑤正确选择处理时间和方法。发现质量问题后，一般均应及时分析处理；但并非所有质量问题的处理都是越早越好，如裂缝、沉降，变形尚未稳定就匆忙处理，往往不能达到预期的效果，而且会进行重复处理。处理方法的选择，应根据质量问题的特点，综合考虑安全可靠、技术可行、经济合理、施工方便等因素，经分析比较，择优选定。

⑥加强事故处理的检查验收工作。从施工准备到竣工，均应根据有关规范的规定和设计要求的质量标准进行检查验收。

⑦认真复查事故的实际情况。在事故处理中若发现事故情况与调查报告中所述的内容差异较大时，应停止施工，待查清问题的实质，采取相应的措施后再继续施工。

⑧确保事故处理期的安全。事故现场中不安全因素较多，应事先采取可靠的安全技术措施和防护措施，并严格检查、执行。

3）工程质量问题处理方案的类型

①修补处理。当工程的某个检验批、分项或分部的质量虽未达到规定的规范、标准或设计要求，存在一定缺陷，但通过修补或更换器具、设备后还可达到要求的标准，又不影响使用功能和外观要求，在此情况下，可以进行修补处理。

②返工处理。当工程质量未达到规定的标准和要求，存在的严重质量问题，对结构的使用和安全构成重大影响，且又无法通过修补处理的情况下，可对检验批、分项、分部甚至整个工程返工处理，重新施工。

③不作处理。某些工程质量问题虽然不符合规定的要求和标准构成质量事故，但视其严重情况，经过分析、论证、法定检测单位鉴定和设计等有关单位认可，对工程或结构使用及安全影响不大，也可不作专门处理。

选择工程质量处理方案，是复杂而重要的工作，它直接关系到工程的质量、费用和工期。处理方案选择不合理，不仅劳民伤财，严重的会留有隐患，危及人身安全，特别是对需要返工或不作处理的方案，更应慎重对待。

7.2.3 工程施工成本管理

1. 工程施工成本及其分类

（1）工程施工成本的含义

工程施工成本是指为完成工程项目建筑施工与安装任务而耗费的各种生产费用总和。它由施工过程中直接和间接支出的生产和经营管理费用组成，包括：人工费、材料（包含工程设备）费、施工机具使用费、企业管理费和规费。对于工程项目成本管理来说，工程施工成本主要指人工费、材料费、施工机具使用费和管理费等四项。

1）人工费，是指按工资总额构成规定，支付给从事建筑安装工程施工的生产工人和附属生产单位工人的各项费用。人工费包括计时工资或计件工资、奖金、津贴补贴、加班加点工资、特殊情况下支付的工资等。

2）材料费，是指施工过程中耗费的原材料、辅助材料、构配件、零件、半成品或成品、工程设备的费用。材料费包括材料原价、运杂费、运输损耗费、采购及保管费、工程设备费等。

3）施工机具使用费，是指施工作业所发生的施工机械、仪器仪表使用费或其租赁费。施工机具使用费包括施工机械使用费和仪器仪表使用费两项。

4）管理费，是指建筑安装企业组织施工生产和经营管理所需的费用，包括管理人员工资、办公费、差旅交通费、固定资产使用费、工具用具使用费、劳动保险和职工福利费、劳动保护费、检验试验费、工会经费、职工教育经费、财产保险费、财务费、税金和其他费用等。

（2）工程施工成本分类

按照成本水平和作用划分，工程施工成本可以分为工程预算成本、计划成本和实际成本三种。

1）预算成本，是根据行业政策、设计文件和生产要素市场价格计算出的工程成本。它是施工单位与建设单位确定工程造价，签订工程承包合同的基础。一旦造价在合同中确定，则工程预算成本就成为施工单位进行成本管理的依据，是决定施工单位能否盈利的前提条件。因此，预算成本的计算是成本管理的基础。

2）计划成本，是在预算成本的控制下，根据施工单位的生产技术、施工条件和生产经营管理水平，通过编制施工预算确定的工程预期成本。计划成本是控制成本支出、安排施工计划、供应工、料的依据。

3）实际成本，是施工中实际产生的各项生产费用的总和。实际成本可以检验计划成本的执行情况，确定工程最终的盈亏结果，准确反映各项施工费用的支出是否合理。它对于加强成本核算和成本控制具有重要作用。

2. 工程施工成本控制的基本程序

（1）根据已批准的施工方案、进度计划等资料，按成本记账方式编制工程施工各分部（项）工程的费用施工预算并汇总。

（2）在工程实施过程中，对工程量、用工量、材料用量等基础数据进行全面的统计、记录、整理。

（3）按分部（项）工程进行实际成本和预算成本的比较分析和评价，找出成本差异的原因。

（4）预测工程竣工尚需的费用，工程施工成本的发展趋势。

（5）针对成本偏差，建议采取各种措施，以保持工程实际成本与计划成本相符合。

上述基本程序如图7-1所示。另外，为搞好施工成本管理，必须加强成本管理的基础工作。这些基础工作包括：严格划分工程成本与其他费用的界限；建立健全成本管理的各项责任制度；建立健全原始记录与统计工作；加强定额与预算管理；做好各级成本管理人员的培训工作等。

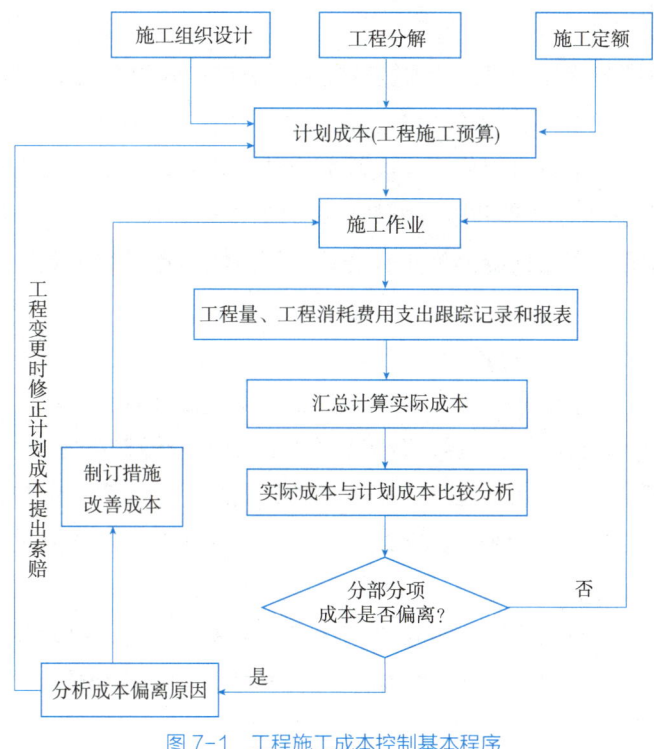

图 7-1 工程施工成本控制基本程序

3. 工程施工成本控制

（1）利用计价文件进行控制

按照计价文件的成本水平，实行以收定支、量入为出是控制项目成本费用支出的有效方法。其具体做法包括：

1）人工费控制。以计价文件中的总用工量控制用工的数量，以计价文件中的人工费单价、管理费及其他因素控制用工单价。项目经理部在签订劳务合同时，应使人工单价低于承包合同中的人工单价，余留部分可用于计价文件外人工费和关键工序的奖励支出等。

2）材料费控制。以计价文件分析、计算的材料消耗数量控制材料用量，并通过限额领料单加以落实；材料的价格应随行就市，并用材料预计价格控制其采购成本。

3）构件加工费和分包工程费的控制。构件加工费和分包工程费在工程造价中占有很大比重，应通过经济合同明确双方的权利和义务。签订合同时，必须坚持"以计价文件控制合同金额"的原则，不允许合同金额超过计价文件。

（2）利用施工预算进行控制

施工预算主要反映资源消耗数量，而资源消耗数量的货币表现就是成本费用。因此，施工预算属于控制工程项目成本的有效方法之一。其实施步骤如下：

1）项目开工前，根据设计图纸并结合施工方案和有关定额编制整个项目的施工预算，并作为指导施工、加强管理的依据。对于施工过程中的工程变更，应由计划预算部门作出统一的调整。

2）安排作业班组的任务时，必须签发施工任务单和限额领料单，并对其进行交底。而且，施工任务单和限额领料单的内容应该与施工预算完全相符。

3）施工过程中，作业班组应根据实际完成的工程量以及实际耗用的工、料情况做好原始记录，作为施工任务单和限额领料单结算的依据。

4）任务完成后，根据回收的施工任务单和限额领料单进行结算，并按照结算内容支付相应的报酬。

（3）利用成本分析表进行控制

利用财务方法控制工程项目成本的成本分析表，要求准确、及时、简单明了。根据需要，其制表周期可以是日、周、月等。常用的成本分析表包括以下几种：

1）月度直接成本分析表。主要反映工程项目实际完成的实物量与成本相对应的情况，以及对比预算成本、计划成本的实际偏差、目标偏差，为分析引起偏差的原因并确定纠偏措施提供依据。

2）月度间接成本分析表。主要反映间接成本的发生情况，以及对比预算成本、计划成本的实际偏差、目标偏差，为分析引起偏差的原因并确定纠偏措施提供依据。另外，还可以通过间接成本占产值的比例来分析其支用水平。

3）最终成本控制报告表。主要通过已经完成的实物进度、已完产值和已完累计成本，结合尚需完成的实物进度、尚可上报的产值以及将要发生的成本，进行最终成本预测，以检查实现成本目标的可能性，并对项目成本控制提出新的要求。该报表的编制周期可根据工期长短确定。工期较短的项目可每季度编制一次，工期较长的项目可每半年编制一次。

4. 工程施工成本分析的内容

工程施工成本分析是利用工程项目成本核算资料，对于成本的形成过程及影响成本升降的因素进行系统的分析，以寻找降低成本的有效途径。施工单位和项目经理部应当充分利用成本核算资料，坚持实事求是的科学态度，紧紧地围绕项目管理的方针与目标，及时、深入地进行项目成本分析工作。

成本分析是在单位工程成本分析的基础上，进行工程项目成本的综合分析，以反映项目的施工活动及其成果。工程项目成本分析的主要内容，一般应当包括以下三个方面。

（1）按项目施工进展进行的成本分析

1）分部分项工程成本分析。它针对已完的分部分项工程，从开工到竣工进行系统的成本分析，是项目成本分析的基础。

2）月（季）度成本分析。它通过定期的、经常性的过程（中间）成本分析，及时发现问题、解决问题，保证项目成本目标的实现。

3）年度成本分析。它可以满足施工企业年度结算、编制年度成本报表的需要，而且可以总结过去、指出未来的管理措施。

4）竣工成本分析。它以项目施工的全过程作为结算期，汇总该工程项目所包含的各个单位工程，并应考虑项目经理部的经营效益。

（2）按工程项目成本构成进行的成本分析

1）人工费分析。应在执行劳务承包合同的基础上，考虑因工程量增减、奖励等原因引起的其他人工费开支。

2）材料费分析。它着重分析主要材料与结构件费用、周转材料使用费、采购保管费、材料储备资金等内容。

3）机械使用费分析。主要针对项目施工中使用的机械设备，尤其是按使用时间计算费用的设备，分析其完好率、利用率，以实现机械设备的平衡调度。

4）其他直接费分析。主要将实际发生数额与预算或计划目标进行比较。

5）间接费分析。主要将实际发生数额与预算或计划目标进行比较。

（3）按特定事项进行的成本分析

1）成本盈亏异常分析。按照施工形象进度、施工产值统计、实际成本归集"三同步"的原则，彻底查明造成项目成本异常的原因，并采取措施加以纠正。

2）工期成本分析。在求出固定费用的基础上，将计划工期内应消耗的计划成本与实际工期内所消耗的实际成本进行对比分析，并分析各种因素变动对于工期成本的影响。

3）资金成本分析。一般通过成本支出率，反映成本支出占工程（款）收入的比重，加强资金管理、控制成本支出，并联系储备金和结存资金的比重，分析资金使用的合理性。

4）技术组织措施节约效果分析。紧密结合工程项目特点，分析采取措施前后的成本变化，并对影响较大、效果较好的措施进行专题分析。

5）其他有利因素和不利因素对成本影响的分析。包括工程结构的复杂性和施工技术的难度，施工现场的自然地理环境，物资供应渠道和技术装备水平等。

针对上述成本分析的内容，应当形成工程项目的成本分析报告。成本分析报告通常由文字说明、报表和图表等部分组成。它可以为纠正与预防成本偏差、改进成本控制方法、制订降低成本措施、完善成本控制体系等提供依据。

不同层次的成本分析报告的侧重点会有所不同。例如，为项目经理提供的报告，主要包括项目总成本的现状及控制结果、主要的节约或超支的项目、项目诊断等；为作业班组长提供的报告，主要包括各分部分项工程的成本（消耗）值、成本的正负偏差、可能采取的措施及趋势分析等。

5. 工程项目成本分析方法

工程项目成本分析的内容较多，所采用的方法也不尽相同。其中，常用的方法有对比法、连环替代法、差额计算法等。

（1）对比法

对比法，又称比较法。就是通过技术经济指标的对比，检查计划的完成情况，分析产生的差异及原因，从而进一步挖掘项目内部潜力的方法。这种方法通俗易懂、简便易行、便于掌握，但必须注意各项技术经济指标之间的可比性。

应用对比法时，通常有以下几种形式。

1）实际指标与计划指标对比

此项对比主要包括：实际工程量与预算工程量的对比分析，实际消耗量与计划消耗量的对比分析，实际采用价格与计划价格的对比分析，各种费用实际发生额与计划支出额的对比分析等。

2）本期实际指标与上期实际指标对比

此项对比，可以研究相应指标发展的动态情况，反映项目管理的改善程度。

3）与本行业平均水平、先进水平对比

此项对比，可以反映本项目管理水平与平均水平、先进水平的差距，以采取措施，不断提高。

【例7-1】某工程项目本期计划节约材料费10000元，实际节约12000元，上期节约9500元，本企业先进水平节约13000元。

针对材料费节约额，表7-6同时反映了上述三种对比。

实际指标与上期指标、先进水平对比表　　表7-6

指标	本期计划数	上期实际数	企业先进水平	本期实际数	对比差异		
					与计划比	与上期比	与先进比
节约数额	10000	9500	13000	12000	+2000	+2500	-1000

根据对比分析，在材料费节约这个成本控制指标上，本年实际数比计划目标数和上年实际数均有所增加，但是与本企业先进水平还有距离，说明有潜力可挖。

（2）连环替代法

连环替代法，又称因素分析法或连锁置换法。它将某成本项目分解为若干个相互联系的原始因素，并用来分析各个因素变动对于成本形成的影响程度。进而，针对主要因素，查明原因，提出改进措施，达到降低成本的目的。

应用连环替代法进行分析时，每次均考虑单一因素变动，然后逐个替换、比较结果。其具体步骤如下：

1）确定分析对象，并计算出实际数与计划数的差异；

2）确定各个影响因素，并按其相互关系进行排序；

3）以计划（预算）数为基础，将各个因素的计划（预算）数相乘，并作为分析代替的基数；

4）将各个因素的实际数按照上述排序，逐一进行替换计算，并将替换后的实际数保留下来；

5）将每次替换所得的结果，与前一次的计算结果相比较，两者的差异作为该因素对于分析对象的影响程度；

6）各个因素的影响程度之和，应与分析对象的总差异相等。

【例 7-2】某现浇混凝土子项，商品混凝土的计划成本 364000 元、实际成本 383760 元，实际超支 19760 元。现采用连环替代法，计算产量、单价、损耗率三个因素对于实际成本的影响程度。

根据表 7-7 所列资料以及商品混凝土的实际成本 = 产量 × 单价 × 消耗量，将分析结果列入表 7-8。

商品混凝土的计划成本与实际成本对比表　　　　　　　　　　表 7-7

项目	计量单位	计划数	实际数	差异
产量	m^3	500	520	+20
单价	元	700	720	+20
损耗率	%	4	2.5	−1.5
成本	元	364000	383760	+19760

商品混凝土成本变动因素分析表　　　　　　　　　　表 7-8

顺序	连环替代计算	差异	因素分析
计划数	500 × 700 × 1.04=364000		
第一次替代	520 × 700 × 1.04=378560	+14560	由于产量增加 20m^3，成本增加 14560 元
第二次替代	520 × 720 × 1.04=389376	+10816	由于单价提高 20 元，成本增加 10816 元
第三次替代	520 × 720 × 1.025=383760	−5616	由于损耗率下降 1.5%，成本减少 5616 元
合计	14560+10816−5616	19760	

必须说明，在应用连环替代法时，各个因素的排序应固定不变。否则，将会得出不同的结论。而且，在找出主要因素后，还需利用其他方法进行深入、具体的分析。

（3）差额计算法

差额计算法是因素分析法的一种简化形式。它利用各个因素实际数与计划数的差额，来反映其对于成本的影响程度。

【例7-3】现以劳动生产率为例，说明差额计算法的应用，并将有关数据列于表7-9。

从表7-9可以发现，作为分析对象的劳动生产率提高了104元。其中，月平均工作时间的影响是，-26（h）×10（元/h）=-260元；工作效率的影响是，2（元/h）×182（h）=364元。于是，364-260=104元，即两者相抵使得月劳动生产率提高了104元。

劳动生产率实际数与计划数对比表　　　　　　　　　表7-9

项　目	计量单位	计划数	实际数	差　异
月平均工作时间	h	208	182	-26
工作效率	元/h	10	12	+2
月平均劳动生产率	元	2080	2184	+104

6. 工程项目施工成本考核

工程项目施工成本控制与管理属于一项系统工程，而成本考核则是其中最后一个环节。通过定期和不定期的工程项目成本考核，可以贯彻项目经理责任制、项目成本核算制，更好地实现项目成本目标，促进成本管理工作的健康发展。

（1）项目成本考核的层次与要求

项目成本考核应当分层进行，以实现项目成本目标的层层保证体系：

1）施工企业对项目经理部进行成本管理考核；

2）项目经理部对项目内部各岗位以及各作业队进行成本管理考核。

项目成本考核是贯彻项目成本核算制的重要手段，也是项目管理激励机制的重要体现。企业和项目经理部都应建立、健全项目成本考核的组织，公正、公平、真实、准确地评价项目经理部及管理、作业人员的工作业绩与问题。

因此，项目成本考核应当满足下列要求：

1）施工企业对施工项目经理部进行考核时，应以确定的责任目标成本为依据；

2）项目经理部应以控制过程的考核为重点，控制过程的考核应与竣工考核相结合；

3）各级成本考核应与进度、质量、安全等指标的完成情况相联系；

4）项目成本考核的结果应形成文件，为对责任人实施奖罚提供依据。

（2）项目成本考核的内容

尽管目标成本的完成情况是各项工作的综合反映，但是，影响项目成本的因素很多，又有一定的偶然性，可能使有关人员的工作业绩无法体现在最终的成果之中。因此，项目成本考核的内容,应当包括计划目标成本完成情况考核和成本管理工作业绩考核两个方面。

1)企业对项目经理部考核的内容

①项目成本目标和阶段成本目标的完成情况;

②建立以项目经理为核心的项目成本核算制的落实情况;

③成本计划的编制和落实情况;

④对于各个部门、作业队伍责任成本的检查与考核情况;

⑤在成本管理中贯彻责权利相结合原则的执行情况等。

2)项目经理部对项目内部各岗位以及各作业队考核的内容

①对于各个部门的考核内容,一般包括本部门、本岗位责任成本的完成情况,本部门、本岗位成本管理责任的执行情况等。

②对于各个作业队伍的考核内容,一般包括对于劳务合同规定的承包范围和承包内容的执行情况,劳务合同以外的补充收费情况,对于作业班组施工任务单的管理情况,以及作业班组完成施工任务后的考核情况等。

一般来讲,对于作业班组的经常考核应由作业队负责实施。对于重要或特殊的作业班组,项目经理部,应以施工任务单、限额领料单的结算资料为依据,与施工预算进行对比,考核其责任成本的完成情况。

(3)项目成本考核的实施

在具体进行工程项目成本考核时,一般应注意以下事项:

1)建立适当的评分制。根据项目特点及考核内容,建立适当的比例加权评分准则。例如,计划目标成本完成情况的权重为0.7,成本管理工作业绩的权重为0.3。

2)与相关指标的完成情况相结合。例如,根据进度、质量、安全和现场标准化管理等指标的完成情况,加奖或扣罚。

3)强调项目成本的中间考核。中间考核可以及时地发现问题、解决问题,保证成本目标的实现。它一般包括月度成本考核、阶段成本考核两个方面,而按工程形象进度实施的阶段成本考核与其他指标结合又较为紧密。

4)正确评价竣工成本。在工程竣工和工程款结算基础上编制的竣工成本,是项目经济效益的最终反映,必须做到核算正确、考核正确。

5)科学运用激励机制。为了调动有关人员工作的积极性,应当结合成本考核的情况,按照项目管理目标责任书及有关规定及时兑现奖惩。当然,由于月度成本、阶段成本的中间、过程的特点,其奖惩可留有余地,竣工成本考核以后再作调整。

7.2.4 工程施工安全管理

工程施工安全管理包括安全施工和劳动保护两个方面的管理工作。由于工程施工多为露天作业,现场环境复杂。手工操作、高空作业和交叉作业多,劳动条件差,作业环境条件多变等不安全因素较多，极易出现安全事故。因此，在施工过程中，必须坚持"安全第一，预防为主"的安全生产方针，从技术、经济、组织、合同等多个方面采取措施，切实做好施工现场的安全施工和劳动保护工作。

1. 工程施工安全管理的依据、方针和程序

（1）工程施工安全管理的依据

工程施工安全管理的依据主要有：《中华人民共和国安全生产法》《中华人民共和国建筑法》《中华人民共和国消防法》《中华人民共和国劳动法》《企业职工伤亡事故报告和处理规定》（国务院第75号令），有关安全技术的国家标准，有关建筑施工安全的强制性标准条文，安全技术行业标准，《环境管理系列标准》GB/T 24000-ISO 14000,《职业健康安全管理体系 要求》GB/T 28001,《建设工程安全生产管理条例》等。员工应熟悉安全控制的依据，做好安全控制工作。

（2）工程施工安全管理的方针

根据安全生产法和建筑法的规定，工程施工安全管理的方针是"安全第一，预防为主"。"安全第一"体现了"以人为本"的理念，在生产中应把安全工作放在第一位，处理好安全与生产的辩证关系。"预防为主"是强调在生产中要做好预防工作，把事故消灭在发生之前，它是实现安全生产的基础。

（3）工程施工安全管理程序

工程施工安全管理的程序是：确定施工安全目标→编制安全技术措施计划→安全技术措施计划实施→安全技术措施计划验证→持续改进。

（4）安全生产管理制度

根据相关法律法规的规定，建筑施工企业应建立的安全生产管理制度有：安全生产责任制度，安全技术措施计划制度，安全生产教育制度，安全生产检查制度，伤亡事故、职业病统计报告和处理制度，安全监察制度，"三同时"制度，安全预评价制度等。项目经理部必须执行上述制度。

2. 工程施工不安全因素与管理目标

（1）不安全因素分析

1）人的不安全行为

人的不安全行为是人的非正常生理和心理特点的反映，主要表现在身体缺陷、错误行为和违纪违章三个方面。

身体缺陷指疾病、职业病、精神失常、智商过低、紧张、烦躁、疲劳、易冲动、易兴奋、运动迟钝、对自然条件和其他环境过敏、不适应复杂和快速工作、应变能力差等。

错误行为指嗜酒、吸毒、吸烟、赌博、玩耍、嬉闹、追逐、误视、误听、误嗅、误触、误动作、误判断、意外碰撞和受阻、误入险区等。

违纪违章指粗心大意、漫不经心、注意力不集中、不履行安全措施、安全检查不认真、不按工艺规程或标准操作、不按规定使用防护用品、玩忽职守、有意违章等。

2）物的不安全状态

物的不安全状态表现为：设备和装置的缺陷、约束和控制缺陷等。

设备和装置的缺陷是指机械设备装置的技术性能降低、强度不够、结构不良、磨损、老化、失灵、腐蚀、物理和化学性能达不到要求等。约束和控制缺陷是指没有采取确保物处于安全状态的约束和控制措施不当等。

3）环境的不安全因素

环境的不安全因素包括不利的自然气候环境（如：极低、极高的气温、雷雨、强风等）和作业场所的缺陷（即施工场地狭窄、立体交叉作业组织不当、多工种交叉作业不协调、道路狭窄、机械拥挤、多单位同时施工等）。

（2）工程施工安全管理目标

工程施工安全管理目标是预防、发现、纠正施工中人的不安全行为、物的不安全状态、环境的不安全因素和管理工作不到位等问题，确保没有危险、不出事故，不造成人身伤亡和财产损失。工程施工安全管理目标应按"目标管理"方法在以项目经理为首的安全管理体系内进行分解，然后制定责任制度，实现责任安全控制目标。

3. 项目安全技术措施计划

在工程开工前，项目经理部应编制安全技术措施计划，经项目经理批准后实施。项目安全技术措施计划的作用是配置必要的资源，建立保证安全的组织和制度，明确安全责任，制订安全技术措施，确保安全目标实现。

项目安全技术措施计划的内容有：工程概况，控制目标，控制程序，组织结构，职责权限，规章制度，资源配置，安全措施，检查评价，奖惩制度。在编制安全技术措施计划时，以下几点特殊情况应予遵守：

（1）专业性较强的施工项目，应编制专项安全施工组织设计并采取安全技术措施。

（2）对结构复杂、施工难度大的项目，除制订项目总体安全技术措施计划外，还必须制订单位工程或分部分项工程的安全技术措施。

（3）高空作业、井下作业等专业性强的作业，电器、压力容器等特殊工种作业，应制订单项安全技术方案和措施，并应对管理人员和操作人员的安全作业资格和身体状况进行合格检查。

（4）安全预防的内容，归纳起来就是防火、防毒、防爆、防洪、防尘、防雷击、防触电、防高空坠落、防物体打击、防坍塌、防机械伤害、防溜车、防交通事故、防寒、酷暑、防疫、防环境污染。

（5）施工安全技术措施，是在施工中为防止工伤事故和职业病危害，从技术上采取的措施，包括安全防护设施和安全预防措施，是安全技术措施计划的主要内容，是施工组织设计的组成部分。制订安全技术措施要有超前性、针对性、可靠性和操作性。由于工程分为结构共性较多的"一般工程"和结构比较复杂的"特殊工程"，故应当根据工程施工特点、不同的危险因素和季节要求，按照有关安全技术规程的规定，并结合以往的施工经验与教训,编制施工安全技术措施。工程开工前应进行施工安全技术措施交底。在施工中应通过下达施工任务书将施工安全技术措施落实到班组或个人。实施中应加强检查,进行监督,纠正违反安全技术措施的行为。

4. 安全管理的基本制度与要求

（1）安全生产责任制

项目经理部应根据安全生产责任制的要求,把安全责任目标分解到岗,落实到人。安全生产责任制必须经项目经理批准后实施。

1）项目经理安全职责

项目经理是项目安全生产第一责任人,应认真贯彻安全生产方针、政策、法规和各项规章制度,制定和执行安全生产管理办法,严格执行安全考核指标和安全生产奖惩办法,严格执行安全技术措施审批和施工安全技术措施交底制度；定期组织安全生产检查和分析,针对可能产生的安全隐患制订相应的预防措施；当施工过程中发生安全事故时,项目经理必须按安全事故处理的有关规定和程序及时上报和处置,并制订防止同类事故再次发生的措施。

2）安全员安全职责

落实安全设施的设置,对施工全过程的安全进行监督,纠正违章作业,配合有关部门排除安全隐患,组织安全教育和全员安全活动,监督劳保用品质量和正确使用。

3）作业队长安全职责

向作业人员进行安全技术措施交底,组织实施安全技术措施；对施工现场安全防护装置和设施进行验收；对作业人员进行安全操作规程培训,提高作业人员的安全意识,避免产生安全隐患；当发生重大或恶性工伤事故时,应保护现场,立即上报并参与事故调查处理。

4）班组长安全职责

安排施工生产任务时,向本工种作业人员进行安全措施交底；严格执行本工种安全技术操作规程,拒绝违章指挥；作业前应对本次作业所使用的机具、设备、防护用具及作业环境进行安全检查,消除安全隐患,检查安全标牌是否按规定设置,标识方法和内容是否正确完整；组织班组开展安全活动,召开上岗前安全生产会；每周应进行安全讲评。

5）操作工人安全职责

认真学习并严格执行安全技术操作规程,不违规作业；自觉遵守安全生产规章制度,执行安全技术交底和有关安全生产的规定；服从安全监督人员的指导,积极参加安全活动；爱护安全设施；正确使用防护用具；对不安全作业提出意见,拒绝违章指挥。

6）承包人对分包人的安全生产责任

审查分包人的安全施工资格和安全生产保证体系,不应将工程分包给不具备安全生产条件的分包人；在分包合同中应明确分包人安全生产责任和义务；对分包人提出安全要求，并认真监督、检查；对违反安全规定冒险蛮干的分包人，应令其停工整改；承包人应统计分包人的伤亡事故，按规定上报，并按分包合同约定协助处理分包人的伤亡事故。

7）分包人安全生产责任

分包人对本施工现场的安全工作负责，认真履行分包合同规定的安全生产责任；遵守承包人的有关安全生产制度，服从承包人的安全生产管理，及时向承包人报告伤亡事故并参与调查，处理善后事宜。

施工中发生安全事故时，项目经理必须按国务院安全行政主管部门的规定及时报告并协助有关人员进行处理。

（2）安全教育制度

建筑施工企业应对员工实施三级安全教育，即公司、项目经理部和班组三级安全教育。

1）公司的教育内容：国家和地方有关安全生产的方针、政策、法规、标准、规范、规程和企业的安全规章制度等，包括《建筑法》和《建设工程安全管理条例》的有关规定。

2）项目经理部的安全教育内容：施工现场安全管理制度，施工现场环境管理制度，预防施工现场的不安全因素等。

3）施工班组的安全教育内容：本工种的安全操作规程，安全劳动纪律，事故案例剖析，正确使用安全防护装置（设施）及个人劳动防护用品的知识，本班组作业中的不安全因素及防范对策，作业环境安全知识，所使用的机具安全知识等。

（3）安全技术交底

1）单位工程开工前，项目经理部的技术负责人必须将工程概况、施工方法、施工工艺、施工程序、安全技术措施，向承担施工的作业队负责人、工长、班组长和相关人员进行交底。

2）结构复杂的分部分项工程施工前，项目经理部的技术负责人应有针对性地进行全面、详细的安全技术交底。

3）项目经理部应保存双方签字确认的安全技术交底记录。

（4）安全检查

安全检查是为了预知危险和消除危险。它告诉人们如何去识别危险和防止事故的发生。安全检查的目标是预防伤亡事故，不断改善生产条件和作业环境，达到最佳安全状态。安全检查的方式有：定期检查，日常巡回检查，季节性和节假日安全检查，班组的自检查和交接检查。安全检查的内容主要是查思想，查制度，查机械设备，查安全设施，查安全教育培训，查操作行为，查劳保用品使用，查伤亡事故的处理等。要求如下：

1）定期对安全管理计划的执行情况进行检查和考核评价。

2）根据施工过程的特点和安全目标的要求确定安全检查的内容。

3）安全检查应配备必要的设备或器具。

4）检查应采取随机抽样、现场观察和实地检测的方法，并记录检查结果，纠正违章指挥和违章作业。

5）对检查结果进行分析，找出安全隐患部位，确定危险程度。

6）编写安全检查报告并上报。

7）安全检查可使用以下方法：

①一般常采用看、听、嗅、问、查、测、验、析等八种方法。看：看现场环境和作业条件，看实物和实际操作，看记录和资料等；听：听汇报、听介绍、听反映、听意见或批评、听机械设备的运转响声或承重物发出的微弱声等；嗅：对挥发物、腐蚀物、有毒气体进行辨别；问：对影响安全的问题，详细询问，寻根究底；查：查明问题、查对数据、查清原因，追查责任；测：测量、测试、监测；验：进行必要的试验或化验；析：分析安全事故的隐患、原因。

②安全检查表法，是一种原始的、初步的定性分析方法，它通过事先拟定的安全检查明细表或清单，对安全生产进行初步的诊断和控制。

（5）安全管理的基本要求

1）只有在取得了安全行政主管部门颁发的《安全施工许可证》后方可施工。

2）总包单位和分包单位都应持有《施工企业安全资格审查认可证》方可组织施工。

3）各类人员必须具备相应的安全资格方可上岗。

4）所有施工人员必须经过三级安全教育。

5）特殊工程作业人员必须持有特种作业操作证。

6）对查出的安全隐患要做到"五定"：定整改责任人；定整改措施；定整改完成时间；定整改完成人；定整改验收人。

7）必须把好安全生产"六关"：措施关、交底关、教育关、防护关、检查关、改进关。

5. 工程施工安全检查评定

对工程施工安全检查评定作出下列规定：

（1）工程施工安全检查评定中，保证项目应全数检查。

（2）工程施工安全检查评定应按规定以检查评分表的形式分别对安全管理、文明施工、脚手架、基坑工程、模板支架、高处作业、施工用电、物料提升机与施工升降机、塔式起重机与起重吊装、施工机具等分项进行检查评分。

（3）各评分表的评分应符合下列规定：

1）分项检查评分表和检查评分汇总表的满分分值均应为100分，评分表的实得分值应为各检查项目所得分值之和；

2）评分应采用扣减分值的方法，扣减分值总和不得超过该检查项目的应得分值；

3）当按分项检查评分表评分时，保证项目中有一项未得分或保证项目小计得分不足40分，此分项检查评分表不应得分。

(4)检查评分汇总表各分项项目实得分值应按式(7-1)计算：

$$A_1 = \frac{B \times C}{100} \tag{7-1}$$

式中　A_1——汇总表各分项项目实得分值；
　　　B——汇总表中该项应得满分值；
　　　C——该项检查评分表实得分值。

(5)当评分遇有缺项时,分项检查评分表或检查评分汇总表的总得分值应按式(7-2)计算：

$$A_2 = \frac{D}{E} \times 100 \tag{7-2}$$

式中　A_2——遇有缺项时总得分值；
　　　D——实查项目在该表的实得分值之和；
　　　E——实查项目在该表的应得满分值之和。

(6)脚手架、物料提升机与施工升降机、塔式起重机与起重吊装项目的实得分值,应为所对应专业的分项检查评分表实得分值的算术平均值。

(7)检查评定等级的相关规定：

1)应按表7-10汇总安全检查评分,对工程施工安全检查评定划分为优良、合格、不合格三个等级。

建筑施工安全检查评分汇总表　　　　　表7-10

企业名称：　　　　　　　　资质等级：　　　　　　　　年　月　日

单位工程(施工现场)名称	建筑面积(m²)	结构类型	总计得分(满分分值100分)	项目名称及分值								
				安全管理(满分10分)	文明施工(满分15分)	脚手架(满分10分)	基坑工程(满分10分)	模板支架(满分10分)	高处作业(满分10分)	施工用电(满分10分)	物料提升机与施工升降机(满分10分)	塔式起重机与起重吊装(满分10分)	施工机具(满分5分)

评语：

检查单位		负责人		受检项目		项目经理	

2)工程施工安全检查评定的等级划分应符合下列规定：

①优良：分项检查评分表无零分；汇总表得分值应在80分及以上。

②合格：分项检查评分表无零分；汇总表得分值应在80分以下,70分及以上。

③不合格：当汇总表得分值不足70分；当有一分项检查评分表得零分。

当工程施工安全检查评定的等级为不合格时,必须限期整改达到合格。

6. 安全事故处理

（1）坚持"四不放过"的原则

事故原因不清楚不放过，事故责任者和员工没有受到教育不放过，事故责任者没有处理不放过，没有制订防范措施不放过。

（2）安全事故处理程序

1）报告安全事故：安全事故发生后，受伤者或最先发现事故的人员应立即用最快的传递手段，将发生事故的时间、地点、伤亡人数、事故原因等情况，上报至企业安全主管部门。企业安全主管部门视事故造成的伤亡人数或直接经济损失情况，按规定向政府主管部门报告。

2）事故处理：抢救伤员、排除险情、防止事故蔓延扩大，做好标识，保护好现场。

3）事故调查：项目经理应指定技术、安全、质量等部门的人员，会同企业工会代表组成调查组，开展调查。

4）调查报告：调查组应把事故发生的经过、原因、性质、损失责任、处理意见、纠正和预防措施撰写成调查报告，并经调查组全体人员签字确认后报企业安全主管部门。

（3）伤亡事故处理

伤亡事故的处理程序是：迅速抢救伤员并保护好现场，组织调查组，现场勘察，分析事故原因，制订预防措施，写出调查报告，事故的审查和结案，员工伤亡事故登记记录。

7.2.5 绿色施工管理

绿色施工是指在工程施工过程中，以满足工程质量、安全等基本要求为前提，采取"资源节约型"和"环境友好型"的技术与组织管理方法和手段，最大限度地实现"四节一环保（即节材、节水、节能、节地和保护环境）"的施工管理目标。

1."四节"施工要点

（1）节材施工要点

优先选择轻质高强结构材料、新型绿色装饰材料、高耐候耐久性功能材料。通过优化材料的采购、进场、保管和使用方案和计划，集约使用材料、提高利用率、降低损耗率，提高周转材料使用次数、减少材料垃圾排放。

（2）节水施工要点

采用先进的节水施工工艺和设施，加强施工用水的综合利用，减少污水排放，保护地下水资源。

（3）节能施工要点

优先使用节能、高效、环保的施工设备设施与工程材料，制定施工能耗控制指标，提高施工能源利用率。

（4）节地施工要点

在保证正常施工作业和提供安全文明施工条件的前提下，分阶段制订各类生产性、生活性临时设施，紧凑布置、减少占地。

2. 环境保护施工要点

工程施工过程中导致的场内外环境影响问题主要体现在大气污染、水污染、噪声污染和固体废弃物（垃圾）排放等四大方面，应从污染源头和对环境影响方式两方面制订有效防治措施，减少和降低对环境的影响。

（1）大气污染的防治

1）施工现场主要道路必须进行硬化处理。施工现场采取覆盖、固化、绿化、洒水措施，做到不泥泞、不扬尘。

2）四级以上大风天气不进行土方回填、转运以及其他可能扬尘的施工。

3）建筑施工垃圾清运采用封闭式垃圾道或封闭式容器调运。设密闭式垃圾站分类存放，垃圾清运和建筑物拆除时提前洒水。

4）水泥及其他易飞扬的细颗粒建筑材料密闭存放，使用中采取措施防止扬尘，土方集中存放，采取覆盖或固化措施。

5）土方、渣土和施工垃圾运输用密闭式车辆，施工现场出入口设置冲洗车辆的设备，出厂时冲洗车辆。

6）施工现场使用清洁燃料，施工机械和车辆尾气排放应符合环保要求。

7）拆除旧建筑物时，应随时洒水，减少扬尘。渣土在拆除完成后及时清运完毕。

（2）水污染的防治

1）搅拌机前台、混凝土输送泵及运输车辆清洗处设置沉淀池，废水不得排入市政管网，经二次沉淀后循环使用或用于洒水降尘。

2）现场存放油料和化学品等有毒材料时，对库房进行防渗漏处理，防止油料和化学品泄漏污染土壤、水体。

3）食堂设隔油池定期掏油，防止污染。

4）现场统一设置化粪池。

（3）噪声污染的防治

1）声源控制：采用低噪声设备和工艺；在声源处安装消声器消声；严格控制人为噪声。

2）传播途径控制：吸声；隔声；消声；减振降噪。

3）接收者的防护：让处于噪声环境下的人员使用耳塞、耳罩等防护用品。

4）现场的强噪声设备搭设封闭式机棚，尽可能远离居民区。

5）晚22:00到次日早6:00之间施工要申请批准，并采取措施减少噪声。

6）施工现场噪声限值：在人口稠密区进行强噪声作业时，严格控制作业时间，根据《建筑施工场界环境噪声排放标准》GB 12523—2011实施（表7-11）。

建筑施工场界环境噪声排放限值　　　　　表 7-11

昼 间	夜 间
70	55

（4）固体废弃物处理

施工现场产生的固体废弃物主要包括：建筑渣土、废弃的散装建筑材料、生活垃圾、设备材料的包装物、生活垃圾和粪便等。对于施工现场产生的各类固体废弃物，采取资源化、减量化和无害化处理，尽可能实现综合利用和回收。固体废弃物处理处置的主要方法有：

1）物理处理：压实浓缩，破碎，分选，脱水干燥等。

2）化学处理：氧化还原，中和，化学浸出等。

3）生物处理：好氧处理，厌氧处理。

4）热处理：焚烧，热解，焙烧，烧结等。

5）固化处理：水泥固化法，沥青固化法等。

6）回收利用：回收利用和集中处理等资源化、减量化方法。

7）处置：填埋，焚烧，贮留池贮存等。

7.3　工程施工组织协调

7.3.1　工程施工组织协调概述

1. 组织协调的概念

组织协调是指根据工作任务，对资源进行分配，同时通过控制、激励和协调群体等管理活动，使各类资源相互融合，从而实现组织目标。在工程施工全过程中，组织协调工作贯穿始终，有效的组织协调工作对于施工组织的顺利开展、排除影响施工的各种障碍、解决施工中出现的各类矛盾、保证工程施工的顺利完成都具有重要的意义。

2. 组织协调的范围和层次

根据系统论的观点，组织协调的范围和层次可以分为系统内部（指施工承包企业和项目经理部）关系协调和系统外部关系协调。系统外部关系协调又可分为近外层关系协调和远外层关系协调。近外层关系协调是指与同建设单位签有合同的单位之间的关系协调；远外层关系协调是指与和项目管理工作有关但没有合同约束的单位之间的关系协调。

3. 组织协调的工作内容

组织协调应坚持动态工作原则，根据施工过程的不同阶段所出现的主要矛盾作出动态调整。例如，施工准备阶段，组织协调工作的重点是协调供求关系；施工竣工和完结阶段，组织协调工作的重点是各类合同和法律关系。

一般来讲，组织协调的主要工作包括以下几个方面。

（1）人际关系

包括系统内部人际关系的协调和系统内部与外部人际关系的协调，以处理相关工作结合部中人与人之间在管理工作中的联系和矛盾。

（2）组织机构关系

包括协调项目经理部与企业管理层及劳务作业层之间的关系，以实现合理分工、有效协作。

（3）供求关系

包括协调项目经理部与企业物资供应部门及生产要素供需单位之间的关系，以保证人力、材料、机械设备、技术、资金等各项生产要素供应的优质、优价、适时、适量。

（4）协作配合关系

包括协调系统内部各部门之间、上下级之间的协作配合，近外层关系单位之间的协作配合关系。

（5）约束关系

包括法律法规约束关系、合同约束关系，主要通过执行、沟通、谈判等方式保证各类约束关系的有效实施，及时解决潜在和已出现的各类矛盾及冲突。

4. 组织协调的方法

项目经理及其他管理人员实施组织协调的常用方法有：

（1）会议协调法。包括召开工地例会、专题会议等。

（2）交谈协调法。包括面对面交谈、电话交谈等。

（3）书面协调法。包括各类信函、数据电文等。

（4）访问协调法。包括走访、调研、邀请等。

（5）情况介绍法。通常结合其他方法，共同使用。

7.3.2 内部关系的组织协调

系统内部关系组织协调，一般应包括以下主要内容。

1. 项目经理部的组织协调

根据项目经理部建立的各项规章制度，通过组织、授权、激励等多种手段，加强对项目经理部各类人员的管理，提高项目经理部的管理效率。

2. 项目经理部与企业管理层关系协调

根据项目经理部与企业签订的"项目管理目标责任书"，通过申请、报告、协调沟通等多种方法，争取企业管理层各部门的支持，确保工程施工组织按计划执行。

3. 项目经理部与劳务作业层关系协调

认真履行劳务合同，严格执行"工程施工实施规划"，合理调配劳务作业队伍，为项目的顺利施工创造有利的劳动力资源条件。

4. 内部供求关系协调

施工项目的内部供求关系涉及面广、主体多、协调工作量大，因此，项目经理部应认真做好各类资源供需计划的编制、实施和调整工作，合理调配承包企业内部各类物资资源，为项目施工提供有效的资源保障。

7.3.3 近外层关系的组织协调

近外层关系，是指与项目施工存在某方面直接关系（合同关系）的独立法人单位之间的关系。施工企业及项目经理部的近外层关系组织协调工作，主要包括如下几方面。

1. 与建设单位的关系

施工企业及项目经理部与建设单位之间的关系协调，应贯穿于工程项目施工的全过程。项目经理部协调的主要目的是搞好协作，保证项目能够按期保质交付，工程款及时支付，协调的重点是施工项目的资金、质量和进度。

（1）建设单位的项目责任

在施工准备阶段，项目经理部会要求建设单位按规定的时间履行施工合同中约定的责任，以保证工程顺利开工。在工程开工前，建设单位应当获得政府主管部门对工程项目的批准文件、施工许可等文件；提供场地三通接引、场地平整及测量标桩等条件；提供完整的工程设计文件和配合条件；确保建设资金落实等。

（2）项目经理部的项目责任

项目经理部应承担合同约定的责任，为开工后连续施工创造条件。在施工准备阶段，项目经理部应完成的工作包括：

1）编制项目管理实施计划。

2）根据施工平面图的设计，搭建施工用临时设施。

3）组织有关人员学习、会审施工图纸和有关技术文件，参加建设单位组织的施工图交底与会审。

4）根据出图情况，组织有关人员及时编制施工预算。

5）向建设单位提交应由建设单位采购、加工、供应的材料、设备、成品、半成品的数量、规格清单，并确定进场时间。

6）负责办理属于项目经理部供应的材料、成品、半成品的加工订货手续。

7）特殊工程需由建设单位在开工前预拨资金和钢材指标时，将钢材规格、数量、金额、拨付时间、抵扣办法等，在合同中加以明确。

项目经理部应及时向建设单位提供有关的生产计划、统计资料、工程事故报告等。

2. 与监理单位的关系

监理单位（项目监理机构）的主要工作职责是对工程项目产品的质量进行监督。我国《建筑法》中规定："建筑工程监理应当依照法律、行政法规及有关的技术标准、设计文件和建筑工程承包合同，对承包企业在施工质量、建设工期和建设资金使用等方面，代表建设单位实施监督。"在施工项目全过程中，监理对项目经理部的生产和质量管理活动进行监督。从合同主体角度看，工程承包企业和监理单位作为独立的法人单位，分别与工程项目的建设单位签订施工合同和监理合同，因此，工程承包企业和监理单位具有平等的法律地位。

施工过程中，项目经理部应按《建设工程项目管理规范》《建设工程监理规范》及相关法律、法规和规范的规定，以及施工合同的要求，接受项目监理机构的监督，并按照相互信任、相互支持、相互尊重、共同负责的原则，搞好协作配合，确保工程项目的施工质量。例如，项目经理部有义务向项目监理机构报送有关施工方案、技术文件、各类申请，并应当接受项目监理机构的监督、审批和指令等。

3. 与设计单位的关系

与设计单位的工作联系原则上应通过建设单位进行，并需按图施工。项目经理部要领会设计文件的意图，取得设计单位的理解和支持。设计单位要对设计文件进行技术交底。

项目经理部应在设计交底、图纸会审、设计洽商变更、地基处理、隐蔽工程验收和交工验收等环节中与设计单位密切配合，同时接受建设单位和项目监理机构对双方进行的协调。

4. 与材料供应单位的关系

施工企业与材料供应单位应依据签订的供应合同，认真履行双方的合同义务，保证为工程项目施工的顺利实施创造良好的材料供应条件。

5. 与公用部门的关系

公用部门是指与项目施工有直接关系的社会公用性单位。例如，供水、供电、供气等单位。项目经理部与公用部门有关单位的关系，应通过加强计划性，以及通过建设单位或项目监理机构进行协调。

6. 与分包单位的关系

与分包单位关系的协调应严格执行分包合同，正确处理技术、经济及合同关系，正确处理项目进度控制、质量控制、成本控制、安全控制、生产要素管理和现场管理中的协作关系。施工过程中，项目经理部应对分包单位的工作进行指导、支持和监督管理。

7.3.4 远外层关系的组织协调

远外层关系，是指与项目施工没有直接关系（合同关系），但存在一定的间接关系的独立法人单位之间的关系。处理远外层关系时，必须严格守法，遵守公共道德，并充分利用中介组织和社会管理机构的力量。

施工企业及项目经理部对于远外层关系的组织协调，应按下列要求办理：

（1）应要求分包和劳务作业队伍到建设行政主管部门办理分包队伍施工许可证，到劳动管理部门办理劳务人员就业证。

（2）隶属于项目经理部的安全监察部门应办理企业安全资格认可证、安全施工许可证、项目经理安全生产资格证等手续。

（3）隶属于项目经理部的安全保卫部门应办理施工现场消防安全资格许可证，到交通管理部门办理通行证。

（4）应到当地户籍管理部门办理劳务人员暂住手续。

（5）应到当地城市管理部门办理街道临建审批手续。

（6）应到当地政府质量监督部门办理建设工程质量监督手续。

（7）应到市容监察部门审批运输不遗洒、污水不外流、垃圾清运、场容与场貌达标的保证措施方案和通行路线图。

（8）应配合环保部门做好施工现场的噪声检测工作，及时报送有关厕所、化粪池、道路等的现场平面布置图、管理措施及方案。

（9）因建设需要砍伐树木时必须提出申请，报市园林主管部门审批。

（10）现有城市公共绿地和城市总体规划中确定的城市绿地及道路两侧的绿化带，如特殊原因确需临时占用时，需经城市园林部门、城市规划管理部门及公安部门同意并报当地政府批准。

（11）大型项目施工或者在文物较密集地区进行施工，应事先与省文物部门联系，在开工范围内有可能埋藏文物的地方进行文物调查或者勘探工作。若发现文物，应共同商定处理办法。在开挖基坑、管沟或其他挖掘中，如果发现古墓葬、古遗址和其他文物，应立即停止作业，保护好现场，并立即报告当地政府文物管理机关。

（12）持建设项目批准文件、地形图、建筑总平面图、用电量资料等到城市供电管理部门办理施工用电报装手续。委托供电部门进行方案设计的应办理书面委托手续。

（13）供电方案经城市规划管理部门批准后即可进行供电施工设计。外部供电图一般由供电部门设计，内部供电设计主要指变配电室和开闭间的设计，既可由供电部门设计，也可由有资格的设计人设计，并报供电管理部门审批。

（14）在建设地点确定并对项目的用水量进行计算后，报请建设单位委托自来水管理部门进行供水方案设计，同时应提供项目批准文件、标明建设红线和建筑物位置的地形图、建设地点周围自来水管网情况、建设项目的用水量等资料。

（15）自来水供水方案经城市规划管理部门审查通过后，应在自来水管理部门办理报装手续，并委托其进行相关的施工图设计。同时，应准备建设用地许可证、地形图、总平面图、钉桩坐标成果通知单、施工许可证、供水方案批准文件等资料。由其他设计人员进行的自来水工程施工图设计，应送自来水管理部门审查批准。

本章小结

本章系统阐述了如下几方面内容：工程施工前的组织、技术、现场及资源内容与要点；工程施工组织设计实施过程中的施工进度、质量、成本、安全和环境管理基本内容与方法；工程施工组织过程中的内部及外部关系组织协调内容与方法。

复习思考题

1. 工程施工准备中技术准备有哪些主要工作？
2. 工程施工现场准备的主要内容有哪些？
3. 简述施工进度计划实施过程中的检查和控制方法。
4. 简述工程施工质量检查验收方法。
5. 简述工程施工成本及其构成。
6. 工程施工成本分析的方法有哪些？
7. 简述施工安全与环境管理要点。
8. 简述组织协调的基本工作内容与方法。

习　题

1. 设某项基础工程，包括挖土、垫层、砌基础、回填土等施工过程，拟分为三个施工段，其作业时间安排如表 7-12 所示，试绘制早时标施工网络进度计划。假设该工程施工到第 9 天下班时检查结果为：挖土作业已完成第Ⅲ段 25% 的工程量；垫层作业刚好完成第Ⅱ段的全部工程量，第Ⅲ段垫层作业尚未开始；砌基础作业刚完成第Ⅰ段 25% 的工程量；回填土作业尚未开始。试绘出实际进度前锋线，并分析进度偏差及对工期的影响。

作业时间安排表　　　　　　　　　表 7-12

施工过程	作业时间（天） 施工段		
	Ⅰ	Ⅱ	Ⅲ
挖土	3	3	4
垫层	3	2	2
砌基础	4	4	5
回填土	2	2	2

2. 某分项工程材料成本统计数据如表 7-13 所示。试将表中数据填写完整，并采用连环替代法对该分项工程材料成本进行分析。

某分项工程材料成本统计数据表　　　　　　　　　表 7-13

项目	单位	计划	实际	差异	差异率（%）
工程量	m³	100	110		
单位材料消耗量	kg/m³	320	310		
材料单价	元/kg	40	42		
材料成本	元				

8

工程施工收尾

【本章要点】
　　工程竣工验收依据与内容；工程竣工验收程序、组织过程与方法；工程交付与资料归档、移交；工程施工总结。

【学习目标】
　　了解工程竣工验收依据及竣工验收应具备的条件；熟悉工程交付与工程资料归档与移交，工程施工总结与评价；掌握工程竣工验收程序、组织过程与方法。

8.1 工程竣工验收

工程项目竣工是指承建单位按照工程设计施工图纸和承包合同的规定，已经完成了工程项目建设的全部施工活动，达到建设单位的使用要求。它标志着工程建设任务的全面完成。

8.1.1 工程竣工验收的含义

1. 工程验收

工程验收工作分为施工过程验收和竣工验收。过程验收是指在施工过程中对检验批、分项工程、分部工程（子分部工程）的验收。竣工验收是指对建设完成的单位工程、单项工程、建设项目的验收。本章主要阐述工程项目竣工验收的基本知识。

2. 工程竣工验收

工程竣工验收是指施工承包单位将竣工的工程项目及与该项目有关的资料移交给建设单位，并接受由建设单位组织的对工程建设质量和技术资料的一系列检验并接收工作的总称。竣工验收合格后，建设单位应在规定时间内将工程竣工验收报告和有关资料，报建设行政主管部门备案。

工程竣工验收是检验施工单位项目管理水平和目标实现程度的关键阶段，是工程施工与管理的最后环节，也是工程项目从建设施工到投入运行使用的衔接转换阶段。此项工作结束，即表示施工单位工程管理工作的最后完成。

3. 工程竣工验收的主体与客体

工程竣工验收的主体有交工主体和验收主体两方面，交工主体是承包人，验收主体是发包人。二者均是竣工验收行为的实施者，是互相依附而存在的。工程项目竣工验收的客体应是设计文件规定、施工合同约定的特定工程项目。在竣工验收过程中，应严格规范竣工验收双方主体的行为。对工程项目实行竣工验收制度是确保我国建设项目顺利投入使用的法律要求。

8.1.2 工程竣工验收依据与内容

1. 竣工验收的条件

工程项目必须具备规定的一定条件才能进行竣工验收。具体竣工验收条件如下：

（1）设计文件和合同约定的各项施工内容已经施工完毕。

1）达到设计标准，符合使用要求。民用建筑工程完工后，承包人按照各专业施工及验收规范和质量验收标准进行自检，不合格品已经过自行返修或整改，达到验收标准。水、电、暖、设备、智能化设施和电梯经过试验，符合使用要求。

2）辅助设施达到设计要求。生产性工程、辅助设施及生活设施，按合同约定全部施工完毕，室内外工程全部完成，建筑物、构筑物周围2m以内的场地平整，障碍物已清除，给水排水、动力、照明、通信畅通，达到设计要求。

3）工业项目的辅助设施达到生产要求。工业项目的各种管道设备、电气、空调、仪表、通信等设施已全部安装结束，已做完清洁、试压、吹扫、油漆、保温等工序，经过试运转，全部符合工业设备安装施工及验收规范和质量标准的要求。

4）其他专业工程全部达到设计和使用要求。按照合同的规定和施工图规定的工程内容全部施工完毕，已达到相关专业技术标准，质量验收合格，达到了交付使用的条件。

（2）有完整并经核定的工程竣工资料，符合验收规定。

（3）有勘察、设计、施工、监理等单位签署确认的工程质量合格文件。

工程施工完毕，勘察、设计、施工、监理单位已按各自的质量责任和义务，签署了工程质量合格文件。

（4）工程使用的主要建筑材料、构配件、设备进场的证明及试验报告齐全。

1）现场使用的主要建筑材料（水泥、钢材及其他地坪材料等）应具有出厂合格证，同时，必须有符合国家标准、规范要求的抽样试验报告。

2）混凝土、砂浆等施工试验报告，应按施工及验收规范和设计规定的要求取样和试验。

3）混凝土预制构件、钢构件、木构件和门窗等成品、半成品，应有生产单位的出厂合格证。

4）设备进场必须开箱检验，并有出厂合格证，检验完毕要如实做好各种进场设备的检查验收记录。

5）有施工单位签署的工程质量保修书。

2. 工程竣工验收依据

（1）经过上级批准的可行性研究报告。

（2）经过批准的初步设计或扩大初步设计。

（3）施工图纸及说明书和其他设计文件。

（4）设备技术说明书。

（5）招标投标文件和工程合同。

（6）设计变更、修改通知单。

（7）现行设计、施工规范、规程和质量标准。

（8）引进项目的合同和国外提供的技术文件。

3. 竣工验收的标准

（1）达到合同约定的工程质量标准

建设工程合同一经签订就具有法律效力，对承发包双方都具有约束作用。合同约定的质量标准具有强制性，合同的约束作用规范了承发包双方的质量责任和义务。承包人必须确保工程质量达到双方约定的质量标准，不符合质量标准要求的工程项目不得进行验收和交付使用。

（2）符合单位工程质量竣工验收的合格标准

我国国家标准《建筑工程施工质量验收统一标准》GB 50300—2013 对单位（子单位）工程质量验收合格规定如下：

1）所含分部工程的质量均应验收合格；

2）质量控制资料应完整；

3）所含分部工程中有关安全、节能、环境保护和主要功能的检测资料应完整；

4）主要功能项目的抽查结果应符合相关专业验收规范的规定；

5）观感质量应符合要求。

其他专业工程的竣工验收标准，也必须符合各专业工程质量验收规范和标准的规定。合格标准是工程验收的最低标准，不合格一律不允许交付使用。

（3）单项工程达到使用条件或满足生产要求

组成单项工程的各单位工程都已竣工，单项工程按设计要求完成，民用建筑达到使用条件或工业建筑能满足生产要求，工程质量经检验合格，竣工资料整理符合规定。

（4）建设项目能满足建成投入使用或生产的各项要求

组成建设项目的全部单项工程均已完成，符合交工验收的要求。建设项目能满足使用或生产要求，并应达到以下标准：

1）生产性工程和辅助公用设施已按设计要求建成，能满足生产使用；

2）主要工艺设备配套，设施经试运行合格，形成生产能力，能产出设计文件规定的产品；

3）必要的设施已按设计要求建成；

4）生产准备工作能适应投产的需要；

5）其他环保设施、劳动安全卫生、消防系统已按设计要求配套建成。

8.1.3 工程验收程序及其组织过程

工程竣工验收是一项复杂而细致的工作，工程项目有关各方应加强协作配合，按竣工验收的程序依次进行，认真做好竣工验收工作。竣工验收程序如图 8-1 所示。

1. 施工单位组织自检自验

当施工单位完成施工承包的工程项目并达到竣工验收条件后，按表 8-1~ 表 8-4 的内容自检自验，逐项填写。

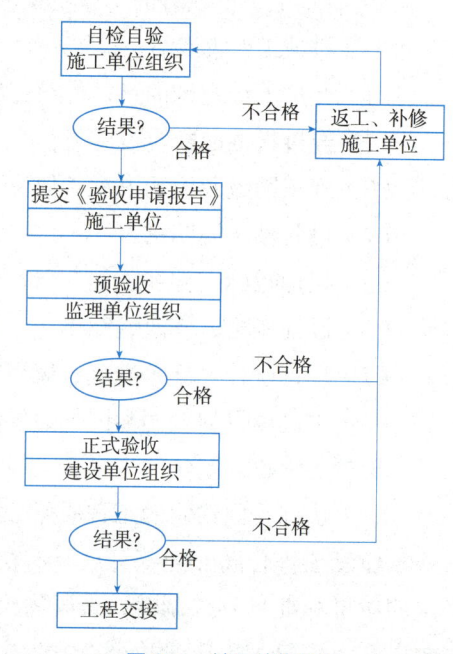

图 8-1 竣工验收程序

施工现场质量管理检查记录表　　开工日期：　　　　　　表 8-1

工程名称		施工许可证号	
建设单位		项目负责人	
设计单位		项目负责人	
监理单位		总监理工程师	
施工单位		项目负责人　　　　　　项目技术负责人	

序号	项目	主要内容
1	项目部质量管理体系	
2	现场质量责任制	
3	主要专业工种操作岗位证书	
4	分包单位管理制度	
5	图纸会审记录	
6	地质勘察资料	
7	施工技术标准	
8	施工组织设计、施工方案编制及审批	
9	物资采购管理制度	
10	施工设施和机械设备管理制度	
11	计量设备配备	
12	检测试验管理制度	
13	工程质量检查验收制度	
14		

自检结果：　　　　　　　　　　　　　　　检查结论：

施工单位项目负责人：　　　　　　年　月　日　　总监理工程师：　　　　　　年　月　日

施工现场档案资料管理检查记录表　　开工日期：　　　　　　表 8-2

序号	项目	资料名称	施工单位 份数	施工单位 核查意见	施工单位 核查人	监理单位 核查意见	监理单位 核查人
	工程名称		施工单位				
1	建筑与结构	图纸会审记录、设计变更通知单、工程洽商记录					
2		工程定位测量、放线记录					
3		原材料出厂合格证书及进场检验、试验报告					
4		施工试验报告及见证检测报告					
5		隐蔽工程验收记录					
6		施工记录					
7		地基、基础、主体结构检验及抽样检测资料					

续表

工程名称			施工单位				
序号	项目	资料名称	份数	施工单位		监理单位	
				核查意见	核查人	核查意见	核查人
8	建筑与结构	分项、分部工程质量验收记录					
9		工程质量事故调查处理资料					
10		新技术论证、备案及施工记录					
11							
1	给水排水与供暖	图纸会审记录、设计变更通知单、工程洽商记录					
2		原材料出厂合格证书及进场检验、试验报告					
3		管道、设备强度试验、严密性试验记录					
4		隐蔽工程验收记录					
5		系统清洗、灌水、通水、通球试验记录					
6		施工记录					
7		分项、分部工程质量验收记录					
8		新技术论证、备案及施工记录					
9							
1	通风与空调	图纸会审记录、设计变更通知单、工程洽商记录					
2		原材料出厂合格证书及进场检验、试验报告					
3		制冷、空调、水管道强度试验、严密性试验记录					
4		隐蔽工程验收记录					
5		制冷设备运行调试记录					
6		通风、空调系统调试记录					
7		施工记录					
8		分项、分部工程质量验收记录					
9		新技术论证、备案及施工记录					
10							
1	建筑电气	图纸会审记录、设计变更通知单、工程洽商记录					
2		原材料出厂合格证书及进场检验、试验报告					
3		设备调试记录					
4		接地、绝缘电阻测试记录					
5		隐蔽工程验收记录					
6		施工记录					
7		分项、分部工程质量验收记录					
8		新技术论证、备案及施工记录					
9							

续表

工程名称			施工单位				
序号	项目	资料名称	份数	施工单位		监理单位	
				核查意见	核查人	核查意见	核查人
1	建筑智能化	图纸会审记录、设计变更通知单、工程洽商记录					
2		原材料出厂合格证书及进场检验、试验报告					
3		隐蔽工程验收记录					
4		施工记录					
5		系统功能测定及设备调试记录					
6		系统技术、操作和维护手册					
7		系统管理、操作人员培训记录					
8		系统检测报告					
9		分项、分部工程质量验收记录					
10		新技术论证、备案及施工记录					
11							
1	建筑节能	图纸会审记录、设计变更通知单、工程洽商记录					
2		原材料出厂合格证书及进场检验、试验报告					
3		隐蔽工程验收记录					
4		施工记录					
5		外墙、外窗节能检验报告					
6		设备系统节能检测报告					
7		分项、分部工程质量验收记录					
8		新技术论证、备案及施工记录					
9							
1	电梯	图纸会审记录、设计变更通知单、工程洽商记录					
2		设备出厂合格证书及开箱检验记录					
3		隐蔽工程验收记录					
4		施工记录					
5		接地、绝缘电阻试验记录					
6		负荷试验、安全装置检查记录					
7		分项、分部工程质量验收记录					
8		新技术论证、备案及施工记录					
9							

结论：

施工单位项目负责人： 　　年　月　日　　总监理工程师： 　　年　月　日

单位工程安全与功能检验资料核查及主要功能检查记录　　　　　表 8-3

工程名称			施工单位			
序号	项目	安全和功能检查项目	份数	核查意见	抽查结果	核查（抽查）人
1	建筑与结构	地基承载力检验报告				
2		桩基承载力检验报告				
3		混凝土强度试验报告				
4		砂浆强度试验报告				
5		主体结构尺寸、位置抽查记录				
6		建筑物垂直度、标高、全高测量记录				
7		屋面淋水或蓄水试验记录				
8		地下室渗漏水检测记录				
9		有防水要求的地面蓄水试验记录				
10		抽气（风）道检查记录				
11		外窗气密性、水密性、耐风压检测报告				
12		幕墙气密性、水密性、耐风压检测报告				
13		建筑物沉降观测测量记录				
14		节能、保温测试记录				
15		室内环境检测报告				
16		土壤氡气浓度检测报告				
17						
1	给水排水与供暖	给水管道通水试验记录				
2		暖气管道、散热器压力试验记录				
3		卫生器具满水试验记录				
4		消防管道、燃气管道压力试验记录				
5		排水干管通球试验记录				
6						
1	通风与空调	通风、空调系统试运行记录				
2		风量、温度测试记录				
3		空气能量回收装置测试记录				
4		洁净室洁净度测试记录				
5		制冷机组试运行调试记录				
6						
1	电气	照明全负荷试验记录				
2		大型灯具牢固性试验记录				
3		避雷接地电阻测试记录				
4		线路、插座、开关接地检验记录				
5						
1	智能建筑	系统试运行记录				
2		系统电源及接地检测报告				
3						

续表

工程名称			施工单位			
序号	项目	安全和功能检查项目	份数	核查意见	抽查结果	核查（抽查）人
1	建筑节能	外墙节能构造检查记录或热工性能检验报告				
2		设备系统节能性能检查记录				
3						
1	电梯	运行记录				
2		安全装置检测报告				
3						

结论：

施工单位项目负责人：　　　　　　　年　月　日　　　　　总监理工程师：　　　　　　　年　月　日

注：抽查项目由验收组协商确定。

单位工程观感质量核查记录　　　　　　　　　　表 8-4

工程名称			施工单位		
序号	项目		抽查质量状况		质量评价
1	建筑与结构	主体结构外观	共检查　点，好　点，一般　点，差　点		
2		室外墙面	共检查　点，好　点，一般　点，差　点		
3		变形缝、雨水管	共检查　点，好　点，一般　点，差　点		
4		屋面	共检查　点，好　点，一般　点，差　点		
5		室内墙面	共检查　点，好　点，一般　点，差　点		
6		室内顶棚	共检查　点，好　点，一般　点，差　点		
7		室内地面	共检查　点，好　点，一般　点，差　点		
8		楼梯、踏步、护栏	共检查　点，好　点，一般　点，差　点		
9		门窗	共检查　点，好　点，一般　点，差　点		
10		雨罩、台阶、坡道、散水	共检查　点，好　点，一般　点，差　点		
1	给水排水与供暖	管道接口、坡度、支架	共检查　点，好　点，一般　点，差　点		
2		卫生器具、支架、阀门	共检查　点，好　点，一般　点，差　点		
3		检查口、扫除口、地漏	共检查　点，好　点，一般　点，差　点		
4		散热器、支架	共检查　点，好　点，一般　点，差　点		
1	通风与空调	风管、支架	共检查　点，好　点，一般　点，差　点		
2		风口、风阀	共检查　点，好　点，一般　点，差　点		
3		风机、空调设备	共检查　点，好　点，一般　点，差　点		
4		阀门、支架	共检查　点，好　点，一般　点，差　点		
5		水泵、冷却塔	共检查　点，好　点，一般　点，差　点		
6		绝热	共检查　点，好　点，一般　点，差　点		

续表

工程名称			施工单位	
序号	项目		抽查质量状况	质量评价
1	建筑电气	配电箱、盘、板、接线盒	共检查　点，好　点，一般　点，差　点	
2		设备器具、开关、插座	共检查　点，好　点，一般　点，差　点	
3		防雷、接地、防火	共检查　点，好　点，一般　点，差　点	
1	智能建筑	机房设备安装及布局	共检查　点，好　点，一般　点，差　点	
2		现场设备安装	共检查　点，好　点，一般　点，差　点	
1	电梯	运行、平层、开关门	共检查　点，好　点，一般　点，差　点	
2		层门、信号系统	共检查　点，好　点，一般　点，差　点	
3		机房	共检查　点，好　点，一般　点，差　点	
观感质量综合评价				
结论：				
施工单位项目负责人： 　　　　　　　　　　年　月　日			总监理工程师： 　　　　　　　　　　年　月　日	

注：1. 对质量评价为差的项目应进行返修；
　　2. 观感质量现场检查原始记录应作为本表附件。

2. 提交《验收申请报告》

对于自检自验不合格的项目，施工单位要经返工、补修后再次自检自验。自检自验合格后向监理单位提交《验收申请报告》。

3. 总监理工程师组织预验收

总监理工程师应组织各专业监理工程师对工程实体质量进行逐项检查，确认是否已完成工程设计和合同约定的各项内容，是否达到竣工标准；对存在的问题，应及时要求施工单位进行整改，并对竣工资料进行审查，按有关规定在施工单位的质量验收记录和试验、检测资料中签字认可，并签署质量评估报告，提交建设单位。在工程项目正式竣工验收前，勘察、设计单位也应向建设单位提交《勘察、设计单位工程竣工质量检查报告》。

4. 建设单位组织正式竣工验收

（1）竣工验收组织

在工程项目预验收通过后，施工单位向建设单位提交正式竣工验收申请报告。当建设单位收到施工单位提交的《竣工验收申请报告》和勘察、设计、施工、监理等质量合格证明（即:《施工单位工程竣工质量验收报告》《勘察、设计单位工程竣工质量检查报告》《监理单位工程质量评估报告》），工程项目具备竣工验收条件后，组织成立竣工验收小组，制订验收方案，向质量监督机构提交《建设单位竣工验收通知单》，质量监督机构审查验收组成员资质、验收内容、竣工验收条件，合格后建设单位向质量监督机构申领《建设工程竣工验收备案表》及《建设工程竣工验收报告》，确定竣工验收时间。

（2）竣工验收人员

由建设单位负责组织竣工验收小组。竣工验收组组长由建设单位法人代表或其委托的负责人担任。成员由建设单位该项目负责人、现场管理人员及勘察、设计、施工、监理单位成员组成，也可邀请有关专家参加验收小组。验收组中土建及水电安装专业人员应配备齐全。

（3）竣工验收的实施

1）由竣工验收组组长主持竣工验收。

2）建设、施工、监理、勘察、设计单位分别书面汇报工程项目建设质量状况、合同履约及执行国家法律、法规和工程建设强制性标准情况。

3）验收内容分为如下三部分，分别验收：

①实地查验工程实体质量情况。

②检查施工单位提供的竣工验收档案资料。

③对建筑的使用功能进行抽查、试验。如水池盛水试验，通水、通电试验，接地电阻、漏电、跳闸测试等。

4）对竣工验收情况进行汇总讨论，并听取质量监督机构对该工程质量监督情况。

5）形成竣工验收意见，形成《单位工程质量竣工验收记录》（表8-5），在表中给出综合验收结论，参与验收单位加盖公章和负责人签字。还要填写《建设工程竣工验收备案表》和《建设工程竣工验收报告》（表8-6），验收小组人员分别签字，建设单位盖章。

6）当竣工验收过程中发现严重问题，达不到竣工验收标准时，验收小组应责成责任单位立即整改，并宣布本次竣工无效，重新确定时间组织竣工验收。

7）当竣工验收过程中发现一般需整改的质量问题，验收小组可形成初步意见，填写有关表格，有关人员签字，但需整改完毕并经建设单位复查合格后，加盖建设单位公章。

8）在竣工验收时，对某些剩余工程和缺欠工程，在不影响交付使用的前提下，经建设单位、设计单位、施工单位和监理单位协商，施工单位应在竣工验收后的限定时间内完成。

9）建设单位竣工验收结论必须明确是否符合国家质量标准，能否同意使用。

参加验收各方对工程质量验收意见不一致时，可请当地建设行政主管部门或工程质量监督机构协商处理。

单位工程质量竣工验收记录 表 8-5

工程名称		结构类型		层数/建筑面积	
施工单位		技术负责人		开工日期	
项目负责人		项目技术负责人		完工日期	

序号	项目	验收记录	验收结论
1	分部工程验收	共　　分部，经查符合设计及标准规定　　分部	
2	质量控制资料核查	共　　项，经核查符合规定　　项	
3	安全和使用功能核查及抽查结果	共核查　　项，符合规定　　项，共抽查　　项，符合规定　　项，经返工处理符合规定　　项	
4	观感质量验收	共抽查　　项，达到"好"和"一般"的　　项，经返修处理符合要求的　　项	

综合验收结论	

参加验收单位	建设单位	监理单位	施工单位	设计单位	勘察单位
	（公章） 项目负责人： 年 月 日	（公章） 总监理工程师： 年 月 日	（公章） 项目负责人： 年 月 日	（公章） 项目负责人： 年 月 日	（公章） 项目负责人： 年 月 日

注：单位工程验收时，验收签字人员应由相应单位的法人代表书面授权。

建设工程竣工验收报告 表 8-6

单位工程名称			
建筑面积		结构类型、层数	
施工单位名称			
施工单位地址			
施工单位邮编		联系电话	

质量验收意见：（应包含下述参考内容）
填写要求：
1. 施工单位质量责任行为履行情况；
2. 本工程是否已按要求完成工程设计和合同约定的各项内容；
3. 在施工过程中，执行强制性标准和强制性条文的情况；
4. 施工过程中对监理提出的要求整改的质量问题是否确已改正，并得到监理单位认可；
5. 工程完工后，企业自查是否确认工程达到竣工标准，满足结构安全和使用功能要求；
6. 工程质量保证资料（包括检测报告的功能试验资料）基本齐全且已按要求装订成册；
7. 建筑物沉降观测结果和倾斜率情况；
8. 其他需说明的情况

项目经理：	年 月 日	
企业负责人： （质量科长）	年 月 日	施工单位公章
企业技术负责人： （总工程师）	年 月 日	
企业法人代表：	年 月 日	

8.2 工程交付

8.2.1 工程交付使用

工程项目竣工验收通过后,承包单位应按表8-7、表8-8编制"大、中型建设项目交付使用资产总表"和"建设项目交付使用资产明细表"(对于小型建设项目不编制"交付使用资产总表",直接编制"交付使用资产明细表"),将工程项目交付给建设单位投入使用。未经验收或者验收未通过的,不得交付使用。

大、中型建设项目交付使用资产总表(元)　　　　表8-7

序号	工程项目名称	总计	固定资产				流动资产	无形资产	其他资产
			合计	建安工程	设备	其他			

交付单位:　　　　　　负责人:　　　　　　接收单位:　　　　　　负责人:
盖　章　　　　　　　年月日　　　　　　盖　章　　　　　　　年月日

建设项目交付使用资产明细表　　　　表8-8

工程名称	建筑工程			设备、工具、器具、家具						流动资产		无形资产		其他资产	
	结构	面积(m²)	价值(元)	名称	规格型号	单位	数量	价值(元)	设备安装费(元)	名称	价值(元)	名称	价值(元)	名称	价值(元)

8.2.2 工程档案移交

工程档案资料是承包单位按工程档案管理及竣工验收条件的有关规定,在工程施工过程中及时收集、认真整理,竣工验收后移交建设单位汇总归挡的技术与管理文件,是记录和反映工程项目施工全过程的工程技术与管理活动的档案。

在工程项目使用过程中，竣工资料有着其他任何资料都无法替代的作用，它是建设单位在使用中对工程项目进行维修、加固、改建、扩建的重要依据，也是对工程项目的建设过程进行复查、对建设投资进行审计的重要依据。因此，从工程建设一开始，承包单位就应设专门的资料员按规定负责及时收集、整理和管理这些档案资料，不得丢失和损坏。在工程项目竣工以后，工程承包单位必须按规定向建设单位正式移交这些工程档案资料。

1. 竣工资料的内容

工程竣工资料必须真实记录和反映项目管理全过程的实际，它的内容必须齐全、完整。按照我国《建设工程项目管理规范》GB/T 50326 的规定，竣工资料的内容应包括工程施工技术资料、工程质量保证资料、工程检验评定资料、竣工图和规定的其他应交资料。

（1）工程施工技术资料

工程施工技术资料是建设工程施工全过程的真实记录，是在施工全过程的各环节客观产生的工程施工技术文件，它的主要内容有：工程开工报告（包括复工报告）；施工图纸会审记录或纪要；项目经理部及人员名单、聘任文件；施工组织设计和专项施工方案；技术交底记录；设计变更通知；技术核定单；地质勘察报告；工程定位测量资料及复核记录；基槽开挖测量资料；地基钎探记录和钎探平面布置图；验槽记录和地基处理记录；桩基施工记录；试桩记录和补桩记录；沉降观测记录；防水工程抗渗试验记录；混凝土浇灌令；预拌混凝土供应记录；工程复核抄测记录；工程质量事故报告；工程质量事故处理记录；施工日志；建设工程施工合同；补充协议工程竣工报告；工程竣工验收报告；工程质量保修书；工程预（结）算书；竣工项目一览表；施工项目总结。

除上述文档资料外，还应包括必要的影像等电子档案资料。

（2）工程质量保证资料

工程质量保证资料是工程施工全过程中全面反映工程质量控制和保证的依据性证明资料，应包括原材料、构配件、器具及设备等的质量证明、合格证明、进场材料试验报告等。各专业工程质量保证资料的主要内容如表 8-9 所示。

各专业工程质量保证资料的主要内容　　　　　表 8-9

质量保证资料分类	主要内容	质量保证资料分类	主要内容
①土建工程主要质量保证资料	a. 钢材出厂合格证、试验报告； b. 焊接试（检）验报告、焊条（剂）合格证； c. 水泥出厂合格证或试验报告； d. 砖出厂合格证或试验报告； e. 防水材料合格证或试验报告； f. 构件合格证； g. 混凝土试块试验报告； h. 砂浆试块试验报告；	①土建工程主要质量保证资料	i. 土壤试验、打（试）桩记录； j. 地基验槽记录； k. 结构吊装、结构验收记录； l. 隐蔽工程验收记录； m. 中间交接验收记录等

续表

质量保证资料分类	主要内容	质量保证资料分类	主要内容
②建筑采暖卫生与煤气工程主要质量保证资料	a. 材料、设备出厂合格证； b. 管道、设备强度、焊口检查和严密性试验记录； c. 系统清洗记录； d. 排水管潜水、通水、通球试验记录； e. 卫生洁具盛水试验记录； f. 锅炉、烘炉、煮炉设备试运转记录	④通风与空调工程主要质量保证资料	a. 材料、设备出厂合格证； b. 空调调试报告； c. 制冷系统检验、试验记录； d. 隐蔽工程验收记录等
		⑤电梯安装工程主要质量保证资料	a. 电梯及附件材料合格证； b. 绝缘、接地电阻测试记录； c. 空、满、超载运行记录； d. 调整试验报告等
③建筑电气安装主要质量保证资料	a. 主要电气设备、材料合格证； b. 电气设备试验、调整记录； c. 绝缘、接地电阻测试记录； d. 隐蔽工程验收记录等	⑥建筑智能化工程主要质量保证资料	a. 材料、设备出厂合格证、试验报告； b. 隐蔽工程验收记录； c. 系统功能与设备调试记录

（3）工程检验评定资料

工程检验评定资料包括施工过程中的检验批、分项工程、分部（子分部）工程质量检查记录和单位工程竣工质量验收评定资料等各类文档资料。

（4）竣工图

竣工图是真实地反映工程项目竣工后实际成果的重要技术资料，是工程项目进行竣工验收的备案资料，也是工程项目进行维修、改建、扩建的主要依据。

工程竣工后，有关单位应及时编制竣工图，工程竣工图应逐张加盖"竣工图"章。"竣工图"章的内容应包括：发包人、承包人、监理人等单位名称，图纸编号，编制人，审核人，负责人，编制时间等。具体情况如下：

1）没有变更的施工图，可由承包人（包括总包和分包）在原施工图上加盖"竣工图"章标志，即作为竣工图。

2）在施工中对于只有一般性设计变更，能将原施工图加以修改补充作为竣工图的，可不再重新绘制，由承包人负责在原施工图（必须是新蓝图）上注明修改的部分，并附设计变更通知和施工说明，加盖"竣工图"章标志后可作为竣工图。

3）工程项目结构形式改变、工艺改变、平面布置改变、项目规模改变及其他重大改变，不宜在原施工图上修改、补充的，由责任单位重新绘制改变后的竣工图。承包人负责在新图上加盖"竣工图"章标志作为竣工图。变更责任单位如果是设计人，由设计人负责重新绘制；责任单位若是承包人，由承包人重新绘制；责任单位若是发包人，则由发包人自行绘制或委托设计人员绘制。

（5）规定的其他应交资料

1）地方行政法规、技术标准已有规定的应交资料；

2）施工合同约定的其他应交资料等。

2. 竣工资料的收集整理

（1）竣工资料的收集整理要求

1）工程竣工资料要真实可靠，必须如实反映工程项目建设全过程，资料的形成应符合其规律性和完整性，填写时做到字迹清楚、数据准确、签字手续完备、齐全可靠。

2）工程竣工资料的收集和整理，应建立制度，根据专业分工的原则实行科学收集，定向移交，归口管理，要做到竣工资料不损坏、不变质和不丢失，组卷时符合规定。

3）工程竣工资料整理应是随施工进度进行及时收集和整理的动态过程，发现问题及时处理、整改，不留尾巴。

4）整理工程竣工资料的依据：一是国家有关法律、法规、规范对工程档案和竣工资料的规定；二是现行建设工程施工及验收规范和质量验收标准对资料内容的要求；三是国家和地方档案管理部门以及工程竣工备案部门对工程竣工资料移交的规定。

（2）竣工资料的分类组卷

1）一般单位工程，文件资料不多时，可将文字资料与图纸资料组成若干盒，分六个案卷，即立项文件卷、设计文件卷、施工文件卷、竣工文件卷、声像材料卷、竣工图卷。

2）综合性大型工程，文件资料比较多，则各部分根据需要可组成一卷或多卷。

3）文件材料和图纸材料原则上不能混装在一个装具内，如果文件材料较少需装在一个装具内时，文件材料必须用软卷皮装订，图纸不装订，然后装入硬档案盒内。

4）卷内文件材料排列顺序要依据卷内的材料构成而定，一般顺序为封面、目录、文件材料部分、备考表、封底，组成的案卷力求美观、整齐。填写目录应与卷内材料内容相符；编写页号以独立卷为单位，单面书写的文字材料页号编写在右下角。双面书写的文字材料页号，正面编写在右下角，背面编写在左下角，图纸一律编写在右下角，按卷内文件排列先后用阿拉伯数字从"1"开始依次标注。

5）图纸折叠方式采用图面朝里、图签外露（右下角）的国标技术制图复制折叠方法。

6）案卷采用中华人民共和国国家标准，装具一律用国标制定的硬壳卷夹或卷盒，外装尺寸为300mm（高）×220mm（宽），卷盒厚度尺寸分别为60、50、40、30、20mm五种。

3. 竣工资料的移交验收

竣工资料的移交验收是工程项目交付竣工验收的重要内容。工程项目的交工主体即承包人在建设工程竣工验收后，一方面要把完整的工程项目实体移交给发包人，另一方面要把全部应移交的竣工资料交给发包人。交付竣工验收的工程项目必须有与竣工资料目录相符的分类组卷档案。

（1）竣工资料的归档范围

凡是列入归档范围的竣工资料，承包人都必须按规定将自己责任范围内的竣工资料按分类组卷的要求移交给发包人，发包人对竣工资料验收合格后，将全部竣工资料整理汇总，按规定向档案主管部门移交备案。竣工资料的归档范围应符合《建设工程文件归档规范》GB/T 50328 的规定。

（2）竣工资料的交接要求

总包人必须对竣工资料的质量负全面责任，对各分包人做到"开工前有交底，施工中有检查，竣工时有预检"，确保竣工资料达到一次交验合格。总包人根据总分包合同的约定，负责对分包人的竣工资料进行中检和预检，需要整改的待整改完成后再进行整理汇总，一并移交发包人。承包人根据建设工程施工合同的约定，在建设工程竣工验收后，按规定和约定的时间，将全部应移交的竣工资料交给发包人，并应符合城建档案管理的要求。

（3）竣工资料的移交验收

在竣工资料的移交验收阶段，发包人接到竣工资料后，应根据竣工资料移交验收办法和国家及地方有关标准的规定，组织有关单位的项目负责人、技术负责人对资料的质量进行检查，验证手续是否完备，应移交的资料项目是否齐全，所有资料符合要求后，承发包双方按编制的移交清单签字、盖章，按资料归档要求双方交接，竣工资料交接验收完成。

8.3 工程施工总结与综合评价

一个工程项目完成，通过竣工验收后，施工单位要认真做好总结。就承包合同执行情况，工程技术、经济方面的经验、教训进行分析总结，以利于不断提高技术水平和管理水平。

8.3.1 工程施工经验总结

工程项目经验总结的主要内容包括以下几个方面。

（1）工程技术经验总结

主要总结工程项目所采用的新技术、新材料、新工艺等方面的情况，以及为保证施工项目质量和降低施工项目成本所采取的技术组织措施情况。

（2）工程经济经验总结

通过计算工程项目各项经济指标，与同类工程进行比较，从而总结其经验教训。此项经验总结的内容主要包括：工程项目承包合同履行情况；工程报价；成本降低率；全员劳动生产率；设备完好率和利用率；以及工程质量和施工安全状况。

（3）管理经验总结

主要总结工程项目在管理方面所采取的措施和不足。其中，包括项目的目标管理、施工管理、内业管理等方面。为今后的工程项目实施总结经验。

工程项目要在认真总结的基础上，写出文字材料。总结应该实事求是，简明扼要，用数据、事实说话，力求系统地、概括地全面总结出本工程项目实施过程中较有价值的成功经验和失败的教训，以利于在后续工程项目中加以借鉴。

8.3.2 工程施工综合评价

随着改革、开放的深入发展，社会需求的不断变化，过去对工程项目以质量为主要目标的单一评价方法往往不能适应形势的要求，也不符合实际情况。这就要求对工程项目进行全面考核、综合评价。

一般工程项目可用十项指标对其进行综合评价。

（1）工期

工程工期是从工程开工到竣工验收的全部时间。工期的考核评价应以国家规定的工期定额为标准，以合同工期为依据。随着建设投资主体的多元化，合理地缩短建设工期的意义更为重要。虽然缩短工期要耗用赶工费，但是由于合理地缩短工期，使工程项目早日建成投产所产生的效益更大。具体指标可用工期提前率来表示。它反映了工程项目实际工期与国家统一制定的定额工期或与确定的计划工期的偏离程度。其计算公式为

$$工程项目定额工期率 = \frac{工程项目实际工期 - 定额工期}{工程项目定额（计划）工期} \times 100\% \qquad (8-1)$$

（2）质量

工程项目质量是指建筑安装工程产品的优劣程度，是衡量工程项目生产、技术和管理水平高低的重要标志。提高工程项目质量，不但可以降低工程的返修率，延长其使用寿命，而且还可以为企业节省资金。因此，不断提高产品质量，保证生产出优良的建筑产品是至关重要的。具体可用实际工程合格品率来表示。计算公式为

$$工程合格品率 = \frac{实际单位工程（一次）合格品数量}{竣工验收的单位工程总数} \times 100\% \qquad (8-2)$$

（3）利润水平

利润是施工企业在某工程项目上，收入大于支出的差额部分，也是工程项目管理质量的一项综合性经济指标。所以，利润可以从资金价值上很好地反映工程项目的效果。可用产值利润率、实际建设成本变化率、实际投资利润反映利润水平。其计算公式为

$$产值利润率 = \frac{工程项目实现的利润总额}{工程项目完成的总产值} \times 100\% \qquad (8-3)$$

（4）施工均衡度

施工均衡度是衡量建筑安装工程施工是否连续、均衡、紧凑的指标。工程项目在

实施过程中,应合理地安排施工进度计划,以避免或尽量减少施工过程中的人员窝工和机械闲置。施工均衡度的计算方式为

$$施工均衡度 = \frac{建设期内施工高峰人数}{建设期内施工平均人数} \tag{8-4}$$

（5）机械效率

机械效率是反映机械利用率和完好率的指标。机械化施工可以使人们从繁重的体力劳动中解放出来,加快工程进度,提高质量,降低成本。机械效率的计算公式为

$$机械效率 = \frac{建设期机械实际作业台班数}{建设期机械定额台班数} \tag{8-5}$$

（6）劳动生产率

劳动生产率是指投入工程项目的每名员工,在一定时期内完成的产值,即工作量。它反映了劳动者劳动的熟练程度、企业的科学和技术发展水平及其在工艺上的应用程度、生产组织和劳动组织、生产资料的规模效能及自然条件等。劳动生产率的计算公式为

$$劳动生产率[元/(人·年)] = \frac{建设期自行完成建筑安装总工作量（元）}{年平均人数} \tag{8-6}$$

（7）实物消耗节约率

实物消耗节约率即为实物消耗量的节约程度。一般主要考虑主要材料的节约率。其计算公式为

$$实际消耗节约率 = \frac{预算定额物耗费 - 实际物耗费}{预算定额物耗费} \times 100\% \tag{8-7}$$

（8）能源消耗

一个工程项目的能源消耗主要有电、燃油、煤、水等。在保证能源供应的条件下,采取一系列技术措施,节约能耗。

（9）管理现代化水平

管理现代化水平反映了员工和领导者自身素质和水平,企业和项目管理方法、手段和工作效率等。管理现代化水平的定量计算可采用专家打分与权重乘积后求和的方法。

（10）伤亡强度

伤亡强度表示每单位劳动量因伤亡事故而损失的劳动量。反映了施工期间发生伤亡事故而造成损失的程度。伤亡强度的计算公式为

$$伤亡强度 = \frac{建设期内因伤亡事故而损失的劳动量}{建设期内总劳动量} \times 100\% \tag{8-8}$$

工程项目以施工效果为总目标，以工期、质量、利润水平为重要指标，以其余的七项指标为基本指标进行综合评价，全面提高施工企业适应市场的能力，提高企业技术、管理水平。

工程项目的综合评价涉及的因素很多，随着工程项目的各异，也可能评价的指标略有不同，但都是以各种指标进行综合评价的，其每类指标的权重可由专家结合实际情况给出。

本章小结

本章系统阐述了如下几方面内容：工程竣工验收依据与内容；工程竣工验收应具备的条件；工程竣工验收程序、组织过程与方法；工程交付与资料归档、移交；工程回访与保修；工程施工总结与评价。

复习思考题

1. 项目竣工验收必须满足什么条件？
2. 工程项目竣工验收的准备工作有哪些？
3. 工程竣工资料主要有哪些内容？
4. 工程竣工验收的依据有哪些？
5. 施工单位进行工程回访与保修有什么意义？
6. 在正常使用条件下，建设工程的最低保修期限有哪些规定？
7. 回访工作计划应包括什么内容？
8. 回访工作的方式有哪几种？
9. 工程项目经验总结的主要内容包括哪些方面？
10. 一般工程项目可用哪些指标对其进行综合评价？

9

BIM 技术在工程施工组织中的应用

【本章要点】

BIM 技术的起源与发展现状；BIM 技术的内涵与基本特征；BIM 技术的支撑条件；BIM 技术信息交互标准与应用模式；BIM 在工程施工组织设计中的应用；BIM 在施工组织动态管理中的应用。

【学习目标】

了解 BIM 技术的起源与发展现状，BIM 技术的支撑条件；熟悉 BIM 技术的内涵与基本特征、BIM 技术信息交互标准与应用模式、BIM 技术的施工动态管理中的应用方法；掌握施工方案、施工进度、施工现场布置模拟方法。

9.1 BIM 技术概述

9.1.1 BIM 技术的起源与发展现状

1.BIM 技术的起源

随着建筑产品功能日趋复杂、建设工程规模不断扩大以及新材料、新工艺不断涌现，附加在建筑产品上的信息量越来越大。如何利用这些信息更好地为工程建设管理服务，成为必须解决的问题。

1975 年，伊斯特曼教授在其研究课题"Building Description System"中提出"a computer-based description of a building"的构想，以便于实现建筑施工过程可视化和量化分析，提高效率。这一构想成为现在 BIM 理念的雏形，伊斯特曼教授也被公认为"世界 BIM 之父"。

2.BIM 技术发展现状

（1）国外发展现状

美国是较早启动建筑业信息化研究的国家，发展至今，BIM 研究与应用都始终走在世界前列。目前，美国诞生了各类 BIM 协会，也出台了各种 BIM 标准。大多建筑项目开始应用 BIM，其应用点种类繁多。

除美国外，许多发达国家和地区都在积极推动 BIM 技术在建设工程各领域的广泛应用。国外的 BIM 技术发展历程如图 9-1 所示。

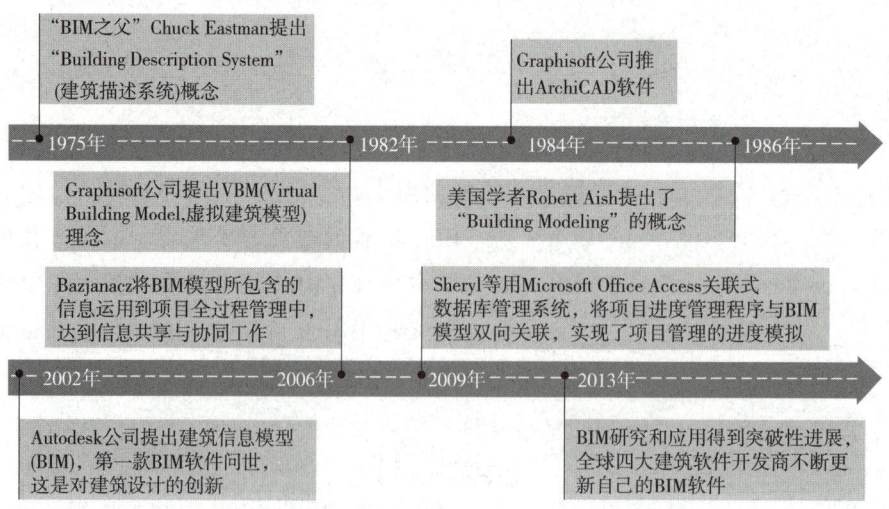

图 9-1 BIM 技术国外发展历程

（2）国内发展现状

2002 年，Autodesk 公司将 BIM 概念引入我国。国内业内学者、专家开始研究和探讨 BIM 技术及其应用方法。2008 年，由中国建筑标准设计研究院和中国标准化研究院等单位编制的《工业基础类平台规范》GB/T 25507,成为我国第一部国家标准。2012年住建部发布了《关于印发 2012 年工程建设标准规范制定修订计划的通知》,宣告中国 BIM 标准制定工作的正式启动。并于 2015 年颁发的《关于印发 2016-2020 年建筑业信息化发展纲要》的通知,明确指出"十三五"期间,加强 BIM 技术在重点建设领域的应用。

近年来,从国家到地方相关行政主管部门陆续出台许多政策文件和标准,促进了 BIM 技术推广应用范围的不断扩大,BIM 技术的应用水平不断提升,在建设工程各领域取得了良好效果。

BIM 技术国内发展历程如图 9-2 所示。

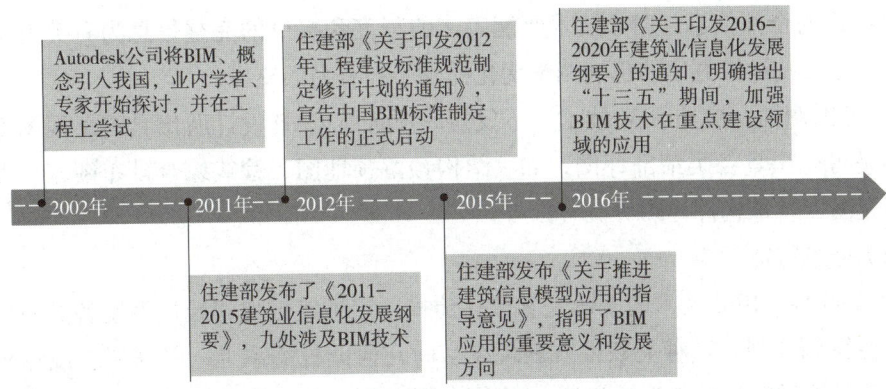

图 9-2 BIM 技术国内发展历程

9.1.2 BIM 技术的内涵与基本特征

1. BIM 技术的内涵

随着 BIM 技术的影响范畴不断拓宽、应用广度和深度也不断增加,人们对 BIM 技术内涵的认识和理解逐步深入。

BIM 技术诞生初期,人们通常将 BIM 解释为"Building Information Modelling",是指一个在建筑物生命周期内设计、建造和运营中产生和利用建筑数据的业务过程。

20 世纪 80 年代,BIM 技术的内涵发展成为"Building Information Model",意在突出工程项目的物理和功能特性的数字化表达。因此,它作为项目全生命周期的共享资源,为项目管理提供可靠的信息。

目前,BIM 的外延属性得到了更广泛的关注,有些学者将 BIM 定义在"Building Information Management"的高度,即建筑信息管理。利用 BIM 技术对整个工程项目全生命周期实现数字化信息管理。

2. BIM 技术的基本特征

BIM 技术的基本特征体现在如下两个方面。

(1）技术特征

1）模拟性。模拟性不仅是指模拟设计出的建筑物模型，还包括模拟建筑施工生产过程、复杂建筑结构构件制造和生产工艺以及机电设备设施安装和运行。

2）可视化。BIM 的三维动态可视化的表达方式远比 CAD 的二维平面表达方式更为直观、形象，使项目全生命周期各阶段的管理者在可视状态下便捷、高效地工作。

3）协调性。BIM 技术可在施工建造前将所有问题提前暴露出来，如建筑物的室外环境适应性、室内空间效果、机电综合管线等问题，以便于在施工建造前协调解决。

4）优化性。建设项目从设计、施工到运维是一个不断调整、优化的过程。项目的复杂程度、信息量和时间是制约项目调整优化的三大要素。特别是现代大型建设项目的复杂程度和所承载的信息量已远超自然人的想象，项目有关人员以其自身的能力无法掌握项目的全部信息。BIM 技术所能表达的程度和提供的完整信息为有关人员对项目设计、施工到运维方案的迅速调整优化提供了强有力的支撑。

5）可出图性。应用 BIM 技术，不仅能完成传统 CAD 设计所出具的工程图纸，更重要的是可以出具各类细部详图，如：结构预留预埋图、管线综合排布图、吊支架加工及布置图、特殊构件详图等。

(2）信息特征

1）关联性。BIM 技术的基础是参数化建模。这种参数化建筑模型使各类项目信息的关联性得到增强。这种关联性既表现在空间几何位置关系上，同样还表现在与建筑功能相关联的材料和设备及其部品、部件的性能指标、施工安装工艺技术参数等关联上。

2）一致性。BIM 技术贯穿于项目从设计、施工到运营的全生命周期。由于信息之间是直接的数据传承关系，可以做到在项目全生命周期各阶段信息传递的高度一致性。当然，由于数据标准及格式不统一造成转换过程中的数据丢失仍然是 BIM 技术应用中的难题。

3）完备性。信息完备性体现在 BIM 技术可对工程项目进行 3D 几何信息和拓扑关系的描述以及完整的工程信息描述。BIM 技术的这一特性大大降低了人为因素对信息管理的干扰，使相关信息的留存和调取得到了有效的保障。

9.1.3　BIM 技术的支撑条件

1. 硬件条件

由于 BIM 是多维的，在操作中通常会涉及大量计算，CPU 交互设计过程中承担更多关联运算，因此需配置多核处理器以满足高性能要求。同时，还要兼顾到模型容量来配置。

作为贯穿于整个项目设计、施工、运营全过程的 BIM 模型，必须实现各个阶段和各类人员之间的数据共享。因此，BIM 系统的基本构成是若干高端图形工作站和共享的存储系统。

通过基于广域网的共享平台实现不同单位和人员跨区域协同工作。如果协同单位和人员数量较多，还可架设 Vault 文件管理服务，进行文件权限和版本管理。整体架构如图 9-3 所示。

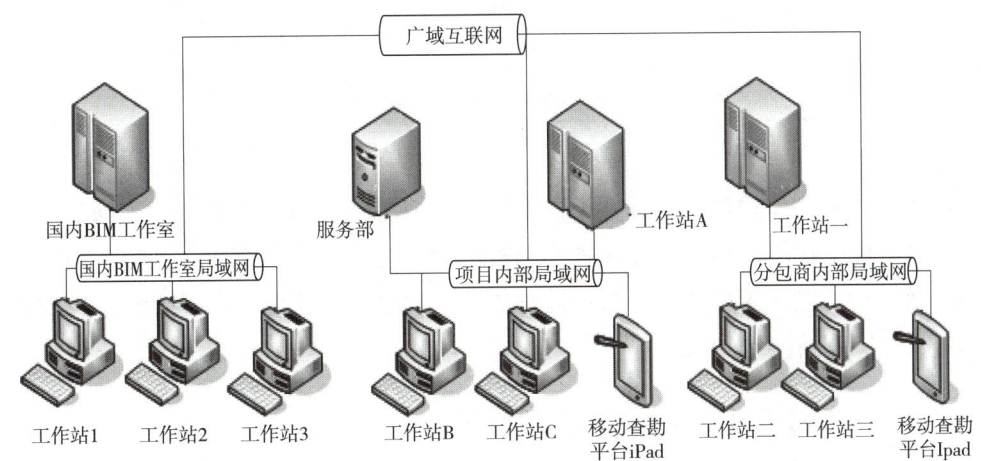

图 9-3　BIM 协同架构示意图

2. 软件条件

参数化建模软件是 BIM 技术实现的基础。全球各大建筑软件开发商不断更新自己的软件，其功能和应用效果不断提升。当前国际上主流建模软件如表 9-1 所示。

主流建模软件汇总表　　　　　　　　　　　　　　　　表 9-1

软件开发商	软件名称	适用专业	主要功能与特点
Autodesk	Revit	建筑、结构、机电	借助 Autodesk CAD 在国内民用建筑市场的优势，在国内占有率高
	Civil 3D	地形、场地、道路	帮助从事交通、土地和水利的专业人员保持协调一致、高效设计，分析项目性能，并提供相互一致性、高质量的文档
Bentley	Building Designer	建筑、结构、机电	Bentley 系列产品在工业设计（石油、化工、电力、医药等）和市政基础设施（道路、桥梁、水利等）领域，具有无可争议的优势
	Rail Track	铁路、道路、场地	Rail Track 可以帮助铁路、道路和场地项目团队提升效率与增加生产力，是整体解决方案中的一个核心软件
	Electrical Systems	电气	可以快速完成平面图布置、系统图自动生成，能够生成各种工程报表，完成电气设计的相关工作
	PROL	铁路、电力	集成规则和设计检查识别潜在问题。为电力、铁路架空线提供了灵活的设计方案，提高质量，减少返工
	Building Mechanical	暖通、给水排水	为建筑设备专业（暖通、给水排水）提供 BIM 解决方案的应用系统
	ProSteel	钢构	ProSteel 3D 提供丰富的标准型钢资料库，可以大量节省绘图时间成本并提升出图品质
Graphisoft	ArchiCAD	建筑	ArchiCAD 简化了建筑的建模和文档过程，使模型达到足够的详细程度。ArchiCAD 的 BIM 工作流程，使得模型可以一直使用到项目结束
	VectorWorks	建筑	VectorWorks 提供了许多精简但强大的建筑及产品工业设计所需的工具模组；在建筑设计、景观设计、舞台及灯光设计、机械设计及渲染等方面拥有专业化性能
	MEP Modeler	机电	MEP Modeler 是 ArchiCAD 的附属机电设计软件

续表

软件开发商	软件名称	适用专业	主要功能与特点
Dassault	CATIA	建筑	CATIA 应用到工程建设行业，其建模表现能力和信息管理能力都比传统的建筑类软件有明显优势
Trimble	Tekla Structures	钢构	Tekla Structures 的功能包括 3D 实体结构模型与结构分析完全整合、3D 钢结构细部设计、3D 钢筋混凝土设计、专案管理、自动 Shop Drawing、BOM 表自动产生系统

除引入国外主流建模软件外，国内一些 BIM 软件研发机构根据工程不同需求相继开发出各类应用软件，如：方案设计软件、性能分析软件、模型检查软件、计划管理软件、发布审核软件、施工管理软件、造价管理软件、运维管理软件等。这些软件为 BIM 的应用提供了有利的技术支撑。

9.1.4　BIM 技术信息交互标准与应用模式

1.BIM 技术信息交互标准

为保证工程项目信息的有效存取、识别和传递，BIM 信息应为结构化信息才能被充分使用。结构化信息传递过程中需要一系列的标准，以便确保数据信息完整性与通用性。国际上主要常用标准有：

（1）IFC（Industry Fundation Classes），即工业基础类别，是由国际组织 IAI（Industry Alliance for Interoperability）机构提出的一套建筑数据整合标准。IFC 是一种开放性数据格式，将墙体、门窗、家具等实体、空间等抽象概念都作为对象进行处理，以对象数据库的方式来处理数据内容。

（2）IDM（Information Delivery Manual），即信息交付手册。依据 IDM 来定义各自工作所需要的信息交换内容，然后利用 IFC 标准格式来进行交换。

（3）IFD（International Framework for Dictionaries），即国际字典框架。由于自然语言具有多样性和多义性，为保证来自不同地区、国家、语言体系和文化背景的信息提供者与信息请求者对同一个概念有完全一致的理解，IFD 为建筑全生命周期中的每个概念和术语赋予了全球唯一标识码 GUID，这使得 IFC 里面的每个信息与所表达的对象具有一一对应的连接。

IFC、IDM、IFD 相互依托，构成了 BIM 信息交换与共享的基本体系，但实际使用中交互问题导致的上下游信息不完整、不一致的问题仍然存在，需要不断探讨加以解决。

2.BIM 技术应用模式

从总体上讲，BIM 技术应用的具体模式可分为如下两类。

（1）"递进式"应用模式

根据项目建设过程将 BIM 模型分成不同的阶段模型，前一个阶段模型的全部信息传递到下一个阶段模型，并将各阶段信息不断累加。其优势在于模型有完整承接关系，便于追溯。"递进式"BIM 模型的信息传递像滚雪球一样,随着项目的不断深入,信息量不断加大,然后汇聚在信息模型中,前一阶段交付后一阶段使用时提供一个当前阶段最完整的信息模型。项目建成后形成信息完备的最终模型。

"递进式"BIM 技术应用模式如图 9-4 所示。

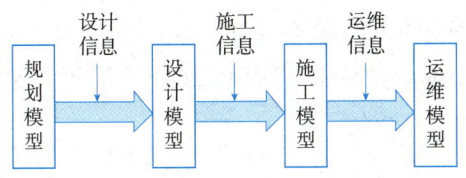

图 9-4 "递进式"BIM 技术应用模式示意图

（2）"菜单式"应用模式

由于 BIM 模型所蕴含的信息种类繁多,无论在什么需求情况下都整体调用信息量极大的同一标准模型,往往造成大量不必要的超载信息流入,反而影响工作效率。因此,对同一工程内容和管理对象可以根据需求构建承载信息形式和数量不同的"菜单式"数据模块存放在数据库中,以便相关人员根据需求像在"菜单"上"点菜"一样从数据库中选择调用。这样,既满足不同调用需求,又保证选择调用的工作效率。

"菜单式"BIM 技术应用模式如图 9-5 所示。

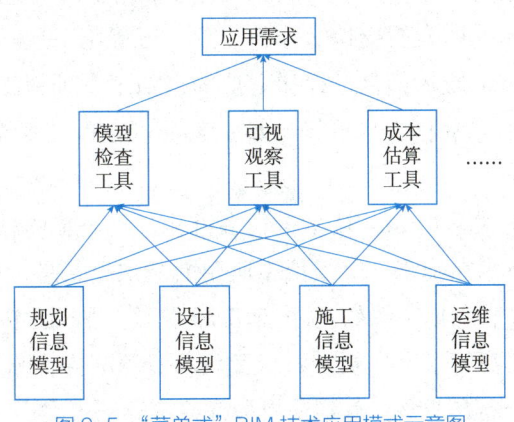

图 9-5 "菜单式"BIM 技术应用模式示意图

9.2 BIM 在工程施工组织设计中的应用

BIM 技术在工程施工中的三维建模、方案模拟、场地布置、效果展示等方面都展现出良好的性能与效果,为全面提升工程施工组织设计的编制水平和质量提供了全新的技术支撑条件。

本章主要从施工方案模拟、施工进度模拟和施工场地布置模拟等三个方面,介绍 BIM 技术在施工组织设计编制中的具体应用。

9.2.1 施工方案模拟

1. 应用思路

应用 BIM 技术进行施工方案模拟，主要包括：施工总体规划方案模拟、分部（项）工程施工技术方案模拟和专项施工方案模拟，如图 9-6 所示。根据实际工程应用 BIM 技术进行施工方案模拟的工作量来看，施工总体规划方案模拟的工作量约占比 20%~30%；分部（项）工程施工技术方案模拟的工作量约占比 55%~70%；专项施工方案模拟的工作量约占比 10%~20%。

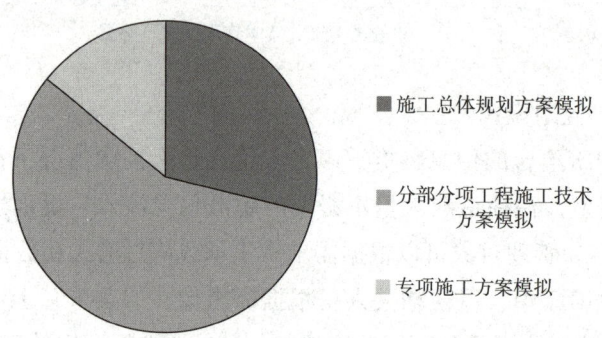

图 9-6 施工方案模拟的基本内容

施工总体规划方案模拟是对项目的施工程序安排、施工流水段划分、施工起点与流向以及主要施工顺序等内容的模拟；分部（项）工程施工技术方案模拟是对各个主要分部（项）工程的施工技术工艺过程和方法的模拟；专项施工方案模拟是针对危险性较大的施工安全专项方案和特殊季节（如：冬期、雨期、高温期）专项技术组织措施方案的模拟。

在施工方案制订阶段采用 BIM 技术进行多维化、动态化的精确模拟，充分展示施工方案的效果。BIM 技术在施工方案模拟中应用的基本思路是，通过模拟拟定的方案，发现与预期目标的差异和不足（例如:发现施工顺序不合理、技术工艺达不到预期效果、作业空间和安全控制距离不够、人员和材料及设备资源配置和调配冲突等问题），从而对方案进行反复多次的动态调整，直到获得最优或满意的方案。

2. 应用方法

（1）施工总体规划方案模拟

根据已建立的建筑、结构、机电等各专业 BIM 模型，考虑现场环境和企业技术条件等因素，确定施工总体规划方案，对施工总体展开程序、施工流水段、施工起点流向以及主要施工顺序等进行模拟。

【例 9-1】辽宁石油大学实验室项目模拟。该工程分为南区和北区两个区域，南、北两区各有两个流水段。两区平行施工，自西向东进行流水施工。施工总体规划方案模拟如图 9-7 所示。

图 9-7　施工总体规划方案模拟示意图

（2）分部分项工程施工技术方案模拟

根据施工总体规划方案，针对主要分部分项工程的施工过程和特殊复杂的施工工艺进行模拟。特别是对于作业人员不熟悉的新结构、新材料、新设备、新工艺等技术，通过翔实的工艺流程模拟，系统分析技术作业和控制要点，从而确保工程质量、安全和提高作业效率。

下面列举两项 BIM 技术在分部分项工程施工技术方案模拟方面的应用案例。

【例 9-2】土石方工程施工方案模拟。利用已建基础工程 BIM 模型和采集的场地高程数据，自动确定开挖深度与工程量，如图 9-8 所示。

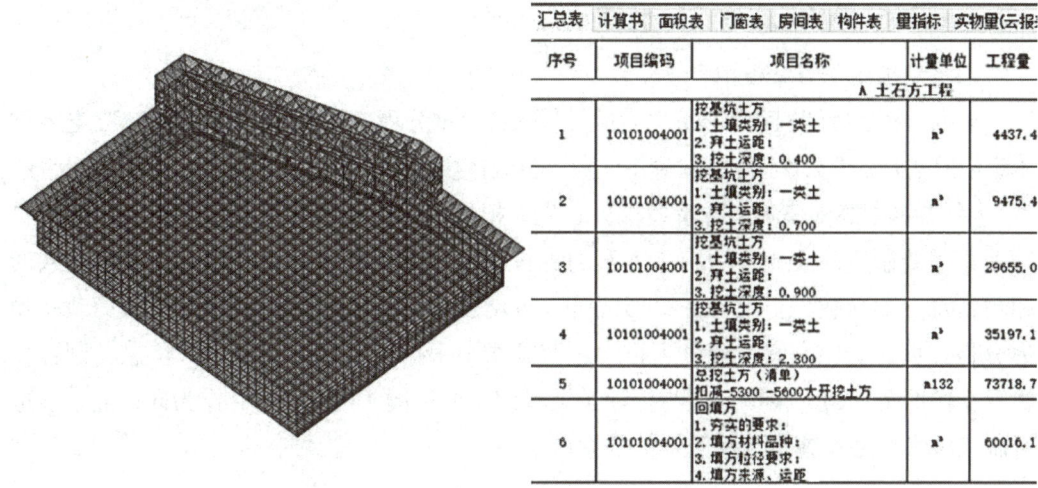

图 9-8　网格分割法计算工程量及工程量报表

初步拟定基坑边坡支护形式和开挖方案，并进行模拟，对方案中的设计细节，如开挖顺序、止水措施、排水组织等进行详尽模拟，明确施工流程，对管控要点制订具体控制措施；针对既定方案对应的模型自动生成资源计划（人员、机具、材料等），对方案效果不理想之处进行调整。

【例9-3】非承重墙砌块排布施工方案模拟。输入已建BIM模型,键入相关要求对应的参数(如砌块尺寸、灰缝大小、导墙尺寸等),自动生成砌块排布方案,并将砌块进行编号;根据排布图(图9-9)自动计算材料使用量,结合损耗控制要求,精确控制各墙体对应的砌块的型号、用量和砂浆用量,提前安排各区域搬运计划,有效地减少二次搬运和材料浪费。

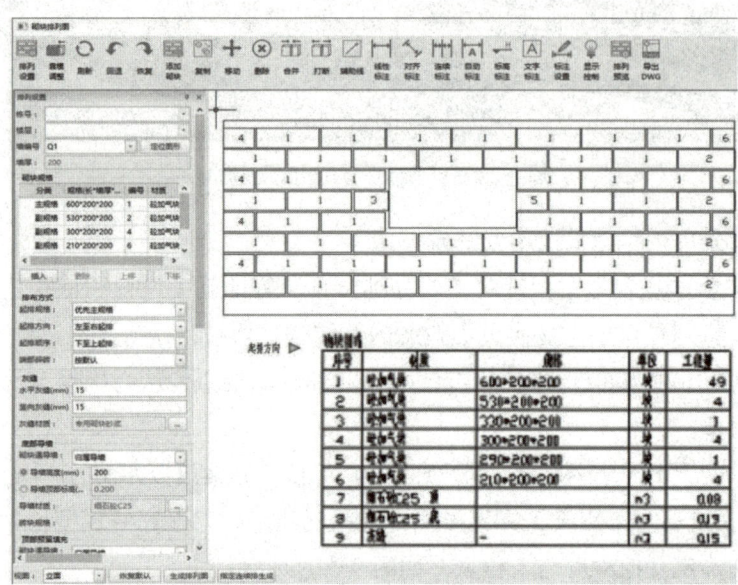

图9-9 砌块排布图

(3)专项施工方案模拟

根据工程实际情况和需要,对危险性较大的分部分项工程和特殊季节性施工工艺及技术组织措施方案进行模拟,并对施工作业人员进行技术交底,确保工程施工任务顺利完成。

【例9-4】高支模施工方案模拟。首先,根据已建结构BIM模型设置检测标准,自动搜索需要制定高支模专项施工方案的部位,逐一制订具体方案;然后,根据输入的相关信息(如荷载、步距、支撑形式等)自动生成高支模初步方案,并进行荷载及受力分析计算,确保方案符合各项技术规范要求;根据方案提取工程量等信息,制订模板及支撑准备计划,模拟安装与拆除工艺过程生成视频(图9-10),作为向作业人员进行施工技术交底和施工过程监管的依据。

9.2.2 施工进度模拟

甘特图、网络图这两种施工进度表达形式在建筑工程领域均已使用较长时间,但是其形象性差,并且施工过程中各种干扰因素一旦发生变化很难调整,因此应用效果总是差强人意。采用BIM技术对施工进度进行模拟能够以三维的形式直观、形象地展示施工进展的动态过程,一般来说,这种施工进度模型在施工过程中各种干扰因素发

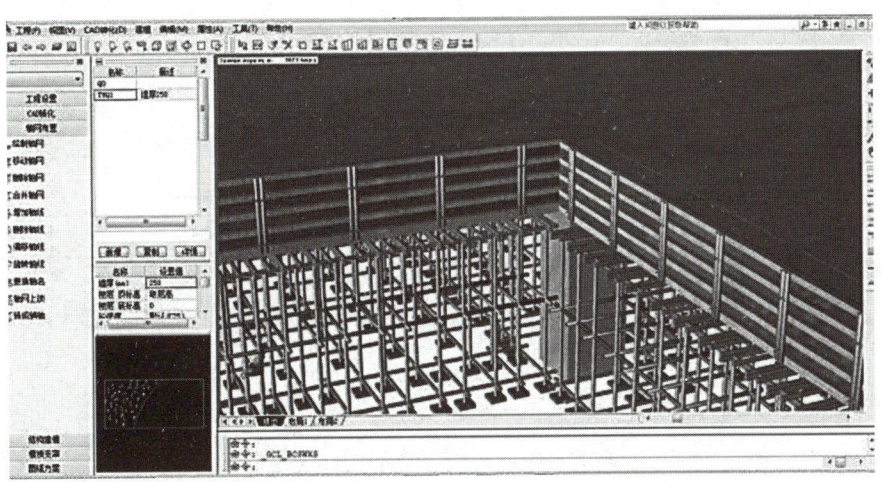

图 9-10　某工程局部模板支撑模拟

生变化时仍然适用。

1. 应用思路

采用 BIM 技术对施工进度进行模拟的应用思路是，首先根据已确定的施工展开程序与详细施工顺序，将已建的各项分部分项工程 BIM 模型按照施工流水段进行分解，并提取工程量；然后根据工效和可投入的施工资源，确定施工时间，生成进度模型和资源计划。如果工期目标不满足或可提供的资源不满足工程进度需要，进行调整优化，最终获得满意的进度模拟效果。

2. 应用方法

根据规定工期和各种资源供应条件，遵循各施工过程合理的施工顺序，充分模拟从开始到竣工全过程的时间搭接关系、空间利用关系以及各类资源分配关系等。

【例 9-5】某工程施工进度模拟。首先，按流水段分解 BIM 模型，确定各流水段具体工程量；将工效、工程量和预设时间等信息录入平台，自动生成资源计划；然后，根据工期目标和可提供资源情况，调整进度与资源，生成初始进度计划横道图后，将横道图转换成双代号网格图（图 9-11）进行自动优化，去掉松弛时间；最后，将优化后的网格图转换成横道图，并将工序与构件进行逐一关联；生成最终的 4D 施工进度计划（图 9-12），作为施工进度管控的依据。

9.2.3　施工场地布置模拟

在工程项目施工全过程的各个阶段，涉及大量的生产性、生活性临时设施的现场布置，而一般来说，任何工程项目的施工现场条件总是有限的，因此，如何充分、高效地利用现场条件，科学、合理地进行场地布置规划，做到既能实现施工生产的高效作业，又能形成文明有序的施工现场环境，是必须很好地解决的现场管理问题。

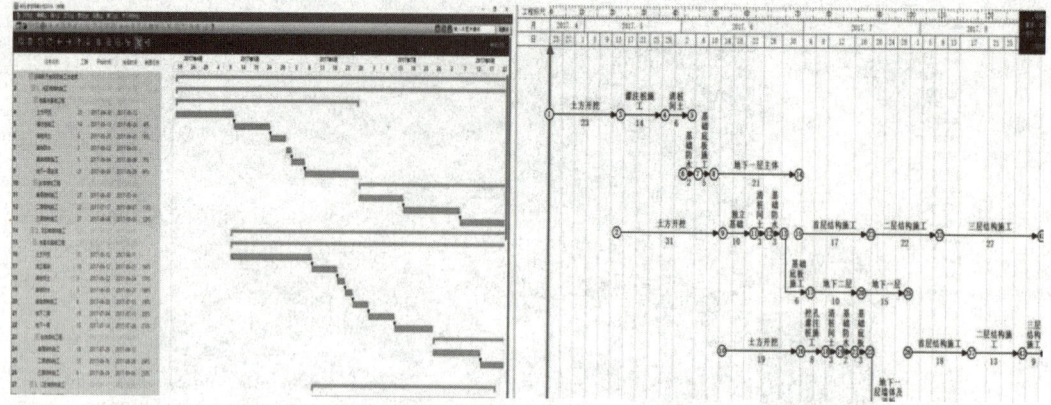

图 9-11 横道图转换成双代号网格图

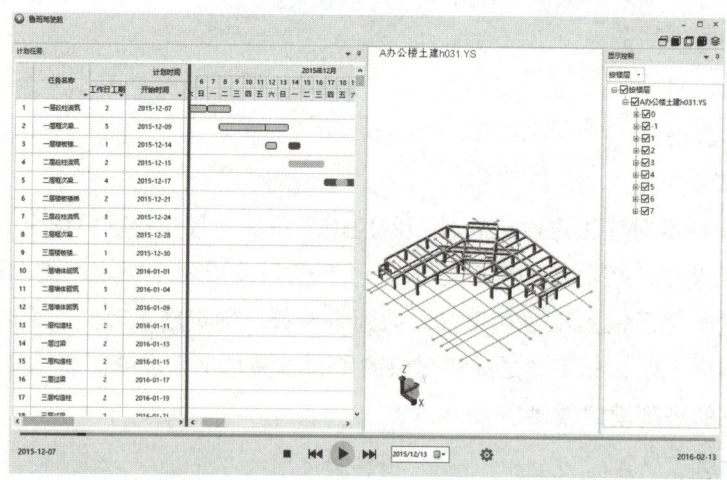

图 9-12 某工程 4D 施工进度计划

1. 应用思路

施工场地布置模拟的核心是运用三维仿真技术表达施工现场实际情况和施工各阶段场地利用规划,形成合理合规的最经济方案。整体应用思路是通过相关信息形成初步方案,再对其进行检测与调整,形成最终方案后根据需要生成相关数据信息统计表。应用思路框架如图 9-13 所示。

2. 应用方法

根据工程规模、特点和施工现场的条件,正确地解决各类临时设施与永久性建(构)

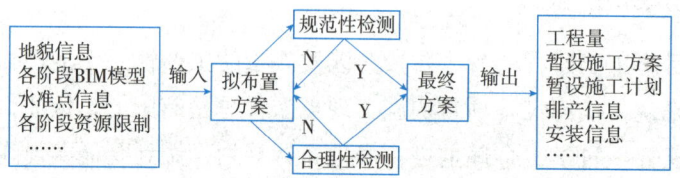

图 9-13 基于 BIM 技术场地布置应用思路示意图

筑物和拟建建筑物之间的位置关系问题，是实现文明施工与绿色施工的重要基础和施工过程管控的依据。

【例 9–6】某工程施工现场布置模拟。首先，将基准模型（应包含地貌、水准高程、红线范围等信息）与按阶段分解的 BIM 模型集成在同一文件内，模拟场地环境；其次，在场地环境内进行各类临时设施的布置，并根据采用的规范、法规等条文进行规则性自动检查，对发现的问题逐项调整；最后，确定场地布置正式方案，并依据确定的正式方案出具 VR 场景、轻量化 3D 图纸、工程量清单、部件加工及安装图、临时设施施工计划等文件（图 9–14~ 图 9–16）。

图 9–14　场布轻量化三维图纸

构件汇总表

工程名称：A区办公楼　　第0页 共0页

序号	构件小类	构件名称	长度(m)	单位	工程量	备注
1	围墙	夹芯彩钢板围墙2	-	m	60.10	
2		砌体围墙1	-	m	262.39	
3	大门	临时大门1	-	个	1	
4		施工现场大门	-	个	1	
5	场地硬化	250厚施工道路	-	m2	2703.84	
6		生活区便道	-	m2	453.09	
7	毗邻建筑	多层建筑	-	个	1	
8	板房	员工宿舍	-	m2	415.10	
9		门卫房	-	m2	36.80	
10	旗台	旗台	-	个	1	
11	停车场	停车场	-	个	6	
12	汽车	汽车	-	个	2	
13	宣传栏	宣传栏样式1	-	个	7	
14	钢筋调直机	钢筋调直机	-	个	1	
15	圆盘锯	圆盘锯	-	个	1	
16	塔吊	1号塔吊	-	个	1	
17	墙	1_ZNQ100	1.20	m3	0.54	
18		1_ZNQ200	137.03	m3	123.34	
19		1_ZWQ200	164.75	m3	148.28	
20		1_GZ100*100	-	m3	0.04	
21		1_GZ100*200	-	m3	0.18	
22		1_GZ200*200	-	m3	11.34	
23		1_KZ1*	-	m3	2.25	
24		1_KZ10	-	m3	1.13	
25		1_KZ10a	-	m3	1.41	
26		1_KZ11	-	m3	5.67	

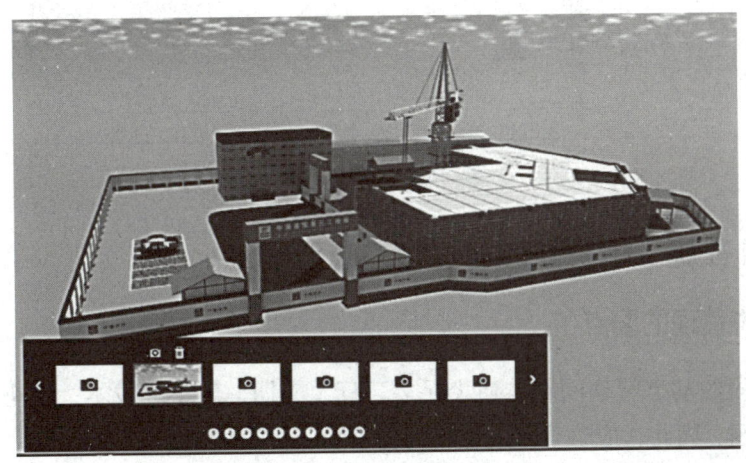

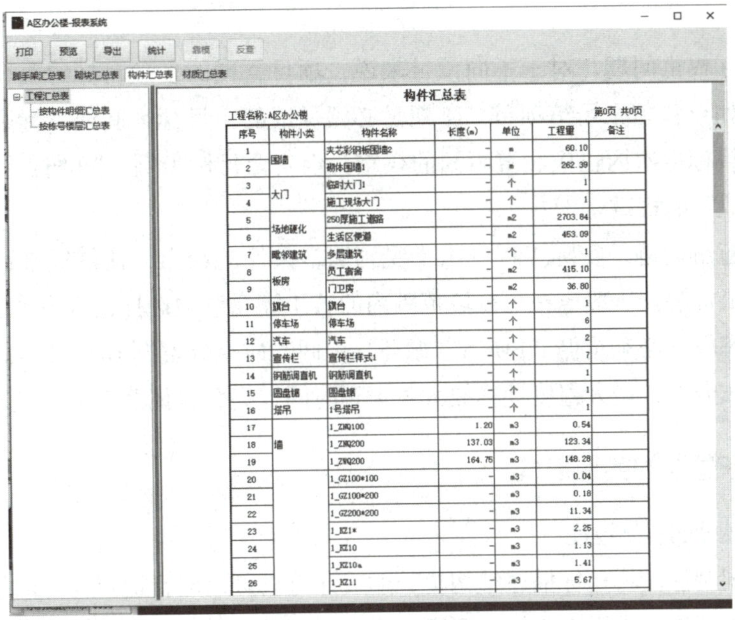

图 9–15　工程量清单

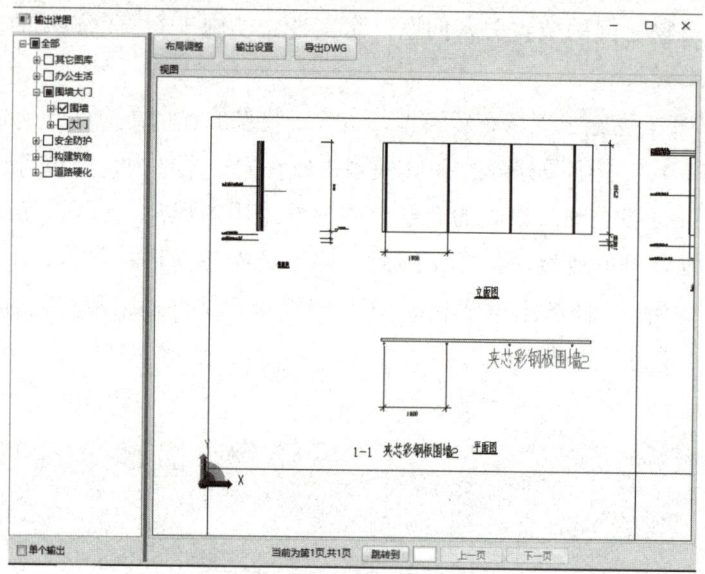

图 9-16　围挡安装详图

9.3　BIM 在施工组织动态管理中的应用

9.3.1　动态管理的要点

施工阶段的动态管理问题本质上是多目标（工期、质量、成本、安全、文明）规划与控制问题。因此，应着重解决如下问题：

（1）约束条件问题。明确各个目标的有效边际（如不明确可采用模糊边际），如目标工期和合同工期、质量要求与质量目标等。在施工准备阶段都应给出明确的指标或描述。

（2）目标权重问题。对于不同项目来说，项目管理的多项目标的重要程度往往是不同的，比如一些国家场馆项目，工期是必须保证的主目标，其他目标则作为次目标出现。同一目标层次内也应设置不同的权重，以安全目标为例，"0 伤亡"的权重就应高于"低事故"的权重。

（3）满意解问题。实际工程中由于受到诸多条件的约束，往往很难追求各种技术与管理方案最优解。一般应在可行域范围内的若干满意解中选择最优方案。

实施动态管理必须遵循"PDCA"循环，但同时应充分发挥 BIM 技术优势，提高信息反馈与发布效率，最大程度地释放人工干预时间，提高整体系统运行效率。

9.3.2　动态管理的实现形式

1. 动态管理的实施过程

（1）计划制订。将目标描述结构化，形成计算机可以进行逻辑运算的报告形式。

（2）计划评价。按照需求给各目标层内控制项进行赋权，便于进行计算机运算。

（3）指标筛选。由于工程项目目标层指标过多，在方案制订阶段必须完成指标筛选，确定主控项目。

（4）实施监控。针对主控项目采集实际信息，将其与计划比对并作出评价，若出现偏差，应找出影响因素并确定主要因素。

（5）调整与更新。动态管理的重要环节是针对关键影响因素实施管控，分为两种情况：一是计划调整，即当出现的偏差不大时，采用调整实施作业安排和部分资源配置的方法进行计划调整；二是计划更新，即当出现的偏差较大时，继续实施原计划已不能实现预期目标，则应及时对原计划进行更新，重新制订实施作业安排和配置施工资源。

2. 动态管理技术支撑

基于 BIM 的工程施工组织动态管理是依托 BIM 平台技术实现的。BIM 技术的出现为解决工程实际各类决策问题提供了更为准确而全面的数据支撑。近年来，国内许多软件商纷纷研发基于云技术的 BIM 协同平台，也成为现阶段全过程工程解决方案的主流。

BIM 平台是一种基于云技术的，提供信息采集、分类、提取、存储、检索以及交互等服务功能的综合型建筑类管理信息系统。从时间维度上而言，BIM 平台服务范围应覆盖建筑的全生命周期，包括项目策划、设计、施工、运维等使用阶段；从功能维度上而言，BIM 平台应包括模型整合、深化设计、资料归档、交流与沟通等几个主要功能模块；从空间维度上而言，BIM 平台构建了一个云空间支持 PC 以及手机、平板电脑等移动终端并同时登录工作。

9.3.3 动态管理的实施

1. BIM 平台主要功能模块

动态管理的实施是通过综合运用 BIM 平台的各个功能模块实现的，因此在介绍实施时必须先了解 BIM 平台的主要功能模块：

（1）模型读取模块：BIM 平台一般将模型轻量化处理，用于移动端读取模型，支持基本观察操作，部分平台有测试功能。

（2）数据管理模块：对数据进行采集、分类、存储、统计以及分析（对比预设数据与实际数据，针对不同目标采取不同形式，形成直观、全面的偏差分析报告）等方式处理的功能。

（3）场景模拟功能：结合 BIM 和 GIS 技术对场地及拟建的建筑物空间数据进行建模，构成与实际贴合的场景，用于场地规划和使用。

（4）物流管理模块：基于 BIM 和 RFID 技术的物流管理信息系统对工程材料和构配件的物流信息有非常好的数据库记录和管理功能，从而可以解决建筑行业对日益增长的物料跟踪带来的管理压力。

2. 动态管理的实施

针对工程施工阶段的各项管理目标，施工动态管理实施从如下四方面着手。

（1）进度动态管理

将施工时间与工程进度模型进行动态链接，以不同颜色标记进度提前或延误的部位，实时展现项目计划进度与实际进度的模型对比，三维监控进度进展，预警可能发生的问题，提供有效的进度管控措施，保证项目重要节点按时实现。

以工作面（亦可直接取某个流水段为工作面）为单元，协调交叉作业工作内容，逾期及时警告，动态地分配各种施工资源和场地，为各专业施工方建立良好的协同管理提供支持和依据。

（2）成本动态管理

将BIM模型与时间、成本信息同时关联，运行时先计算各项独立作业的人工、材料、机械资源和成本数据，再根据时间进行逻辑整合，形成可与时间建立直接联系的成本计算模型。在项目准备阶段形成一个较为准确的计划；在项目施工开始后，根据进度情况进行及时、准确的动态统计，并与计划进行对比分析，发现偏差及时采取纠偏措施，对施工成本实施精细化的动态管控（图9-17）。

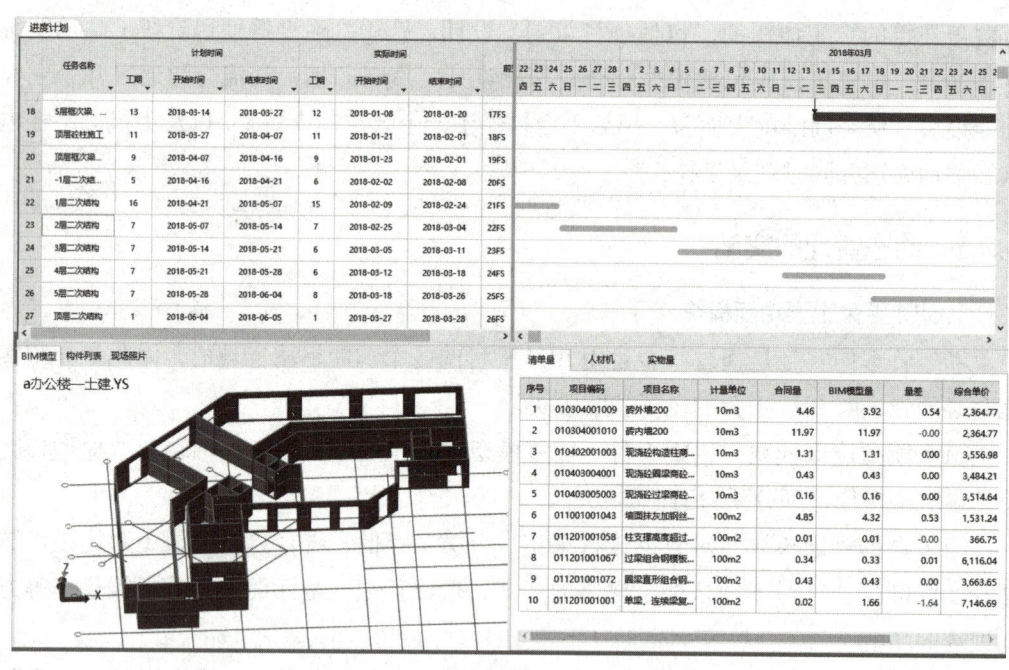

图9-17 基于BIM的成本动态管控示例

成本动态管理实施过程体现在如下方面：

1）利用5D模型自动计算完成的工程量，提高阶段性计量工作效率，便于施工过程中逐项动态统计分析。

2）在动态统计的基础上实现对施工成本分析和控制。包括定期报告投入产出情况、费用支出与超支节余情况分析以及后续作业的成本预测等内容，并针对分析情况拟定降本增效措施。

3）提供准确的分流水段、分楼层的材料需求计划并直接提交物资部门，做到限额领料，简化流程的同时增加可靠性。

（3）质量动态管理

1）现场管理。在施工过程中，施工人员使用移动端模型对照施工部位有效地、及时地避免错误的发生。质量人员在验收过程中通过移动端可以将照片和实测数据上传至平台与 BIM 模型挂接（图 9-18），按约定权限实时发布。项目相关人员浏览模型时即可收到相对应的提醒。基于 BIM 的现场质量管理模式既可形象表达质量问题又可促进整改工作的协调开展，同时将历史数据储存在数据库内以便调取。

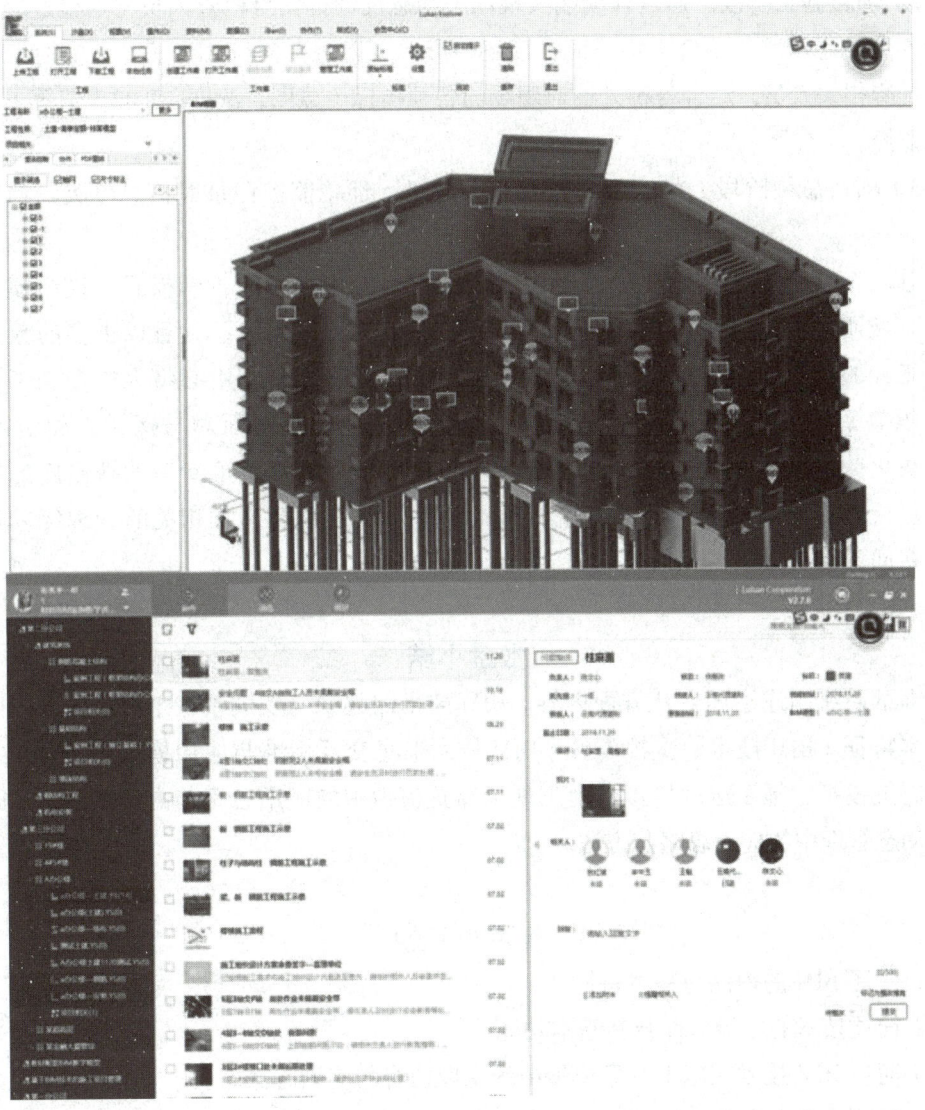

图 9-18　基于 BIM 的质量动态管控示例

2）文档管理。业主方档案资料协同管理可将施工管理的资料档案（包括验收单、合格证、检验报告、设计变更单等）等集成在模型中，减少纸质资料为后续的审核、归档、查找等带来的不便。

（4）安全文明动态管理

安全文明动态管理贯穿项目始终，按照不同的执行形式将动态管理的过程分为三个阶段：

1）项目准备阶段。根据整合模型，从场容场貌、安全防护、外脚手架、机械设备等方面建立文明管理方案指导安全文明施工。利用灾害分析模拟软件提前排查危险源，将防护设施模型布置进行仿真，确保现场按布置执行。模拟灾害过程与原因，编制人员疏散、救援预案。

2）项目施工阶段。通过移动端实现动态隐患反馈，安全检查人员将巡检过程中发现的安全隐患以照片结合文字或语音描述的形式上传至平台与 BIM 模型，实时发布并自动提醒相关人员。结合各种外设对现场的各项指标（温度、湿度、PM2.5 值等）进行实时监控。

3）项目总结阶段。将安全检查及整改记录，环境监控记录等信息分类归档用于调取。

总之，基于 BIM 的施工动态管理实施流程是一种全新的管理模式。这一模式放大了"戴明环"的管理特点、减少了传统管理中的管理层级，并且以更多的数据代替人工经验进行决策。可以预见，如果这一模式能够充分应用必将大幅提高工程施工组织效率。当然现阶段还存在许多问题需要从业者共同面对与探讨，如引入 AI 以解决更为复杂的决策问题、建立将管理经验用于计算机决策参考的智慧库的方法问题、行业长期从业者不愿改变既有模式问题、缺乏全新模式相关的管理经验与配套规章问题等。

本章小结

本章系统阐述了如下几方面内容：BIM 技术的起源与发展现状；BIM 技术的内涵与基本特征；BIM 技术的支撑条件；BIM 技术信息交互标准与应用模式；BIM 在工程施工方案模拟、施工进度模拟、施工现场布置模拟中的应用思路与方法；BIM 在施工组织动态管理中的应用思路与方法。

复习思考题

1. 简述 BIM 的内涵与基本特征。
2. 简述技术的主流软件及其基本功能。
3. 简述 BIM 技术在施工方案模拟中的主要内容与应用方法。
4. 简述施工进度 BIM 模拟的应用方法。

5. 简述施工场地布置 BIM 模拟的应用方法。

6. 简述施工动态管理的 BIM 平台主要功能。

7. 简述基于 BIM 的施工动态管理实施过程。

8. BIM+ 新技术成为新时期工程信息化的重要发展方向,那么你知道有哪些"BIM+"给建设工程领域带来了怎样的改变?

参考文献

[1] 齐宝库. 工程项目管理[M]. 第五版. 大连：大连理工大学出版社，2017.
[2] 成虎，陈群. 工程项目管理[M]. 第四版. 北京：中国建筑工业出版社，2015.
[3] 任宏，张巍. 工程项目管理[M]. 北京：高等教育出版社，2014.
[4] 丛培经. 工程项目管理[M]. 第五版. 北京：中国建筑工业出版社，2017.
[5] 丛培经，张义昆. 建设工程施工组织设计方法与实例[M]. 北京：中国电力出版社，2017.
[6] 王雪青. 国际工程项目管理[M]. 北京：中国建筑工业出版社，2002.
[7] 刘长滨. 建筑工程技术经济学[M]. 北京：中国建筑工业出版社，2007.
[8] 李忠富. 建筑施工组织与管理[M]. 第2版. 北京：机械工业出版社，2007.
[9] 齐宝库. 工程施工质量管理技术与方法[M]. 北京：化学工业出版社，2012.
[10] 杨宝明. BIM改变建筑业[M]. 北京：中国建筑工业出版社，2017.
[11] 吴松勤. 建筑工程施工质量验收规范应用讲座[M]. 北京：中国建筑工业出版社，2002.
[12] 邬晓光. 工程质量控制与管理[M]. 北京：人民交通出版社，2005.
[13] 齐宝库. 建设工程造价案例分析[M]. 北京：中国城市工业出版社，2017.
[14] （美）斯坦利·伯特尼. 如何做好项目管理[M]. 宁俊，韩燕，等，译. 北京：企业管理出版社，2001.
[15] Jack Gido, James P.Clements. 成功的项目管理[M]. 第3版. 张金成，等，译. 北京：机械工业出版社，2007.
[16] 刘伊生. 建设工程造价管理[M]. 北京：中国计划出版社，2017.
[17] 郑石林. 建筑工程安全监理实务[M]. 北京：机械工业出版社，2005.
[18] 齐宝库. 城市基础设施建设工程管理[M]. 大连：大连理工大学出版社，2012.
[19] 冯建荣. 建筑施工全过程管理实务[M]. 北京：中国建筑工业出版社，2015.
[20] 韩国平，彭彦华. 土木工程施工组织[M]. 北京：北京理工大学出版社，2013.
[21] 王立信. 建筑工程技术资料应用指南[M]. 北京：中国建筑工业出版社，2003.
[22] 百思俊. 现代项目管理[M]. 北京：机械工业出版社，2006.
[23] 杨宝明. BIM改变建筑业[M]. 北京：中国建筑工业出版社，2017.
[24] 丁烈云. BIM应用·施工[M]. 上海：同济大学出版社，2015.
[25] 李思康，李宁，冯亚娟. BIM施工组织设计[M]. 北京：化学工业出版社，2018.
[26] 全国一级建造师执业资格考试用书编写委员会. 建设工程项目管理[M]. 北京：中国建筑工业出版社，2018.
[27] 建筑施工组织设计规范 GB/T 50502—2017[S]. 北京：中国建筑工业出版社，2017.
[28] 建设工程项目管理规范 GB/T 50326—2017[S]. 北京：中国建筑工业出版社，2017.
[29] 建筑工程施工质量验收统一标准 GB 50300—2016[S]. 北京：中国建筑工业出版社，2016.
[30] 建筑施工手册编写组. 建筑施工手册[M]. 第五版. 北京：中国建筑工业出版社，2012.